惯性导航系统快速传递对准技术

戴洪德　王　瑞　王希彬　李　娟　著

科学出版社
北　京

内 容 简 介

惯性导航系统动基座条件下的初始对准通常采用传递对准的方式进行，传递对准能够充分利用基座上主惯导的信息，快速高效地完成子惯导的初始对准任务。本书围绕快速传递对准技术，首先简单介绍了传递对准滤波算法，经典传递对准的误差模型、匹配方法、误差分析等；其次介绍了线性快速传递对准的误差模型、匹配方法、可观测性分析、影响因素分析等；再次分别针对大失准角时基于四元数的非线性快速传递对准、传递信息延迟、传递信息随机丢失等问题展开介绍；最后介绍了快速传递对准模型在大型舰船甲板变形估计中的应用。

本书可作为高等院校控制科学与工程、仪器科学与技术等专业的研究生教材，也可作为相关专业研究人员和工程技术人员的参考资料。

图书在版编目（CIP）数据

惯性导航系统快速传递对准技术／戴洪德等著．—北京：科学出版社，2022.3

ISBN 978-7-03-066195-1

Ⅰ．①惯…　Ⅱ．①戴…　Ⅲ．①惯性导航系统-信息传递　Ⅳ．①TN966

中国版本图书馆 CIP 数据核字（2020）第 177549 号

责任编辑：张海娜　赵微微／责任校对：任苗苗
责任印制：赵　博／封面设计：蓝正设计

科学出版社 出版
北京东黄城根北街 16 号
邮政编码：100717
http://www.sciencep.com
固安县铭成印刷有限公司印刷
科学出版社发行　各地新华书店经销
*
2022 年 3 月第　一　版　开本：720 × 1000　B5
2024 年 1 月第二次印刷　印张：10 1/2
字数：212 000

定价：80.00 元

前　言

惯性导航系统的初始对准是惯性导航系统正常工作之前必须完成的工作，也是提升惯性导航系统导航精度的关键技术之一，在近二十年得到了广泛重视和快速发展。特别是惯性导航系统在机载导弹、舰载飞机上广泛装备后，传递对准技术得到了国内外的广泛关注，因为传递对准的精度和速度直接关系到武器系统的精确打击能力和快速反应能力。作者有幸在求学阶段开始接触这一重要技术，在参加工作后也能够继续在该领域深入学习研究。结合前人的研究成果和作者的研究成果，本书将近年来初始对准尤其是快速传递对准技术的发展进行了梳理。

本书共 9 章，第 1 章梳理惯性导航系统初始对准的国内外研究现状，介绍初始对准的研究进展。第 2 章设计捷联惯性导航系统传递对准模型仿真及算法研究系统，对载体运动、惯性器件、惯性导航解算、对准误差等进行模拟仿真，这是验证理论研究成果的基础。第 3 章介绍现代初始对准的主流状态估计算法，即基于现代控制理论的卡尔曼滤波及其改进算法，并对卡尔曼滤波算法应用于初始对准之前的可观测性分析方法进行介绍。第 4 章介绍惯性导航系统的经典传递对准方法，从经典对准的误差模型、滤波器设计、可观测性分析及影响因素分析等几个方面进行阐述。第 5 章介绍现代快速传递对准及其改进算法，从现代快速传递对准误差模型推导、最初的“速度+姿态”匹配快速传递对准到各种改进的快速传递对准匹配方法及其可观测性分析。第 6 章对影响快速传递对准的多种因素进行仿真分析。第 7 章研究初始误差较大时的非线性快速传递对准技术，并综合考虑非线性快速传递对准的计算量和精度提出二次快速传递对准方案。第 8 章分析传递对准过程中信息传递不确定，即存在时间延迟甚至丢包情况下的快速传递对准技术。第 9 章介绍快速传递对准模型和算法在大型舰船甲板变形估计中的应用，基于快速传递对准的思路成功估计出舰船甲板的变形。

本书的完成得到国防科技项目基金(F062102009)、山东省自然科学基金面上项目(ZR2017MF036)、山东省高等学校青年创新团队发展计划项目(2020KJN003)的支持，在此深表感谢！

由于作者水平有限，书中难免存在不妥之处，恳请广大读者不吝指正。

目　录

第1章 绪　论

惯性导航系统(inertial navigation system，INS)简称惯导系统，是一种完全自主式的导航系统，被广泛应用于航空、航天、航海等领域。惯导的基本原理是根据惯性空间的牛顿力学定律，利用惯性器件测量载体相对惯性空间的线运动和角运动，计算出载体的姿态、航向、速度、位置等导航参数，是一种递推式导航系统。

在惯导系统进入导航工作状态之前，需要确定一系列的初始条件，即初始对准。初始对准是确定初始导航参数的过程，其最主要的任务是建立合适的导航坐标系[1-5]。初始对准的速度和精度对惯导系统的启动速度和导航精度影响很大，是提升惯导性能的关键技术之一。

随着惯导系统的广泛应用及应用场景的多元化，惯导系统经常需要在恶劣的动态环境中快速准确地完成初始对准。如靠泊码头的舰船、晃动的汽车、航母舰载飞机、无人潜航器等载体平台上的惯导在启动时不能保持静止状态，此时惯导系统就需要在运动的情况下进行初始对准，即动基座对准。在对舰载飞机、直升机、无人潜航器等载体的惯导进行初始对准时，可利用舰船的惯导参数快速完成对准，这种对准技术又称传递对准。近年来，动基座条件下的初始对准技术受到业界的普遍重视。

1.1 惯性导航系统初始对准

惯导系统初始对准的主要目的是在惯导系统进入导航状态之前确定初始导航参数，建立初始导航坐标系。对平台式惯导系统来说，就是控制平台旋转使之与预定的导航坐标系重合；对于捷联惯性导航系统(strapdown inertial navigation system，SINS)，就是确定出载体坐标系 b 到导航坐标系 n 的坐标变换方向余弦矩阵(direction cosin matrix，DCM)。初始对准是惯导系统的关键技术之一，得到了国内外学者的广泛关注。对准精度和对准时间是惯导系统初始对准的两项重要技术指标，初始对准的精度直接影响惯导系统的导航精度，初始对准的时间标志着惯导系统的快速反应能力，因此要求初始对准的精度高、时间短，也就是既准又快。

初始对准按照对准阶段可以分为粗对准和精对准两个阶段；按照对准时载体的状态可以分为静基座对准和动基座对准；按照对准时是否依赖外部信息可以分

为自对准和非自对准。惯导系统的初始对准都是以系统的误差模型为基础，初始对准误差模型的好坏直接影响失准角估计的精度和速度。误差模型是一组描述惯导系统误差传播特性的微分方程，它是列写初始对准滤波方程的基础，建立合理准确的误差方程组是初始对准得以顺利完成的重要保证[6]。

根据失准角的大小可以将初始对准误差模型分为线性误差模型和非线性误差模型，如果三个失准角都是小量，则得到线性误差模型；如果三个失准角都不是小量或者某一个失准角不是小量，则得到非线性误差模型，大方位失准角非线性误差模型就是在方位失准角不是小量时得到的。对于线性误差模型，可以采用卡尔曼滤波(Kalman filter，KF)算法对失准角进行估计；对于非线性误差模型，可以采用扩展卡尔曼滤波(extended Kalman filter，EKF)、无迹卡尔曼滤波(unscented Kalman filter，UKF)、粒子滤波(particle filter，PF)等非线性滤波算法对失准角进行估计。

初始对准的实施方案主要有两种：①基于经典控制理论采用回路反馈法实现的经典对准方案；②基于现代控制理论状态空间模型的最优估计对准方案。后者综合考虑了惯导系统工作环境中的随机干扰因素，通过合理设计对准模型和估计算法可以提高对准精度、缩短对准时间，因此其成为现代对准方案的主流。基于现代控制理论的卡尔曼滤波算法及其各种改进算法目前是初始对准实施方案中被广泛采用的最优估计方法。

经典卡尔曼滤波由于算法简单、具有递推性等一系列优点获得了最广泛的应用，但是在实际应用中，卡尔曼滤波需要和其他技术相结合以克服其自身的一些缺点。在状态维数较高时，需应用神经网络[7-15]和支持向量机[16,17]等智能技术或降维技术来克服卡尔曼滤波器递推估计计算量较大的问题。在系统模型的非线性较强时，扩展卡尔曼滤波器所要求的系统线性化较困难，而且线性化会影响到滤波精度，因此在初始对准中需采用无迹卡尔曼滤波[18-20]和粒子滤波[21, 22]等非线性滤波技术。在系统模型不准确时，滤波器的估计精度较低甚至导致滤波器发散，需采用各种鲁棒滤波器[23-29]和自适应卡尔曼滤波技术[30]。

惯导系统初始对准的滤波方法都是为了提高初始对准的精度并缩短对准时间，从而提高惯导系统的精度和快速反应能力。

1.2　惯性导航系统传递对准

惯导系统在载体处于运动状态时进行初始对准，是动基座对准，如部署于舰船上的固定翼飞机、直升机、无人潜航器的惯导系统，部署于飞机上的机载导弹等武器装备的惯导系统。

传递对准技术[2,31-41]是在动基座条件下，利用主惯导的导航信息，快速确定出子惯导系统正确的导航初始信息及“平台”指向的方法[42]。在传递对准过程中，需要引入高精度主惯导系统的导航信息，并以此信息为基准，与子惯导系统的相应信息进行匹配，在子惯导系统未对准之前，物理平台或数学平台的姿态误差角对惯导系统各种性能参数都会产生影响。因此，主惯导、子惯导系统之间各种性能参数的差值都不同程度地反映出子惯导系统姿态误差角的大小。利用这些差值，通过滤波算法可以估计并补偿子惯导系统的误差从而完成传递对准。

根据所选参数的不同，可以将传递对准算法分为计算参数匹配算法和测量参数匹配算法，典型的有速度匹配传递对准算法、加速度匹配传递对准算法、姿态匹配传递对准算法等。当存在水平加速运动时，加速度匹配或速度匹配可以达到初始对准的目的；当存在水平方向的角运动时，角速度匹配或姿态匹配可以达到初始对准的目的。在传递对准中利用组合匹配方法可以使卡尔曼滤波在任意运动中获得较好的估计效果。早期，经常采用的是位置与速度匹配传递对准，其对准时间长，对准程序步骤复杂，称为常规对准方法。1989 年，Kain[36]对初始对准的误差角进行了重新定义，给出了新的初始对准误差模型，并采用了“速度+姿态”匹配的方法，使传递对准能够在 10s 内达到 1mrad 以下的对准精度，克服了传统速度匹配传递对准方法需要载体做航向机动以及对准时间较长的缺点。之后，姿态角匹配、角速度匹配及两者与速度匹配相结合的传递对准方法得到了广泛研究，称为现代传递对准方法。与传统传递对准方法相比，现代传递对准方法的主要优点是提高了对准的快速性，一般对准可在 10s 内完成；且在估计航向失准角时不需要进行时间较长的 S 形机动[31]，能在较短时间内精确估计出子惯导系统的三个失准角[43]。从可观测性的角度出发，最好的组合匹配方案是“速度+姿态”匹配或“速度+角速度”匹配[40]。

此外，在传递对准时，还需考虑杆臂效应带来的误差，具体分析见 2.2.6 节。

1.3　惯性导航系统初始对准研究进展

随着对惯导系统初始对准的重视和研究力量的投入，对惯导系统初始对准的研究逐步深入细化。为提升系统对噪声的适应性，自适应卡尔曼滤波技术以及多种滤波方法的组合得到广泛研究。极区以及位置信息未知情况下惯导系统的初始对准和旋转式惯导系统的初始对准也引起了研究人员的重视[44,45]。研究人员将更多的研究精力集中于特殊的应用情况，包括晃动情况下的车载、舰载惯导系统的初始对准[46-48]，舰载机、机载导弹等平台的惯导系统的传递对准，以及以上平台在行进间的初始对准技术[49,50]。同时，由微机电系统(micro-electro-mechanical system，MEMS)构成的惯导系统在各种应用场合的初始对准技术也成为研究热点[51]。此外，对惯导系统初始对准的收敛判据以及性能评估也得到了一定的重视，并取得了一些研究成果[52-56]。

在传递对准方面，国内近几年的研究主要集中于四个方面。

(1) 在失准角较大、误差模型为非线性的情况下如何设计滤波器，以及解决当噪声不能全部满足高斯条件时滤波器的发散问题。针对这一问题的研究主要集中于两点：①改进传统卡尔曼滤波技术以解决传递对准中的非线性问题；②引入改进的自适应 H_∞滤波器来抑制不确定性干扰以提升系统的鲁棒性。对于第一点，上海交通大学鲍其莲等[57]引入强跟踪自适应卡尔曼滤波器，通过对估计误差的一步预测方差 $P_{k/k-1}$ 加权来抑制噪声，并建立动基座传递对准精确的非线性滤波模型以提升对准精度并缩短对准时间。胡健等[58]也采用了强跟踪自适应卡尔曼滤波器，通过模糊规则调整误差方差阵的加权系数，以及利用改进的 Elman 网络进行信息分配系数的自适应调节，提升了传递对准精度，减少了计算量。陈雨等[59]建立了基于四元数的“速度+姿态”匹配传递对准模型，将噪声扩展进状态的思想应用到容积卡尔曼滤波(cubature Kalman filter，CKF)器中以解决非线性过程噪声和量测噪声问题，提升了大失准角情况下的对准精度。梁浩等[60]在研究大失准角对准时，引入稀疏高斯-厄米积分滤波，根据状态参数可观测度大小将积分变量分类并据此构造各向异性权重向量来控制各通道积分的精度等级，以对各变量通道的积分点数目进行合理分配，对准精度较 UKF 有所提高。崔潇等[61]针对战术级惯导系统，提出了一种直接姿态矩阵匹配线性矩阵形式卡尔曼滤波的传递对准算法，将传统大失准角、小失准角条件下的对准问题统一转化为线性滤波问题，采用矩阵形式卡尔曼滤波对状态进行估计，可以在 10s 内完成快速传递对准，水平精度达到 0.02°。高亢等[62]采用奇异值分解分析状态变量可观测度的方法对 SINS 大失准角传递对准的欧拉角模型进行可观测度分析，得出了“速度+姿态”匹配模式的可观测度比“速度”匹配模式高的结论。汪湛清等[63]采用旋转矢量误差模型推导“速度”匹配和“速度+角速度”匹配的量测模型，并通过平方根无迹卡尔曼滤波(square root UKF，SRUKF)估计失准角，较欧拉角误差模型提高了精度，缩短了对准时间。Chen 等[64]针对外部动态环境引起船体变形影响对准精度的问题，采用扩展状态观测器来提升卡尔曼滤波的性能，达到了抵抗外部未知干扰和线性化动态反馈的目的，提升了传递对准的性能。对于第二点，Zhou 等[65]针对大失准角和观测噪声统计特性的不确定性，融合随机球面径向积分滤波算法与无导数 H_∞滤波器结构，构成新的非线性 H_∞滤波器，降低了系统非线性和不确定性对对准精度的影响。Lu 等[66]针对机载低精度姿态航向参考系统在大失准角下的传递粗对准，利用最优四元数空中对准的方法，充分利用主惯导的姿态导航信息，在机体坐标系中将传递对准问题转换为最优四元数求解，通过两阶替代算法提升计算精度，使传递对准的精度和鲁棒性都得到了提升。Zhu 等[53]则提出了一种鲁棒稳定性分析的算法用于评估不确定性干扰对导航系统传递对准的影响。Lyu 等[67]提出了一种自适应采样变换(UT) H_∞ 滤波器，融合 UKF 和 H_∞ 滤波，自适应地调节鲁棒因子平衡对准的精度和鲁棒性，采用“速度+姿态矩阵”的观测模型，提升了非线性传递对准的鲁棒性和精度。Gao 等[68]提出了一种用于传递对准的自适应鲁棒控制器，在滤波过程中引入系统观测误差和运动学模型误差，通过等效加权矩阵和自适应因子自适应地调整更新前一步的信息，以抵抗系统模型误差的干扰，从而弥补了传统卡尔曼滤波器需要精确观测和准确建立运动学模型的固有缺陷，较大提升了传递对准的性能。

(2) 研究载体挠曲运动和动态杆臂对传递对准精度的影响。主惯导载体的变形和挠曲运动制约了子惯导传递对准精度的提升，近年来这方面的研究较多。李四海等[69]通过分析建模过程，认为在将弹性变形当作有色噪声且使用卡尔曼滤波量测扩增法进行传递对准滤波器设计时，可以兼顾估计精度和计算量。鲁浩等[70]在继承速度积分匹配方法优点的基础上,提出了一种平均速度匹配传递对准方案，有效降低了杆臂的挠曲运动对速度匹配传递对准精度和滤波稳定性的影响。夏家和等[71]建立了“速度+z 轴安装误差角量测”的降阶快速传递对准滤波器模型，保留“速度+姿态”匹配算法优点的同时避开了对准精度在摇翼机动时对时间延迟、挠曲变形敏感的缺点。宋丽君等[72]针对角速度匹配传递对准的系统状态模型和量测模型的不准确性，将机翼弹性变形等干扰项视为有色噪声，采用 H_∞ 次优滤波的角速度匹配传递对准方式估计弹体的安装误差角与姿态失准角，能有效抑制弹性形变等的干扰，在确保传递对准鲁棒性能的同时，可以获得良好的快速性和滤波精度。谷雨等[73]利用挠曲变形作用下的标称动态杆臂矢量分析杆臂效应的动态补偿机理，采用“速度+姿态”匹配提升对准精度。卢航等[74]在大方位失准角情形下建立挠曲变形和杆臂效应加速度一体化误差模型，设计了一种基于边缘采样的简化高阶容积卡尔曼滤波算法，在时间更新中使用边缘采样算法，在量测更新过程中使用简化量测更新过程，通过采用“速度+姿态”组合匹配方式在不延长对准时间的情况下提升对准精度。张力宁等[75]针对动态变形角采用二阶马尔可夫过程经验建模而导致精度失准问题，提出通过应变片记录运动过程中的实际挠曲角并以此反推其二阶微分方程及状态空间相关系数，可实现机动结束后 10s 内快速收敛失准角至可靠精度，稳态精度可达到 3′ 以内。Shi 等[76]通过计算不同惯导之间的实时相对运动实现对准，规避了对柔性变形的建模和补偿。Wang 等[77]针对无人潜航器的传递对准，提出了一种用于估计和补偿传递对准过程中主惯导与子惯导之间杆臂效应的非线性滤波器。

(3) 对传递对准的滤波算法进一步优化，通过对陀螺、加速度计等惯性器件的误差进一步补偿，提升对准精度，缩短对准时间。王清哲等[78]采用惯性参考系的“速度+姿态”对准方法，根据链式法将子惯导输出的姿态矩阵描述为三个变换矩阵之积，分别通过对准时间、主惯导提供的位置信息和子惯导陀螺仪的输出进行解算，通过对传递对准估计得到的失准角进行补偿，简化了解算的算法。孙进等[79]在对准的一个参考数据更新周期内，利用惯性传感器数据和参考数据执行逆向-正向捷联解算，并执行数据融合算法，增加了陀螺漂移估计操作的次数并缩短其估计时间。刘为任等[80]通过分析激光陀螺锯齿形误差产生的机理，提出了基于不同旋转控制策略的双惯导数据融合方法，估计并补偿主惯导惯性器件误差，将主惯导锯齿形速度误差峰峰值减小了一个数量级，子惯导传递对准后的水平角精度提高了1.5″，方位角精度提高了3′。米长伟等[81]针对机载灵巧弹药微机电惯导系统，提出了MEMS陀螺零偏两点估计算法和弱可观测状态分离估计的快速传递对准算法，解决了陀螺零偏弱可观测状态的分离估计，并采用系统噪声变分贝叶斯-卡尔曼滤波自适应算法解决分离估计器参数对滤波器收敛的影响问题。杨管金子等[82]基于主惯导速度注入参数和水平姿态角晃动参数特性，采用BP(反向传播)神经网络对该特性进行辨识，判定系统是否调平，缩短了对准时间。Krishna等[51]对MEMS构成的SINS传递对准，采用速度匹配观测模型的五阶卡尔曼滤波器进行计算，并估计和补偿了MEMS的漂移，提升由低精度陀螺构成的SINS的对准精度。Lu等[83]依据粗对准的算法分析了欧拉角对传感器误差的敏感性，推导出对准误差的代数表达式，从而可实时评估粗对准精度，可保证系统快速准确地进入精对准阶段。Chen等[84]针对惯性网络设计了传递对准算法，提升了系统的容错能力和对准精度。Cho等[85]在准失准角较大时，传递对准采用的容积卡尔曼滤波算法计算量偏大，对其进行简化，并补偿了杆臂效应、机翼形变和主子惯导的时间同步误差。Lyu等[86]采用自适应H_∞滤波器进行传递对准，通过分析滤波器的发散因素，对滤波器进行补偿，并根据外部环境动态调整鲁棒因子，平衡了传递对准的精度和鲁棒性。

(4) 借助外部信息辅助传递对准，以解决各种复杂条件下的传递对准问题。程向红等[87]利用发射点惯性坐标系下的星敏感器信息辅助传递对准，采用UKF算法，解决临近空间飞行器的精确、快速传递对准问题。戴晨曦等[88]针对高超声速飞行器惯导系统，提出了大失准角情况下基于星敏感器天文高度角、方位角匹配的对准算法，在观测星数达到两颗时，可在2s内使得姿态角的估计误差达到13″。张鹭等[89]针对多潜航器连续快速布放需求，利用初始方位信息辅助快速传递对准，潜航器布放入水后以初始时刻水平姿态误差和当前速度误差为滤波状态，以水下多普勒测速仪的速度为观测量，通过卡尔曼滤波进行惯性系下的航行中对准，在50s内方位精度达到1密位(1密位=0.06°)。Cheng等[44]为解决极区主惯导精度不满足子惯导对准精度的问题，借助星敏感器的精确导航信息，设计姿态匹配模型的自适应UKF，并补偿杆臂效应，提升了极区传递对准的精度。

此外，在传递对准过程中，主惯导的参数信息传递到子惯导时数据丢失以及时间延迟对传递对准精度的影响也逐步得到重视。Lyu等[90]分析了带时延的误差模型和量测模型，使用自适应 H_∞滤波器补偿传递时间延迟，滤波器根据动态环境调整鲁棒因子，极大提升了 SINS 传递对准的精度。针对这一问题，本书作者也开展了一些研究工作，将在第 8 章给出研究成果。

1.4 本书内容框架

本书聚焦惯导系统初始对准中的传递对准技术，探讨目前提升传递对准精度、缩短对准时间的快速传递对准相关关键技术及其应用。为便于研究，第 2 章介绍捷联惯性导航系统在动基座条件下的对准仿真系统，这是全书仿真研究的基础；第 3 章介绍传递对准中广泛使用的卡尔曼滤波技术，这是初始对准中最为成熟、应用最为广泛的滤波技术；具备以上基础之后，第 4 章介绍基于惯导系统经典误差模型的传递对准，并分析影响经典传递对准精度的因素；第 5 章研究基于现代快速传递对准误差模型的快速传递对准方法以及各种传递对准匹配模型的可观测性及对准结果；第 6 章对影响快速传递对准精度的因素进行分析；第 7 章研究更接近实际的情况，即子惯导系统具有较大的失准角且需考虑主惯导系统和子惯导系统之间的杆臂效应，此时，传递对准的模型是非线性的，需要采取改进的滤波技术和处理方法；由于主惯导系统和子惯导系统之间的数据传递存在延迟甚至存在随机丢失的可能，会影响对准精度甚至使传递对准失败，第 8 章对该问题进行研究，并给出有效的解决方案；第 9 章介绍传递对准技术的一项跨领域应用，即反用子惯导系统的传递对准模型和算法估计舰船甲板的变形。

第2章　捷联惯性导航系统传递对准仿真系统设计

出于对安全和成本等方面的考虑一般不可以直接到实际装备上去检验初始对准误差模型和滤波算法，因为实际装备中含有难以确定的随机误差，不利于算法的调试、分析和评价。所以，一般首先在计算机上进行软件仿真，在此基础上进行半物理仿真，然后再考虑到实际装备上进行验证。

在传递对准的研究中，最简单的仿真方法是对误差模型直接进行仿真研究。Jones 等[34]介绍了一种更完善的初始对准仿真系统设计方案，本章在此基础上设计了对准机动模块、环境干扰模块、惯性测量单元模块、结构变形模块、杆臂效应仿真模块、传递对准模块、滤波器模块和性能评价模块等多个模块组成的传递对准仿真系统，对该系统稍加修改就可以用于不同环境、不同对象的初始对准仿真研究，为初始对准方案的设计提供参考。

据报道，F-16 飞机进行过快速传递对准的实验[38]，在进行实际飞行实验之前，首先对滤波器的性能进行仿真研究，然后在实验室和实验车上进行实验，其目的是评估滤波器在低动态环境中的对准精度和收敛时间。其真实模型的卡尔曼滤波器状态变量为 66 个，而在实际应用时删除了关于结构挠曲变形的状态变量，剩下的 17 个状态变量为 3 个速度误差、3 个真实姿态误差、3 个计算姿态误差、3 个加速度计偏置、3 个陀螺漂移以及 2 个陀螺刻度系数误差。

本章在相关研究[34,38]的基础上，首先介绍捷联惯导系统动基座传递对准的结构，然后介绍为验证传递对准方法所设计的计算机软件仿真系统以及系统各个模块，最后对所设计的仿真系统进行实验分析。

2.1　捷联惯性导航系统动基座传递对准的结构

因为“平台”误差将会引起系统速度、位置、姿态等信息的误差，所以可以利用外部信息源提供的速度、位置、姿态等信息与要对准的惯性导航系统的相应信息进行比较，通过一定的滤波算法从这些误差中估计出“平台”误差来实现对准。

1. 一次装订粗对准

以舰载机惯导系统的传递对准为例，把舰船高精度主惯导系统提供的速度、位置和姿态等信息直接复制到舰载机子惯导系统中，这种方法称为一次装订传递对准(“one shot”transfer alignment)方法，如图 2.1 所示。

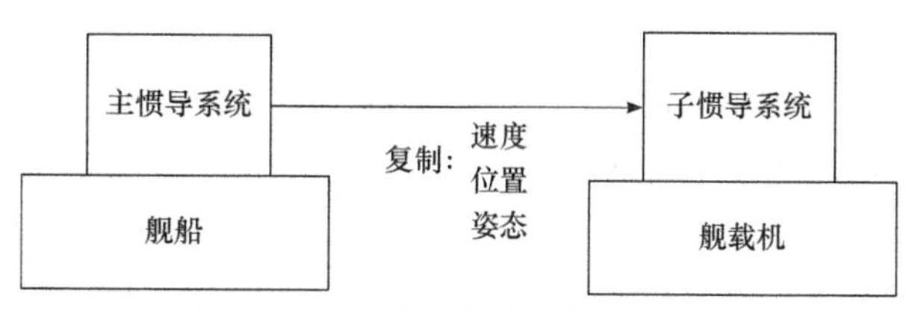

图 2.1　一次装订传递对准方法框图

很明显，在数据传输时刻主惯导系统、子惯导系统之间的任何相对角位移将作为对准误差引入子惯导系统中，而且舰船主惯导系统和舰载机子惯导系统之间有一定的距离。如果舰船有角运动，两个系统间就存在杆臂运动，此时舰载机子惯导系统敏感到的加速度就包含了杆臂加速度误差，进而解算出的速度中也包含了杆臂速度误差。因此，一次装订传递对准的精度十分有限，通常需要进行精对准过程，以准确地估计出子惯导的速度、位置和姿态等信息。

2. 参数匹配精对准

为了准确地估计出子惯导系统的速度、位置和姿态信息，可以连续利用主惯导系统信息与子惯导系统相应信息的差值,通过滤波算法估计出子惯导的误差值，从而完成初始对准。这种方法的原理如图 2.2 所示。

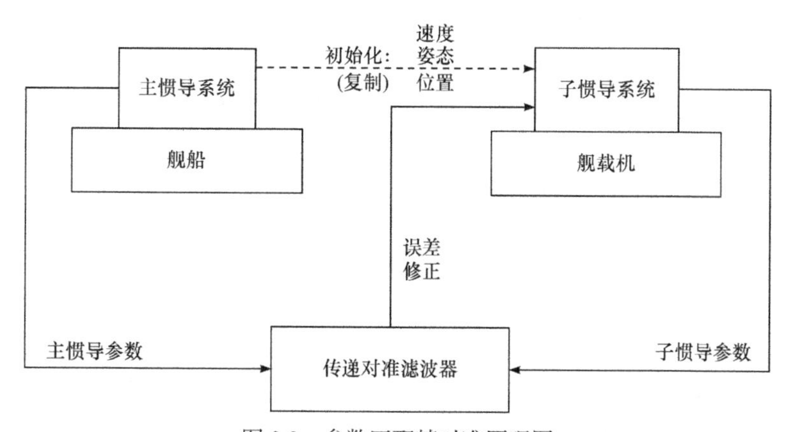

图 2.2　参数匹配精对准原理图

从图 2.2 中可以看出，在精对准阶段主要是通过连续比较主惯导系统、子惯导系统间的相应信息，利用一定的滤波算法，估计出子惯导系统的误差值并进行校正，从而使子惯导系统的初始导航信息达到较高的精度，为后续的高精度导航提供较好的基础，也为机载武器装备提供一个高精度的基准。

2.2　仿真系统各模块的设计

对初始对准误差模型和滤波方法进行检验，首先需要进行计算机仿真，即使有条件进行实际装备的试飞、试航试验，这个过程也是必要的。为了能够验证初始对准误差模型以及初始对准滤波器的可靠性，需要进行不同战术条件下的多次试验，将耗费大量的人力、物力以及时间，具有很大的难度。如果只进行有限的几次试验，又会使试验缺乏典型性和代表性。所以设计计算机仿真系统，在试飞、试航试验前进行大量的计算机仿真实验，可以对试飞、试航试验提供有价值的指导。

2.2.1　仿真系统的结构

在以往的计算机仿真中，大多通过解微分方程的方法利用模型产生量测值，这种仿真方法只能验证滤波方法是否有效，而无法说明所建立的数学模型是否反映系统的真实情况。本节在参考文献[31]、[34]的基础上，设计了一种更符合实际情况的仿真系统进行仿真实验。首先设计了舰船运动模拟器，对载体的运动进行仿真，让载体按照实际的运动规律或者战术要求进行机动；然后设计了惯性器件模拟器，以获得载体机动时主惯性、子惯性器件的输出；接着设计了惯导系统模拟器，利用惯性器件的输出，根据惯导原理，解算出载体的速度、位置和姿态等各种导航参数，同时对子惯性器件敏感到的杆臂效应、挠曲变形等误差进行模拟，以主惯导、子惯导相关导航参数之间的误差作为初始对准滤波器的输入；最后是传递对准滤波器的仿真。整体结构如图 2.3 所示(图中涉及变量将在后文详细介绍)。

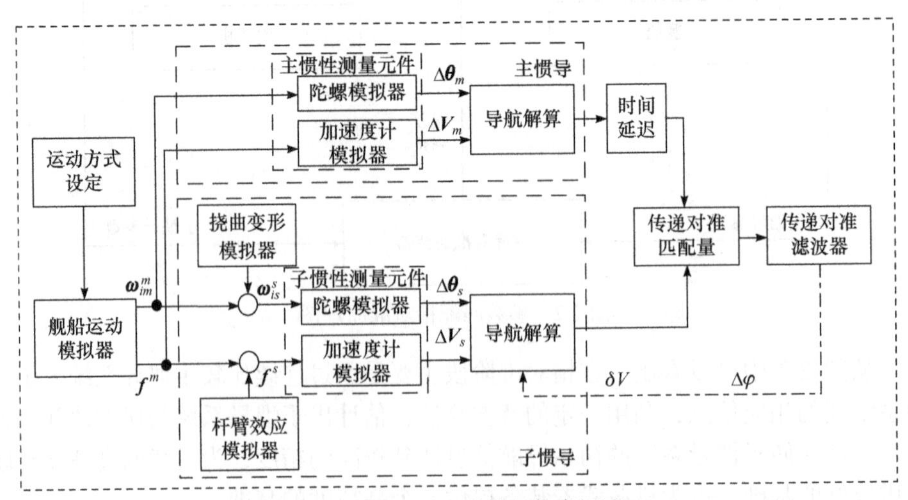

图 2.3　传递对准计算机仿真框图

2.2.2　舰船运动模拟器

舰船运动模拟器根据指定的运动参数，如舰船所在位置、航行速度、风浪情况等计算出舰船的运动参数，为后面的惯性器件模拟器提供输入。

舰船在海上的航行性能大体上分为两大类：一类是静止舰船或匀速直线运动舰船的性能；另一类是具有变速运动的舰船性能。为了研究舰船的运动，首先需要选取适当的坐标系。设风平浪静时当地地理坐标系为 $O'X'Y'Z'$，按照导航领域的习惯，定义如下与舰船固联的坐标系($OXYZ$)：舰船坐标系的原点是舰船重心 O，纵轴 OY 沿舰船首尾线方向指向舰首，横轴 OX 指向舰船的右舷，OZ 轴垂直于舰船的甲板平面向上，$OXYZ$ 坐标系构成右手直角坐标系，舰船在完全平稳时 $OXYZ$ 与 $O'X'Y'Z'$ 重合，当舰船因风浪的作用出现各种摇摆运动时 $OXYZ$ 将偏离 $O'X'Y'Z'$，如图 2.4 所示。

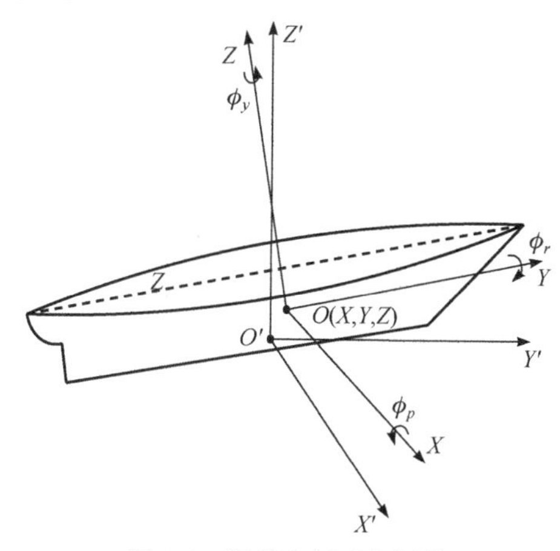

图 2.4　舰船坐标系与摇荡

X 表示横荡方向；Y 表示纵荡方向；Z 表示垂荡方向；ϕ_r 表示横摇角；ϕ_p 表示纵摇角；ϕ_y 表示艏摇角

当把舰船看成刚体时，其在风浪中航行时除进行航行方向的运动外，受风浪扰动将产生六个自由度的干扰运动，包括三种线振荡运动：横荡、纵荡和垂荡，以及三种角振荡运动：横摇、纵摇和艏摇。舰船摇摆是自由摇摆和强迫摇摆的结果。自由摇摆是由舰船稳定特性(即恢复原先位置的能力)和惯性作用的结果，它是舰船在静水中固有的特性，与波浪无关。引起自由摇摆的原因可能是舰船负载的重新分配和武器装备的发射等。强迫摇摆是波浪对舰船直接作用的结果，一般近似认为是简谐运动，其运动周期等于波浪周期。舰船在任意时刻的运动可以分解为在 $OXYZ$ 坐标系内舰船重心沿三个坐标轴的直线运动和船体绕三个坐标轴的转动，且各运动间存在不同程度的耦合作用，即使在系泊状态下，舰船依然有小幅度的振荡运动。这些运动中又有单向运动和往复运动之分，因此共有 12 种运动形式，在该领域习惯的名称见表 2.1[91]。

表 2.1　舰船运动名称

坐标轴	往复运动		单向运动	
	直线	转动	直线	转动
X	横荡	纵摇	横漂	纵倾
Y	纵荡	横摇	前进或后退	横倾
Z	垂荡	艏摇	上浮或下沉	回转

在舰载机惯导系统初始对准时主要考虑的是由波浪干扰引起的往复运动，它们的共同特点是在平衡位置附近做周期性的振荡运动，其中横摇、纵摇和垂荡对舰船航行影响最大。产生何种摇荡运动取决于舰船艏向与风浪传播方向之间的夹角，该夹角称为遭遇浪向。当舰船艏向与风浪传播方向一致时，遭遇浪向为 0°。由于风浪是随机的，舰船的摇荡不同于一般的简谐运动而具有随机性的运动形式。对舰船摇荡运动问题的研究大致分为如下两个阶段：一是 1953 年之前，主要在静水或规则波条件下研究舰船摇荡问题；二是 1953 年 Denis 和 Pierson 将随机理论中的线性叠加原理应用到舰船摇荡中来，即假定舰船对实际风浪的响应等于所有组成风浪的各单元波的响应之和[92]。这样就把舰船摇荡问题建立在概率论和数理统计的数学理论基础之上。有了这一基本方法，就可以定量地估计实际海浪中舰船的各种运动[92-98]。

研究舰船在风浪中的摇荡特性，一般首先根据线性叠加原理建立风浪与舰船摇摆之间的关系，然后通过舰船在规则波中的试验或理论计算建立起来的船体要素和摇荡之间的关系，得到舰船在不规则波中的摇荡运动特性。该运动可由一系列幅值和频率相近的正弦波来描述，即

$$\sum_{i=0}^{n} A\sin(2\pi f_i + \beta_i), \quad 0 < \beta_i < 2\pi \tag{2.1}$$

根据舰船摇摆的周期和摇摆幅值，在短时间内可以考虑舰船仅受到某一干扰频率和幅值的风浪而发生自身的摇摆运动，船体绕其平衡位置进行六自由度的简谐振荡，如表 2.2 所示[91]。

表 2.2　舰船六自由度简谐振荡

坐标轴	直线运动	旋转运动
X	横荡：$x = x_A\cos(\omega_x t + \varepsilon_x)$	纵摇：$\phi_p = \mu_p\cos(2\pi / T_p - \varepsilon_p)$
Y	纵荡：$y = y_A\cos(\omega_y t + \varepsilon_y)$	横摇：$\phi_r = \mu_r\cos(2\pi / T_r - \varepsilon_r)$
Z	垂荡：$z = z_A\cos(\omega_z t + \varepsilon_z)$	艏摇：$\phi_y = \mu_y\cos(2\pi / T_y - \varepsilon_y)$

舰船主要进行如下四种运动：纵摇、横摇、艏摇、垂荡。参照相关文献[99,100]，在不同的海况下选择如表 2.3 所示的运动参数。

表 2.3　不同海况下舰船运动参数

海况	运动方式	幅值	周期/s
恶劣	纵摇	7°	5
	横摇	25°	3
	艏摇	5°	8
	垂荡	3m	6
中等	纵摇	5°	6
	横摇	6°	8
	艏摇	3°	8
	垂荡	1.5m	6
平静	纵摇	1°	9
	横摇	1.5°	12
	艏摇	0.8°	8
	垂荡	0.5m	6

实际上舰船是非刚体的，这就必须考虑风浪、日晒、载荷变化等因素所引起的船体挠曲变形情况，这将在后面单独进行讨论。

2.2.3　挠曲变形模拟器

舰船受到海风、波浪的作用，以及载荷、温度和日照变化等因素的影响，会引起甲板的挠曲变形，该变形会影响舰载机传递对准的精度。舰船挠曲变形的分析可以从舰船在风浪中航行时的受力分析开始，然而舰船在风浪中的受力是一个特别复杂的问题，它与海况、航行速度、舰载装备的移动等很多不确定性因素有关。可以通过对舰船所受载荷的分析得到其所受的力矩情况，进而得到变形情况，也可以通过有限元分析的方法，得到舰船的变形情况。但是，这两种方法计算都很复杂，而且在实际环境中存在很多不确定因素，如果在初始对准卡尔曼滤波器中采用这种模型，会造成滤波器的鲁棒性很差，同时滤波器的阶数会很高，难以进行实时计算。通常采用的方法是通过对实际舰船变形数据统计特性的分析，建立相应的统计模型。美国军方资助的对准课题中提出了用三阶高斯-马尔可夫模型来描述飞机的挠曲变形[36]。相关研究表明，甲板的挠性变形也可以看成是白噪声激励的马尔可夫过程，综合考虑模型的精度和计算的复杂度，在实际应用中，舰船的挠曲变形规律常用二阶以上的随机过程来描述，一般取如下的二阶马尔可夫过程[36,101]：

$$\begin{cases}\dot{\lambda}_i = \omega_{\lambda i} \\ \dot{\omega}_{\lambda i} = -2\beta_i\omega_{\lambda i} - \beta_i^2\lambda + W_{\lambda i}\end{cases},\quad i = x,y,z \tag{2.2}$$

其中，λ_i 为挠曲变形角度变化量，其标准差为 σ_i ；$\omega_{\lambda i}$ 为挠曲变形引起的角速度变化量，$W_{\lambda i}$ 为白噪声，且 $W_{\lambda i} \sim N(0, Q_{\lambda i})$ ；β_i 为常数；σ_i 、$Q_{\lambda i}$ 、β_i 之间的关系为 $Q_{\lambda i} = 4\beta_i^3\sigma_i^2$ ；随机过程相关时间 τ_i 与 β_i 之间的关系为 $\beta_i = 2.146 / \tau_i$ 。

2.2.4 惯性器件模拟器

运载体上安装的惯性器件，即陀螺仪和加速度计会感测到载体相对惯性空间的角速度和比力(非引力加速度)。惯性器件在加工、安装等过程中不可避免地存在各种误差，使得惯性器件的输出中包含了各种误差因素。这里，根据各种误差产生的机理，对不同运动条件下惯性器件的输出进行模拟，主要考虑了惯性仪表的安装误差和标度误差，以及陀螺漂移和加速度计零位误差[102]。

1. 安装误差

在捷联惯导系统中加速度计和陀螺仪直接安装在载体上，按照要求，三个加速度计和三个陀螺仪的输入轴应该和载体坐标系的三个轴完全一致，但是实际安装时总是存在着误差。对于加速度计，设载体坐标系真实的比力输出为 $\boldsymbol{f}^b$ ，同时受安装误差影响的加速度计输出为 $\boldsymbol{f}^{ba}$ ，并且设各个轴上的安装误差角为 $\boldsymbol{\theta} = [\theta_x, \theta_y, \theta_z]^{\mathrm{T}}$ ，则

$$\boldsymbol{f}^{ba} = \boldsymbol{C}_b^{ba}\boldsymbol{f}^b = (\boldsymbol{I} + \Delta\boldsymbol{C}_b^{ba})\boldsymbol{f}^b = [\boldsymbol{I} + (\boldsymbol{\theta}\times)]\boldsymbol{f}^b \tag{2.3}$$

其中，$\boldsymbol{C}_b^{ba}$ 为载体坐标系 b 到载体上加速度计安装坐标系 ba 的方向余弦矩阵；$\boldsymbol{I}$ 为三阶单位矩阵；$(\boldsymbol{\theta}\times) = \begin{bmatrix} 0 & -\theta_z & \theta_y \\ \theta_z & 0 & -\theta_x \\ -\theta_y & \theta_x & 0 \end{bmatrix}$ 为误差角 $\boldsymbol{\theta}$ 的叉乘反对称矩阵。同样如果陀螺仪也存在安装误差角 $\boldsymbol{\theta} = [\theta_x, \theta_y, \theta_z]^{\mathrm{T}}$ ，则陀螺仪真实角速度 $\boldsymbol{\omega}^b$ 和陀螺仪输出的角速度 $\boldsymbol{\omega}^{ba}$ 之间存在如下关系：

$$\boldsymbol{\omega}^{ba} = \boldsymbol{C}_b^{ba}\boldsymbol{\omega}^b = (\boldsymbol{I} + \Delta\boldsymbol{C}_b^{ba})\boldsymbol{\omega}^b = [\boldsymbol{I} + (\boldsymbol{\theta}\times)]\boldsymbol{\omega}^b \tag{2.4}$$

$(\boldsymbol{\theta}\times)\boldsymbol{f}^b$ 、$(\boldsymbol{\theta}\times)\boldsymbol{\omega}^b$ 分别为加速度计和陀螺仪的安装误差。

计算表明，如果加速度计的安装误差角为 3′，载体的运动加速度为 0.1g，则安装误差相当于 $10^{-4}g$ 的加速度零位误差；对于陀螺仪，若有 1′ 的安装误差角，

则在静基座上工作时，大约产生 0.004(°)/h 的等效漂移。实际的捷联式惯性仪表，要求安装误差角为几角秒[102]。

2. 标度误差

现在加速度计和陀螺仪的输出形式一般都是脉冲输出，每个脉冲信号代表一个速度增量(加速度计)或角度增量(陀螺仪)。这个增量值用 $\boldsymbol{q}_a$ 和 $\boldsymbol{q}_g$ 表示，$\boldsymbol{q}_a$ 为加速度计的标度因子，$\boldsymbol{q}_g$ 为陀螺仪的标度因子，$\boldsymbol{q}_a$ 和 $\boldsymbol{q}_g$ 通过测试确定，并存储在计算机内，在工作过程中，每次采样后，将采样得到的脉冲数乘以标度因子就得到所需要的增量。但是，在工作过程中惯性仪表的实际标度因子和存放在计算机内的标度因子可能不一致，即标度因子存在误差。为了区别起见，用 $\boldsymbol{q}_{ac}$ 和 $\boldsymbol{q}_{gc}$ 表示存放在计算机内的标度因子，有

$$\begin{cases}\boldsymbol{q}_{ac}=\boldsymbol{q}_a(\boldsymbol{I}+\boldsymbol{K}_a)\\ \boldsymbol{q}_{gc}=\boldsymbol{q}_g(\boldsymbol{I}+\boldsymbol{K}_g)\end{cases}\tag{2.5}$$

其中，$\boldsymbol{K}_a$ 为三个加速度计的标度因子误差量组成的对角阵，$\boldsymbol{K}_g$ 为三个陀螺仪的标度因子误差量组成的对角阵，即 $\boldsymbol{K}_a=\mathrm{diag}(k_{ax},k_{ay},k_{az})$，$\boldsymbol{K}_g=\mathrm{diag}(k_{gx},k_{gy},k_{gz})$。

当 x 轴向陀螺仪输出角增量为 $\Delta\theta_x$ 时，相应的脉冲数为 $n=\Delta\theta_x/q_{gx}$，在计算机内乘以标度因子 q_{gcx}，得到陀螺仪角度增量为 $\Delta\tilde{\theta}_x=q_{gcx}\Delta\theta_x/q_{gx}$，根据式(2.5)，则得 $\Delta\tilde{\theta}_x=(1+k_{gx})\Delta\theta_x$，写成角速度的形式为 $\tilde{\omega}_{ibx}=(1+k_{gx})\omega_{ibx}$，对于 y 轴和 z 轴有同样的结论，可以统一写成矩阵形式如下：

$$\tilde{\boldsymbol{\omega}}_{ib}=(\boldsymbol{I}+\boldsymbol{K}_g)\boldsymbol{\omega}_{ib}\tag{2.6}$$

加速度计的情况完全类似如下：

$$\tilde{\boldsymbol{f}}^a=(\boldsymbol{I}+\boldsymbol{K}_a)\boldsymbol{f}^a\tag{2.7}$$

其中，$\boldsymbol{K}_g\boldsymbol{\omega}_{ib}$ 和 $\boldsymbol{K}_a\boldsymbol{f}^a$ 为标度因子误差量所引起的角速度和比力误差，即习惯上简称的陀螺仪和加速度计的标度误差。

对于捷联式陀螺仪，标度因子误差通常在 5×10^{-6}～5×10^{-5}，加速度计的标度因子误差最大不超过 2×10^{-4}。计算表明，如果陀螺仪的标度因子误差为 1×10^{-4}，那么在静基座上，由此产生的等效陀螺漂移大约为 0.01(°)/h；如果加速度计的标度因子误差为 1×10^{-4}，载体沿某一轴的运动加速度为 0.1g，则相当于 $10^{-4}g$ 的加速度零位误差。由此可见，为了保证惯导系统的精度，对标度因子误差的要求是很严格的。

3. 陀螺漂移和加速度计零位误差

在实际惯导系统中，对陀螺仪常值漂移和加速度计的常值零位误差是可以通

过补偿方法加以消除的，而陀螺漂移和加速度计零位误差中的随机部分，由于无法预先补偿，成为产生系统误差的主要误差源。

陀螺漂移误差模型包括随机常值、随机斜坡、长相关时间的指数相关随机分量和短相关时间的指数相关随机分量，对于某种具体型号的陀螺仪，其漂移误差模型是通过大量的测试数据经过数据处理来确定的。陀螺的确定性漂移经标定后能够得到较好的补偿，但是剩余的随机漂移是无法通过标定确定的，随机漂移是十分复杂的随机过程，大致可概括为三种分量。

(1) 逐次启动漂移。它取决于启动时刻的环境条件和电气参数的随机性等因素，一旦启动完成，这种漂移就保持为某一固定值，但这一固定值是一个随机变量，所以这种分量可以用随机常值来描述。

(2) 慢变漂移。陀螺在工作过程中，环境条件、电气参数都在随机改变，所以陀螺漂移在随机常值分量的基础上以较慢的速率变化。由于变化较缓慢，变化前后时刻上的漂移值有一定的关联性，即后一时刻的漂移值在一定程度上取决于前一时刻的漂移值，两者的时间点靠得越近，这种依赖关系就越明显。这种漂移分量可用一阶马尔可夫过程或随机游走来描述。

(3) 快变漂移。表现为在上述两种分量基础上杂乱无章的高频跳变，不管两时间点靠得多近，该两点上漂移值的依赖关系都很微弱甚至不存在，这种漂移分量可以用白噪声过程描述。

加速度计的误差模型与陀螺仪类似，也具有上面的各个分量。

下面简单介绍一下描述陀螺仪和加速度计误差模型的常用随机过程。

1) 随机常值

连续型随机常值可以表示为

$$\dot{\boldsymbol{N}}(t)=\boldsymbol{0} \tag{2.8}$$

离散型随机常值可以用差分方程表示为

$$\boldsymbol{N}_{k+1}=\boldsymbol{N}_k \tag{2.9}$$

2) 随机游走

连续型随机游走可以表示为

$$\dot{\boldsymbol{N}}(t)=\boldsymbol{w}(t) \tag{2.10}$$

其中，$\boldsymbol{w}(t)$ 为白噪声过程，离散型随机游走可以表示为

$$\boldsymbol{N}_{k+1}=\boldsymbol{N}_k+\boldsymbol{w}_k \tag{2.11}$$

随机游走表示一个白噪声过程通过一个积分器，如果这个白噪声过程服从零均值正态分布，则输出称为维纳过程。

3) 一阶马尔可夫过程

具有相关函数 $\boldsymbol{R}_N(\tau)=\boldsymbol{R}_N(0)\mathrm{e}^{-\alpha|\tau|}$ 的有色噪声过程称为一阶马尔可夫过程，其中 $\boldsymbol{R}_N(0)$ 是均方值，α 为反相关时间常数($1/\alpha$ 为过程的相关时间)，τ 为两点之间的时间间隔。该随机过程可以用以白噪声为输入的线性系统的输出来表示。连续型的一阶马尔可夫过程可以表示为

$$\dot{\boldsymbol{N}}(t)=-\alpha\boldsymbol{N}(t)+\boldsymbol{w}(t) \tag{2.12}$$

离散型的一阶马尔可夫过程可以表示为

$$\boldsymbol{N}_{k+1}=\mathrm{e}^{-\alpha\tau}\boldsymbol{N}_k+\boldsymbol{w}_k \tag{2.13}$$

这里把陀螺漂移看成随机常值和一阶马尔可夫过程的组合，即 $\boldsymbol{\varepsilon}(t)=\boldsymbol{\varepsilon}_c+\boldsymbol{\varepsilon}_r+\boldsymbol{w}_g$，且

$$\begin{cases}\dot{\boldsymbol{\varepsilon}}_c=\boldsymbol{0}\\ \dot{\boldsymbol{\varepsilon}}_r=-\dfrac{1}{\tau_{gr}}\boldsymbol{\varepsilon}_r+\boldsymbol{w}_{gr}\end{cases} \tag{2.14}$$

其中，$\boldsymbol{w}_g$、$\boldsymbol{w}_{gr}$ 为白噪声；τ_{gr} 为相关时间。

同样，可以把加速度计零位误差模型表示为随机常数和一阶马尔可夫过程的组合，即 $\boldsymbol{\nabla}(t)=\boldsymbol{\nabla}_c+\boldsymbol{\nabla}_r+\boldsymbol{w}_a$，且

$$\begin{cases}\dot{\boldsymbol{\nabla}}_c=\boldsymbol{0}\\ \dot{\boldsymbol{\nabla}}_r=-\dfrac{1}{\tau_{ar}}\boldsymbol{\nabla}_r+\boldsymbol{w}_{ar}\end{cases} \tag{2.15}$$

其中，$\boldsymbol{w}_a$、$\boldsymbol{w}_{ar}$ 为白噪声；τ_{ar} 为相关时间。

同时考虑安装误差和标度误差，并考虑陀螺仪本身的漂移误差和加速度计的零位误差，则有

$$\begin{cases}\tilde{\boldsymbol{\omega}}_{ib}^b=(\boldsymbol{I}+\boldsymbol{K}_g)(\boldsymbol{I}+\Delta\boldsymbol{C}_b^{ba})(\boldsymbol{\omega}_{ib}^b+\boldsymbol{\varepsilon})\\ \tilde{\boldsymbol{f}}^b=(\boldsymbol{I}+\boldsymbol{K}_a)(\boldsymbol{I}+\Delta\boldsymbol{C}_b^{ba})(\tilde{\boldsymbol{f}}^b+\boldsymbol{\nabla})\end{cases} \tag{2.16}$$

展开并忽略误差间的高阶小量得 $\begin{cases}\tilde{\boldsymbol{\omega}}_{ib}^b\approx\boldsymbol{\omega}_{ib}^b+\boldsymbol{K}_g\boldsymbol{\omega}_{ib}^b+\Delta\boldsymbol{C}_b^{ba}\boldsymbol{\omega}_{ib}^b+\boldsymbol{\varepsilon}\\ \tilde{\boldsymbol{f}}^b\approx\boldsymbol{f}^b+\boldsymbol{K}_a\boldsymbol{f}^b+\Delta\boldsymbol{C}_b^{ba}\boldsymbol{f}^b+\boldsymbol{\nabla}\end{cases}$。

2.2.5 捷联惯性导航系统模拟器

捷联惯性导航系统的原理如图 2.5 所示[102-104]，b 为载体坐标系，n 为导航坐标系。陀螺组合和加速度计组合直接固联在载体上，分别测量载体的角运动和线运动信息，导航计算机根据这些测量信息解算出运载体的航向、姿态、速度和位

置，姿态矩阵的计算相当于建立起数学平台，$\boldsymbol{\omega}_{ie}^{b}+\boldsymbol{\omega}_{en}^{b}$ 相当于对数学平台进行施矩的控制指令。

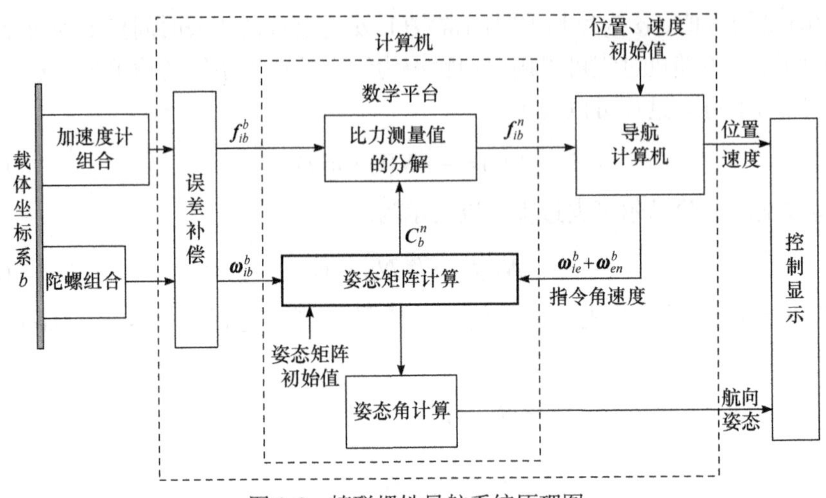

图 2.5　捷联惯性导航系统原理图

按照当地地理坐标系为导航坐标系的指北方位惯导系统力学编排来进行导航解算，由图 2.5 可以看出，捷联惯导系统的算法主要由姿态更新算法、速度更新算法、位置更新算法组成，其中姿态更新算法是捷联解算的核心，其计算精度直接影响航向和姿态角的提取精度以及导航计算的精度。下面对这三种更新算法分别进行简单的介绍。

1. 姿态微分方程及姿态更新算法

在捷联惯导系统中，最主要的算法是姿态更新算法，它是影响捷联惯导系统精度的主要因素之一。姿态更新算法有欧拉角法、方向余弦法、四元数法、等效旋转矢量法，在实际应用中，通常采用四元数法，但由于四元数法存在不可交换误差，特别是载体做高动态机动时误差更大，所以等效旋转矢量法成为算法研究的重点。Miller[105]把等效旋转矢量估计和四元数姿态更新完全分开，提出了三子样优化算法，大大改进了锥运动环境中算法的性能。Lee 等[106]提出了四子样算法，该算法在高频锥运动环境中的性能优于三子样算法。Jiang 等[107]提出了改进的捷联惯导姿态更新算法，与传统算法相比该算法的估计误差至少减少了两个数量级，而且减少了计算量。Savage[108,109]给出了现今捷联惯导系统中所使用的将角速度积分为姿态、将加速度积分为速度以及将速度积分为位置算法的综合设计方法。这些算法是利用最初用于姿态更新的双速更新算法构造出来的。Litmanovich 等[110]提出了与 Savage 给出的速度和位置算法不同的两种新的捷联导航算法，这两种算法的特点是使用了额外的陀螺和加速度计输出信号。

载体坐标系 b 的定义如图 2.4 所示，舰船纵轴与水平面之间的夹角称为纵摇角，舰船横轴与水平面之间的夹角称为横摇角，艏向与真北之间的夹角称为艏摇角，分别用 ϕ_p 、 ϕ_r 、 ϕ_y 表示。由载体坐标系 b 到导航坐标系 n 的坐标变换矩阵 $\boldsymbol{C}_b^n$ 称为载体的姿态矩阵，姿态更新是指根据惯性器件的输出实时计算出姿态矩阵的过程。

以四元数表示的姿态微分方程为[103,104]

$$\dot{\boldsymbol{Q}}_n^b = \frac{1}{2}\boldsymbol{M}'(\boldsymbol{\omega}_{nb}^b)\boldsymbol{Q}_n^b \tag{2.17}$$

其中， $\boldsymbol{Q}_n^b = \begin{bmatrix} q_0 & q_1 & q_2 & q_3 \end{bmatrix}^{\mathrm{T}}$ ； $\boldsymbol{M}'(\boldsymbol{\omega}_{nb}^b) = \begin{bmatrix} 0 & -\omega_x & -\omega_y & -\omega_z \\ \omega_x & 0 & \omega_z & -\omega_y \\ \omega_y & -\omega_z & 0 & \omega_x \\ \omega_z & \omega_y & -\omega_x & 0 \end{bmatrix}$ ， $\boldsymbol{\omega}_{nb}^b = \begin{bmatrix} \omega_x & \omega_y & \omega_z \end{bmatrix}^{\mathrm{T}}$ 为姿态速率，可通过式(2.18)获取，即

$$\boldsymbol{\omega}_{nb}^b = \boldsymbol{\omega}_{ib}^b - \boldsymbol{\omega}_{in}^b = \boldsymbol{\omega}_{ib}^b - \boldsymbol{C}_n^b(\boldsymbol{\omega}_{ie}^n + \boldsymbol{\omega}_{en}^n) \tag{2.18}$$

其中， $\boldsymbol{\omega}_{ib}^b$ 为捷联陀螺仪的输出； $\boldsymbol{C}_n^b$ 由姿态更新的最新值确定； $\boldsymbol{\omega}_{ie}^n$ 和 $\boldsymbol{\omega}_{en}^n$ 分别为地球自转速率和位置速率向量，对于以地理坐标系为导航坐标系的情况， $\boldsymbol{\omega}_{ie}^n = [0 \quad \omega_{ie}\cos L \quad \omega_{ie}\sin L]^{\mathrm{T}}$ ， $\boldsymbol{\omega}_{en}^n = \left[-\dfrac{V_N}{R_M + h} \quad \dfrac{V_E}{R_N + h} \quad \dfrac{V_E}{R_N + h}\tan L \right]^{\mathrm{T}}$ ，其中， R_M 和 R_N 分别是地球的当地子午圈和卯酉圈半径； L 为载体所在位置的纬度； h 为载体所在位置的高度； V_N 为载体北向速度； V_E 为载体东向速度。

如果直接利用式(2.17)来进行姿态更新，需要求解微分方程，而该方法在工程实际中相对难以实现。而且，在式(2.18)中需要用到载体角速度 $\boldsymbol{\omega}_{ib}^b$ ，但在工程应用中为了实现对陀螺仪输出信号在时间上的无遗漏采样和降低噪声影响，通常采集的是采样时间间隔内陀螺的角增量输出，而不是离散时间点上的角速度。为了避免噪声的微分放大，应直接采用角增量来确定四元数，而不应该再将角增量换算成角速度[1,2]。为此，需要采用更适合工程应用的高精度姿态更新算法。

在捷联惯导姿态更新算法中，目前常用的是四元数法和等效旋转矢量法两种算法。其中，四元数法的实质是旋转矢量法中的单子样算法，对有限转动引起的不可交换误差的补偿程度不够，所以只适用于低动态载体(如大型运输机等)的姿态解算[106]。然而，对于高动态载体，四元数法姿态解算中的算法漂移会十分严重[107]。而等效旋转矢量法则可以采用多子样算法来实现对不可交换误差的有效补偿[111]，算法关系简单、易于操作，并且可通过对系数的优化处理使算法漂移在相同子样算法中达到最小[112]，因此特别适用于高动态、大机动载体的姿态更新。

$$\boldsymbol{Q}(t_{k+1})=\boldsymbol{Q}(t_k)\otimes\boldsymbol{q}(h) \tag{2.19}$$

其中，$\otimes$表示四元数乘法运算。

$$\boldsymbol{q}(h)=\cos\frac{|\boldsymbol{\Phi}|}{2}+\frac{\boldsymbol{\Phi}}{|\boldsymbol{\Phi}|}\sin\frac{|\boldsymbol{\Phi}|}{2} \tag{2.20}$$

其中，$\boldsymbol{\Phi}$为等效旋转矢量，$|\boldsymbol{\Phi}|$为$\boldsymbol{\Phi}$的模；$\boldsymbol{q}(h)$为$[t_k,t_{k+1}]$时间段内的姿态变化四元数。等效旋转矢量$\boldsymbol{\Phi}$的微分方程为[104]

$$\dot{\boldsymbol{\Phi}}=\boldsymbol{\omega}_{nb}^{b}+\frac{1}{2}\boldsymbol{\Phi}\times\boldsymbol{\omega}_{nb}^{b}+\frac{1}{12}\boldsymbol{\Phi}\times\left(\boldsymbol{\Phi}\times\boldsymbol{\omega}_{nb}^{b}\right) \tag{2.21}$$

根据每个计算周期采样数的不同，等效旋转矢量可分为单子样算法、双子样算法和三子样算法等。下面直接给出旋转矢量的三子样算法，即

$$\boldsymbol{\Phi}(h)=\Delta\boldsymbol{\theta}_1+\Delta\boldsymbol{\theta}_2+\Delta\boldsymbol{\theta}_3+\frac{33}{80}\Delta\boldsymbol{\theta}_1\times\Delta\boldsymbol{\theta}_3+\frac{57}{80}\Delta\boldsymbol{\theta}_2\times(\Delta\boldsymbol{\theta}_3-\Delta\boldsymbol{\theta}_1) \tag{2.22}$$

其中，$\Delta\boldsymbol{\theta}_1$、$\Delta\boldsymbol{\theta}_2$、$\Delta\boldsymbol{\theta}_3$分别为$\left[t_k,t_k+\frac{T}{3}\right]$、$\left(t_k+\frac{T}{3},t_k+\frac{2T}{3}\right]$、$\left(t_k+\frac{2T}{3},t_{k+1}\right]$时间段内的角增量，$T$为两个时刻之间的时间间隔。获得采样值后，依次根据式(2.22)、式(2.20)和式(2.19)就可以对姿态四元数进行更新。

另外计算的截断误差和舍入误差使计算的变换四元数范数不再等于 1，即计算的变换四元数失去规范性，因此在每计算适当步数后，都应该周期性地对计算四元数进行规范化处理。用$\hat{\boldsymbol{Q}}=q_0+q_1\boldsymbol{i}+q_2\boldsymbol{j}+q_3\boldsymbol{k}$表示计算得到的四元数，则规范化的四元数为

$$\bar{\boldsymbol{Q}}=\frac{\hat{\boldsymbol{Q}}}{\sqrt{q_0^2+q_1^2+q_2^2+q_3^2}} \tag{2.23}$$

以上算法适合陀螺输出为角增量的情况。若陀螺输出为角速度，需要提取角增量，这在一定程度上限制了这种算法的精度。因此仿真时为了保证角增量提取的精度，需以相对更高的频率来产生角速度输出以便提取高精度的角增量输出。

根据当前时刻的姿态四元数$\boldsymbol{Q}_b^n$可确定出载体坐标系b至导航坐标系n的坐标变换矩阵$\boldsymbol{C}_b^n$，即载体姿态矩阵。设$\boldsymbol{Q}_n^b=[q_0\quad q_1\quad q_2\quad q_3]^{\mathrm{T}}$，则载体姿态矩阵$\boldsymbol{C}_b^n$为

$$\boldsymbol{C}_b^n=\begin{bmatrix} q_0^2+q_1^2-q_2^2-q_3^2 & 2(q_1q_2-q_0q_3) & 2(q_1q_3+q_0q_2) \\ 2(q_1q_2+q_0q_3) & q_0^2-q_1^2+q_2^2-q_3^2 & 2(q_2q_3-q_0q_1) \\ 2(q_1q_3-q_0q_2) & 2(q_2q_3+q_0q_1) & q_0^2-q_1^2-q_2^2+q_3^2 \end{bmatrix} \tag{2.24}$$

至此，根据惯性测量元件的输出利用上述方法即可实时进行姿态更新。根据

姿态矩阵 C_b^n，可由式(2.25)计算出载体姿态角主值，并由表 2.4 计算获得载体姿态角真值，即

$$\begin{cases}\phi_{y主} = \arctan(T_{12}/T_{22}) \\ \phi_{p主} = \arcsin(T_{32}) \\ \phi_{r主} = \arctan(-T_{31}/T_{33})\end{cases} \tag{2.25}$$

其中，$T_{12} = 2(q_1q_2 - q_0q_3)$；$T_{22} = q_0^2 - q_1^2 + q_2^2 - q_3^2$；$T_{31} = 2(q_1q_3 - q_0q_2)$；$T_{32} = 2(q_2q_3 + q_0q_1)$；$T_{33} = q_0^2 - q_1^2 - q_2^2 + q_3^2$。

表 2.4　姿态角真值表

$\phi_{y主}$	T_{22}	$\phi_{y真}$	$\phi_{r主}$	T_{33}	$\phi_{r真}$	$\phi_{p真}$
+	+	$\phi_{y主}$	+	+	$\phi_{r主}$	
+	−	$\phi_{y主}+180°$	+	−	$\phi_{r主}-180°$	
−	+	$\phi_{y主}+360°$	−	+	$\phi_{r主}$	$\phi_{p主}$
−	−	$\phi_{y主}+180°$	−	−	$\phi_{r主}+180°$	

2. 速度微分方程及速度更新算法

惯导系统中的基本方程，即比力方程为[103]

$$\dot{\boldsymbol{V}}_e^n = \boldsymbol{f}^n - \left(2\boldsymbol{\omega}_{ie}^n + \boldsymbol{\omega}_{en}^n\right) \times \boldsymbol{V}_e^n + \boldsymbol{g}^n \tag{2.26}$$

其中，$\boldsymbol{V}_e^n = \begin{bmatrix} V_E & V_N & V_U \end{bmatrix}^{\mathrm{T}}$，若导航坐标系取为东北天地理坐标系，则

$$\boldsymbol{\omega}_{ie}^n = \begin{bmatrix} 0 \\ \omega_{ie}\cos L \\ \omega_{ie}\sin L \end{bmatrix},\quad \boldsymbol{\omega}_{en}^n = \begin{bmatrix} -\dfrac{V_N}{R_M + h} \\ \dfrac{V_E}{R_N + h} \\ \dfrac{V_E}{R_N + h}\tan L \end{bmatrix},\quad \boldsymbol{g}^n = \begin{bmatrix} 0 \\ 0 \\ -g \end{bmatrix} \tag{2.27}$$

在捷联惯导系统中，加速度计测量的是沿载体坐标系的比力 $\boldsymbol{f}^b$，因此需要利用姿态矩阵 $\boldsymbol{C}_b^n$ 进行变换得到 $\boldsymbol{f}^n$。取导航坐标系为东北天地理坐标系，则

$$\boldsymbol{f}^n = \boldsymbol{C}_b^n \boldsymbol{f}^b = \begin{bmatrix} f_E & f_N & f_U \end{bmatrix}^{\mathrm{T}} \tag{2.28}$$

将式(2.27)、式(2.28)代入式(2.26)，并展开整理可得

$$
\begin{aligned}
\dot{V}_E &= f_E + \left(2\omega_{ie}\sin L + \frac{V_E}{R_N + h}\tan L\right)V_N - \left(2\omega_{ie}\cos L + \frac{V_E}{R_N + h}\right)V_U \\
\dot{V}_N &= f_N - \left(2\omega_{ie}\sin L + \frac{V_E}{R_N + h}\tan L\right)V_E - \frac{V_N}{R_M + h}V_U \\
\dot{V}_U &= f_U + \left(2\omega_{ie}\cos L + \frac{V_E}{R_N + h}\right)V_E + \frac{V_N^2}{R_M + h} - g
\end{aligned} \tag{2.29}
$$

式(2.29)即为捷联惯导的速度解算微分方程，联立求解该式中的三个微分方程，就可获得载体的速度信息V_E、V_N和V_U。但问题是直接求解微分方程在工程实际中相对难以实现，而要得到载体速度的实时解算值，需要采用数值的方法来解算速度微分方程。同时，在式(2.28)中需要用到载体加速度$\boldsymbol{f}^b$，但在工程应用中为了实现对加速度计输出信号在时间上的无遗漏采样和降低噪声影响，系统通常采集的是在确定时间间隔内加速度计的速度增量输出，而不是离散时间点上的比力输出[109]。而且，为了避免噪声放大效应，速度增量不应该也没必要折算成比力。为此，需要采用更适合工程应用的高精度速度更新算法[103]。

设捷联惯导的速度更新周期为$T_v = t_m - t_{m-1}$，对式(2.26)在$\left[t_{m-1}, t_m\right]$内积分，经整理可得$t_m$时刻载体在导航坐标系内的速度为

$$
\boldsymbol{V}_m^n = \boldsymbol{V}_{m-1}^n + \boldsymbol{C}_{b(m-1)}^{n(m-1)}\int_{t_{m-1}}^{t_m}\boldsymbol{C}_{b(t)}^{b(m-1)}\boldsymbol{f}_{sf}^b \mathrm{d}t + \int_{t_{m-1}}^{t_m}\left[\boldsymbol{g}^n - \left(2\boldsymbol{\omega}_{ie}^n + \boldsymbol{\omega}_{en}^n\right)\times\boldsymbol{V}^n\right]\mathrm{d}t \tag{2.30}
$$

其中，$\boldsymbol{V}_m$和$\boldsymbol{V}_{m-1}$分别为t_m和t_{m-1}时刻载体的速度；$\boldsymbol{C}_{b(m-1)}^{n(m-1)}$是$t_{m-1}$时刻的姿态矩阵，简记为$\boldsymbol{C}_{m-1}$。

记

$$
\Delta\boldsymbol{V}_{sfm}^b = \int_{t_{m-1}}^{t_m}\boldsymbol{C}_{b(t)}^{b(m-1)}\boldsymbol{f}_{sf}^b \mathrm{d}t \tag{2.31}
$$

$$
\Delta\boldsymbol{V}_{g/corm}^n = \int_{t_{m-1}}^{t_m}\left[\boldsymbol{g}^n - \left(2\boldsymbol{\omega}_{ie}^n + \boldsymbol{\omega}_{en}^n\right)\times\boldsymbol{V}^n\right]\mathrm{d}t \tag{2.32}
$$

则式(2.30)可以简写为

$$
\boldsymbol{V}_m^n = \boldsymbol{V}_{m-1}^n + \boldsymbol{C}_{m-1}\Delta\boldsymbol{V}_{sfm}^b + \Delta\boldsymbol{V}_{g/corm}^n \tag{2.33}
$$

其中，$\Delta\boldsymbol{V}_{sfm}^b$是在$\left[t_{m-1}, t_m\right]$内由比力引起的速度增量；$\Delta\boldsymbol{V}_{g/corm}^n$是在$\left[t_{m-1}, t_m\right]$内由有害加速度引起的速度增量。

由于$\Delta\boldsymbol{V}_{g/corm}^n$是时间的慢变信号，则根据式(2.32)可得

$$
\Delta\boldsymbol{V}_{g/corm}^n \approx \boldsymbol{g}^n T_v - \left(2\boldsymbol{\omega}_{ie}^n + \boldsymbol{\omega}_{en}^n\right)\times\boldsymbol{V}_{m-1}^n T_v \tag{2.34}
$$

在按式(2.33)进行速度更新时，对于由加速度引起的速度增量 $\Delta \boldsymbol{V}_{sfm}^{b}$ 的计算必须同时考虑旋转效应补偿项 $\Delta \boldsymbol{V}_{rotm}$ 和划桨效应补偿项 $\Delta \boldsymbol{V}_{sculm}$，即

$$\Delta \boldsymbol{V}_{sfm}^{b} = \Delta \boldsymbol{V}_{m} + \Delta \boldsymbol{V}_{rotm} + \Delta \boldsymbol{V}_{sculm} \tag{2.35}$$

其中，$\Delta \boldsymbol{V}_{m} = \int_{t_{m-1}}^{t_m} \boldsymbol{f}_{sf}^{b}(t)\mathrm{d}t$ 为比力在 $[t_{m-1}, t_m]$ 内产生的速度增量，即 $[t_{m-1}, t_m]$ 内加速度计输出的速度增量。

而速度更新中的旋转效应补偿项为

$$\Delta \boldsymbol{V}_{rotm} = \frac{1}{2}\Delta \boldsymbol{\theta}_{m} \times \Delta \boldsymbol{V}_{m} \tag{2.36}$$

这是由载体的线运动方向在空间旋转而引起的。其中 $\Delta \boldsymbol{\theta}_{m} = \int_{t_{m-1}}^{t_m} \boldsymbol{\omega}_{ib}^{b}(t)\mathrm{d}t$ 为角速度在 $[t_{m-1}, t_m]$ 内产生的角增量，即在 $[t_{m-1}, t_m]$ 内陀螺仪输出的角增量。

这里直接给出速度更新中的划桨效应补偿项的三子样算法[103]如下：

$$\begin{aligned}\Delta \boldsymbol{V}_{sculm} = &\frac{33}{80}(\Delta \boldsymbol{\theta}_{1} \times \Delta \boldsymbol{V}_{3} + \Delta \boldsymbol{V}_{1} \times \Delta \boldsymbol{\theta}_{3}) + \frac{57}{80}(\Delta \boldsymbol{\theta}_{1} \times \Delta \boldsymbol{V}_{2} \\ &+ \Delta \boldsymbol{\theta}_{2} \times \Delta \boldsymbol{V}_{3} + \Delta \boldsymbol{V}_{1} \times \Delta \boldsymbol{\theta}_{2} + \Delta \boldsymbol{V}_{2} \times \Delta \boldsymbol{\theta}_{3})\end{aligned} \tag{2.37}$$

其中，$\Delta \boldsymbol{\theta}_{1}$、$\Delta \boldsymbol{\theta}_{2}$ 和 $\Delta \boldsymbol{\theta}_{3}$ 分别是 $[t_{m-1}, t_m]$ 内角度增量的三个等间隔采样值；$\Delta \boldsymbol{V}_{1}$、$\Delta \boldsymbol{V}_{2}$ 和 $\Delta \boldsymbol{V}_{3}$ 分别是 $[t_{m-1}, t_m]$ 内速度增量的三个等间隔采样值。

根据以上各式，由采样间隔内的速度增量和角度增量，就可以完成捷联惯导中的速度更新。

3. 位置微分方程及位置更新算法

若取导航坐标系为东北天地理坐标系，则载体所在位置的纬度 L、经度 λ 和高度 h 满足如下微分方程[103,104]：

$$\begin{aligned}\dot{L} &= \frac{V_N}{R_M + h} \\ \dot{\lambda} &= \frac{V_E}{(R_N + h)\cos L} \\ \dot{h} &= V_U\end{aligned} \tag{2.38}$$

式(2.38)为捷联惯导的位置解算微分方程，联立求解该式中的三个微分方程，即可获得载体所在位置的纬度 L、经度 λ 和高度 h。

这里需要说明的是，因为纯惯导高度通道是不稳定的，如加速度计零偏等误

差源引起的高度误差会随时间增加而加速增加，所以惯导系统单独工作时一般不做高度计算，而靠气压高度计等测量高度。

2.2.6 杆臂效应模拟器

当惯导系统的安装位置与载体的摇摆中心不重合时，如果载体受到干扰而处于摇摆状态，则加速度计除了正常的输出外，还有与摇摆状态和距离摇摆中心位置有关的误差输出，称为杆臂误差。在传递对准中则把杆臂误差定义为：由于主惯导、子惯导安装位置不一致而感测到不同的比力，称为杆臂效应。为了提高初始对准的精度，必须对杆臂效应误差进行补偿。

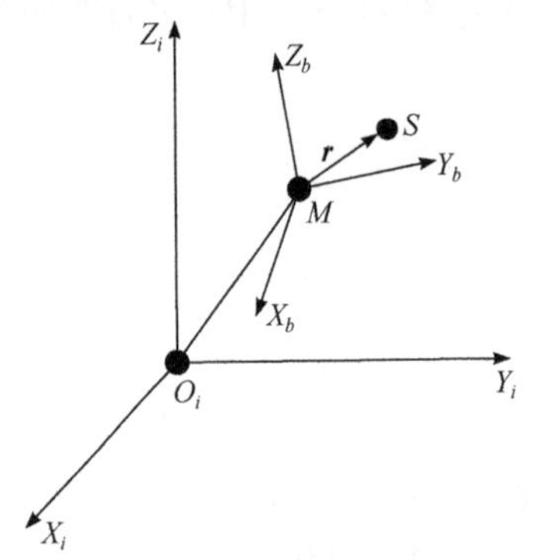

图 2.6　主惯导、子惯导系统位置关系

如图 2.6 所示，$O_iX_iY_iZ_i$ 为惯性坐标系，$MX_bY_bZ_b$ 为载体坐标系，S 点为子惯导系统所在位置，M 点则为主惯导系统所在位置，主惯导、子惯导系统间的距离即为杆臂长度 $\boldsymbol{r}$。主惯导、子惯导系统的位置关系如图 2.6 所示[113,114]。

S 点处加速度计的比力 $\boldsymbol{f}_{is}^{s}$ 和 M 点摇摆中心处的比力 $\boldsymbol{f}_{im}^{m}$ 有如下的关系：

$$\boldsymbol{f}_{is}^{s}=\boldsymbol{C}_{m}^{s}\left(\boldsymbol{f}_{im}^{m}+\left.\frac{\mathrm{d}^{2}\boldsymbol{r}}{\mathrm{d}t^{2}}\right|_{i}^{m}\right) \tag{2.39}$$

根据哥氏定理 $\left.\frac{\mathrm{d}\boldsymbol{r}}{\mathrm{d}t}\right|_{i}^{m}=\left.\frac{\mathrm{d}\boldsymbol{r}}{\mathrm{d}t}\right|_{m}^{m}+\boldsymbol{\omega}_{im}^{m}\times\boldsymbol{r}$，进一步有

$$\begin{aligned}
\left.\frac{\mathrm{d}^{2}\boldsymbol{r}}{\mathrm{d}t^{2}}\right|_{i}^{m}&=\frac{\mathrm{d}}{\mathrm{d}t}\left[\left.\frac{\mathrm{d}\boldsymbol{r}}{\mathrm{d}t}\right|_{m}^{m}+\boldsymbol{\omega}_{im}^{m}\times\boldsymbol{r}\right]_{i}\\
&=\frac{\mathrm{d}}{\mathrm{d}t}\left[\left.\frac{\mathrm{d}\boldsymbol{r}}{\mathrm{d}t}\right|_{m}^{m}\right]_{i}+\frac{\mathrm{d}}{\mathrm{d}t}(\boldsymbol{\omega}_{im}^{m}\times\boldsymbol{r})_{i}\\
&=\frac{\mathrm{d}}{\mathrm{d}t}\left[\left.\frac{\mathrm{d}\boldsymbol{r}}{\mathrm{d}t}\right|_{m}^{m}\right]_{m}+\boldsymbol{\omega}_{im}^{m}\times\left.\frac{\mathrm{d}\boldsymbol{r}}{\mathrm{d}t}\right|_{m}^{m}+\dot{\boldsymbol{\omega}}_{im}^{m}\times\boldsymbol{r}+\boldsymbol{\omega}_{im}^{m}\times\left(\left.\frac{\mathrm{d}\boldsymbol{r}}{\mathrm{d}t}\right|_{m}^{m}+\boldsymbol{\omega}_{im}^{m}\times\boldsymbol{r}\right)\\
&=\left.\frac{\mathrm{d}^{2}\boldsymbol{r}}{\mathrm{d}t^{2}}\right|_{m}^{m}+2\boldsymbol{\omega}_{im}^{m}\times\left.\frac{\mathrm{d}\boldsymbol{r}}{\mathrm{d}t}\right|_{m}^{m}+\dot{\boldsymbol{\omega}}_{im}^{m}\times\boldsymbol{r}+\boldsymbol{\omega}_{im}^{m}\times(\boldsymbol{\omega}_{im}^{m}\times\boldsymbol{r})
\end{aligned} \tag{2.40}$$

当不考虑挠曲变形时，惯导系统安装点在载体坐标系中相对固定，所以

$\left.\dfrac{\mathrm{d}^2\boldsymbol{r}}{\mathrm{d}t^2}\right|_m^m=\boldsymbol{0}$，$\left.\dfrac{\mathrm{d}\boldsymbol{r}}{\mathrm{d}t}\right|_m^m=\boldsymbol{0}$，则式(2.40)化简为

$$\left.\frac{\mathrm{d}^2\boldsymbol{r}}{\mathrm{d}t^2}\right|_i^m=\dot{\boldsymbol{\omega}}_{im}^m\times\boldsymbol{r}+\boldsymbol{\omega}_{im}^m\times(\boldsymbol{\omega}_{im}^m\times\boldsymbol{r}) \tag{2.41}$$

代入式(2.39)得杆臂加速度为

$$\begin{aligned}\boldsymbol{f}_d^b&=\boldsymbol{C}_s^m\boldsymbol{f}_{is}^s-\boldsymbol{f}_{im}^m=\dot{\boldsymbol{\omega}}_{im}^m\times\boldsymbol{r}+\boldsymbol{\omega}_{im}^m\times(\boldsymbol{\omega}_{im}^m\times\boldsymbol{r})\\&=\begin{bmatrix}-(\omega_{imy}^m)^2+(\omega_{imz}^m)^2 & \omega_{imx}^m\omega_{imy}^m-\dot{\omega}_{imz}^m & \omega_{imx}^m\omega_{imz}^m+\dot{\omega}_{imy}^m\\ \omega_{imx}^m\omega_{imy}^m+\dot{\omega}_{imz}^m & -(\omega_{imx}^m)^2+(\omega_{imz}^m)^2 & \omega_{imy}^m\omega_{imz}^m-\dot{\omega}_{imz}^m\\ \omega_{imx}^m\omega_{imz}^m-\dot{\omega}_{imy}^m & \omega_{imz}^m\omega_{imy}^m+\dot{\omega}_{imx}^m & -(\omega_{imx}^m)^2+(\omega_{imy}^m)^2\end{bmatrix}\begin{bmatrix}r_x\\r_y\\r_z\end{bmatrix}\end{aligned} \tag{2.42}$$

其中，$\boldsymbol{\omega}_{im}^m$ 为角速率陀螺的输出，$\dot{\boldsymbol{\omega}}_{im}^m$ 可以由 $\boldsymbol{\omega}_{im}^m$ 微分得到。这里根据式(2.42)对杆臂误差进行模拟，并加到子惯导系统的比力输出中去。

2.3　仿真分析

根据本章设计的捷联惯导系统动基座对准仿真系统，在 MATLAB 仿真环境中对该系统的性能进行检验分析，确定各个仿真模块的有效性，为后面的初始对准误差模型验证、滤波器设计提供保障。

假设这里为中等海况，主惯导沿舰船的坐标轴系安装在重心位置，主惯导、子惯导间的杆臂长度取[100,30,5]m，子惯导的陀螺仪常值漂移为 0.2(°)/h，随机漂移为 0.01(°)/h，刻度系数误差为 2×10^{-4}，初始安装误差为 200μrad，加速度计常值偏置为 200μg，随机偏置为 50μg，刻度系数误差为 2×10^{-4}，初始安装误差为 200μrad。

惯性测量元件(陀螺仪和加速度计)的采样周期设计为 5ms，捷联惯导系统的姿态更新周期、速度更新周期和位置更新周期均设计为 15ms。舰船在中等海况下做匀速航行。

图 2.7～图 2.9 分别为主惯导解算的姿态误差、速度误差、位置误差。

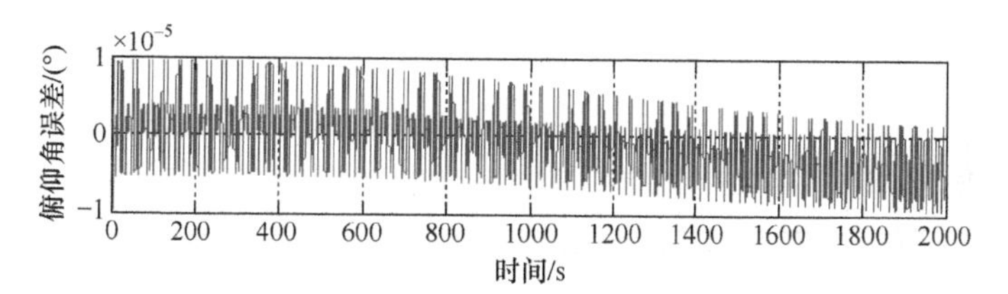

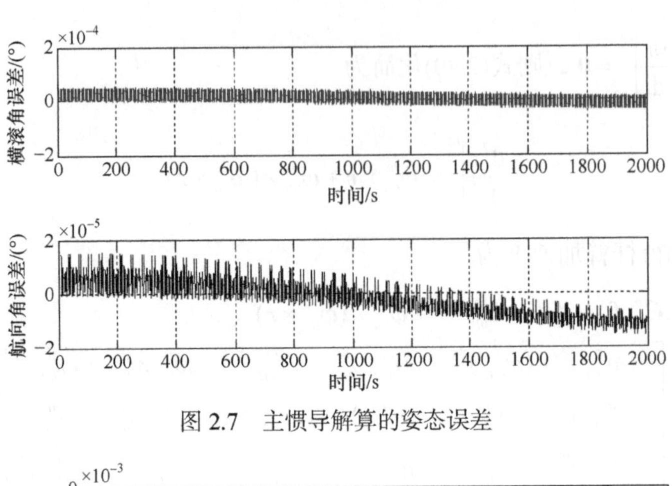

图 2.7　主惯导解算的姿态误差

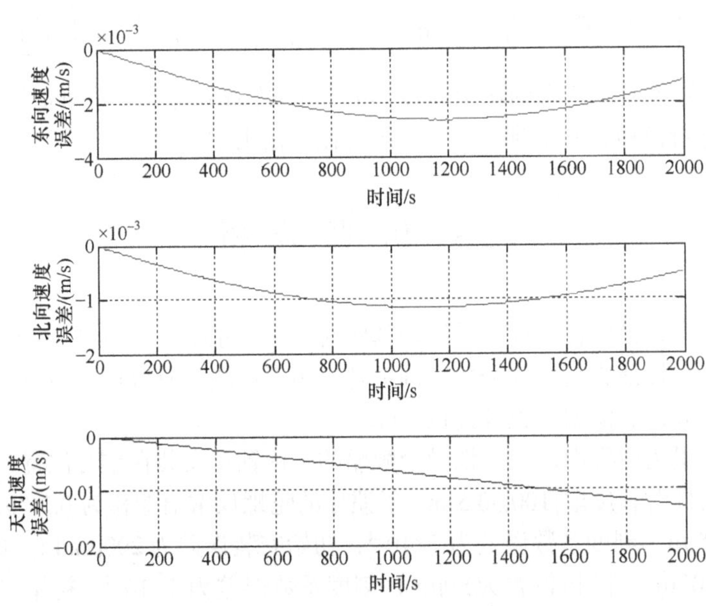

图 2.8　主惯导解算的速度误差

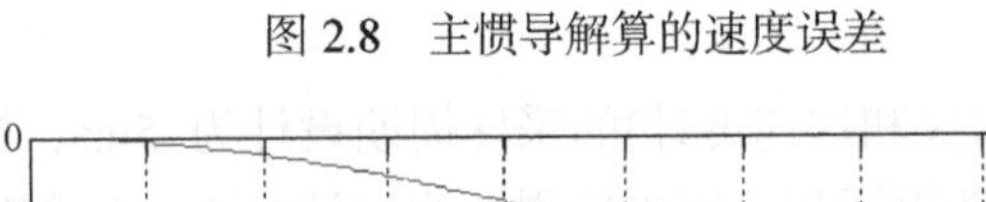

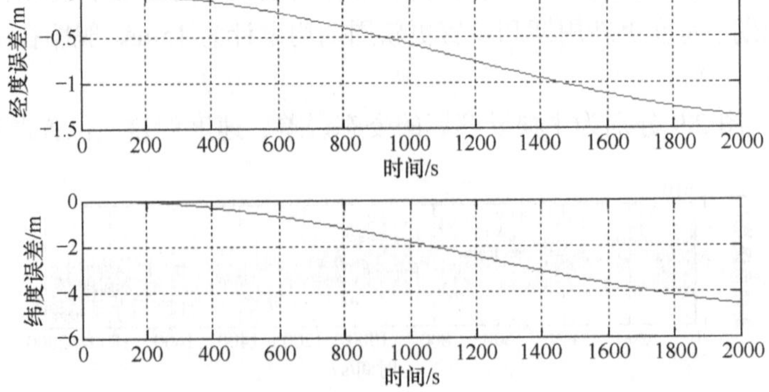

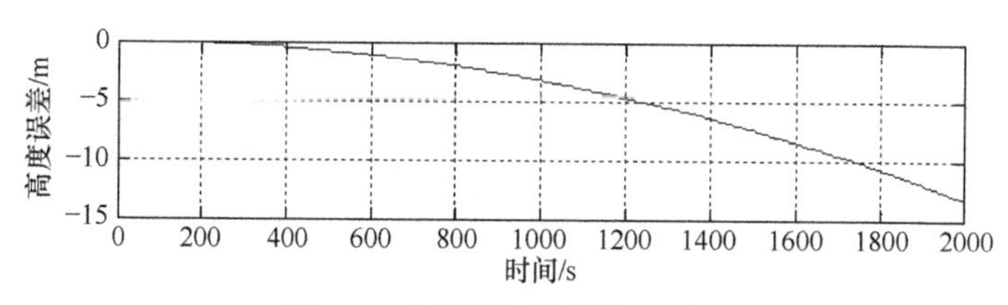

图 2.9　主惯导解算的位置误差

图 2.10 是杆臂长度为[100,30,5]m，舰船摇摆运动幅值为[5,6,8]°，周期为[6,8,8]s 时，子惯导敏感到的杆臂加速度。

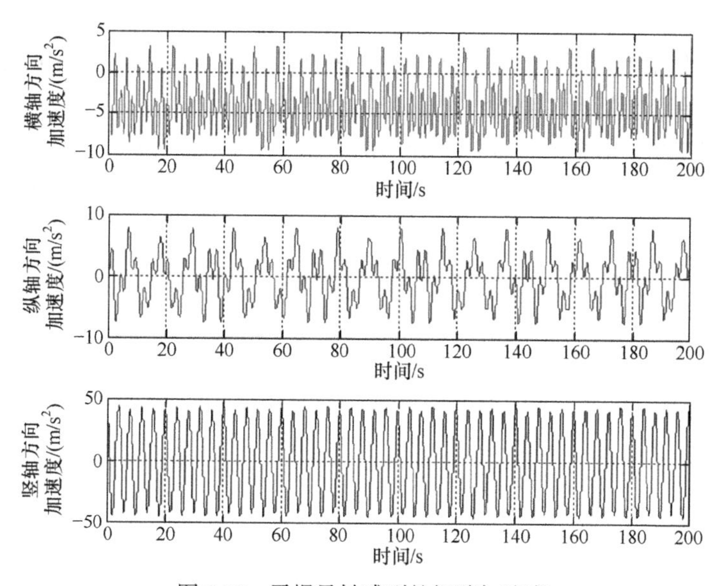

图 2.10　子惯导敏感到的杆臂加速度

图 2.11 是挠曲变形角均方差为[0.01,0.1,0.01]°，相关时间为 2s 时，只被子惯导敏感到的挠曲变形角度和角速度。

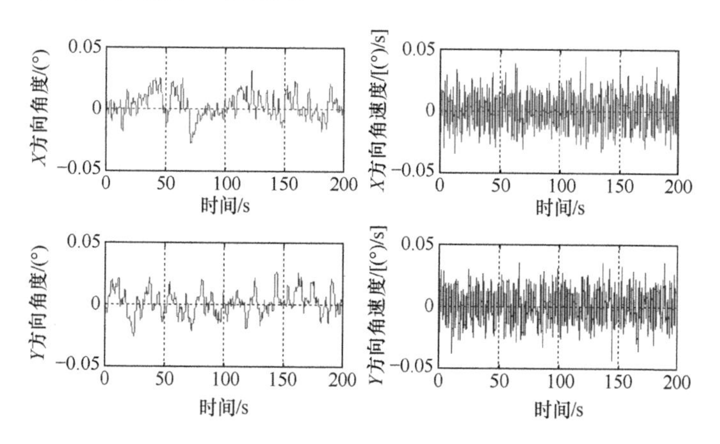

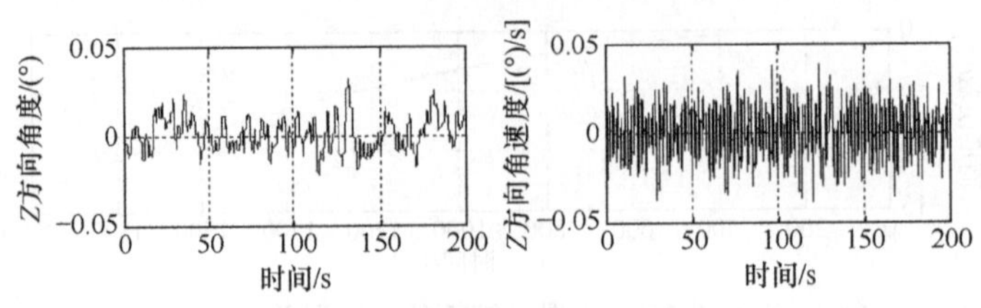

图 2.11　只被子惯导敏感到的挠曲变形引起的角度和角速度

2.4　小　结

对于设计的捷联惯导系统动基座对准仿真系统，本章首先介绍了系统的总体设计思路，并详细介绍了系统各个部分的设计方案，包括所采用的相关算法。然后通过 MATLAB 仿真说明本章所介绍的系统能够真实地模拟实际系统的工作过程，该仿真系统可以用于多种初始对准误差模型的验证以及初始对准滤波器的性能评估。

第 3 章　传递对准滤波算法及可观测度计算

自 1971 年 Yamamoto 等发表卡尔曼滤波器用于“斯哈姆”(SRAM)导弹对准研究以来，卡尔曼滤波技术在初始对准中获得了广泛的应用，并发展成为初始对准的关键技术之一[115]。本章首先回顾针对线性系统的卡尔曼滤波，以及针对非线性系统的 EKF 的基本原理，然后介绍 20 世纪一经提出就迅速得到发展和广泛应用的非线性滤波技术——UKF，以及最近十年才被提出并广泛应用的 CKF。在设计卡尔曼滤波器时，通常要进行系统的可观测性分析，确定卡尔曼滤波器的滤波效果，以避免盲目的仿真分析，所以本章研究基于奇异值分解的可观测性分析方法，并定义一种新的可观测度，可以直观地对各个状态的可观测程度进行比较。

3.1　卡尔曼滤波原理

1960 年由 Kalman[116]首次提出的卡尔曼滤波是一种线性最小方差估计，卡尔曼滤波具有如下特点[117-121]:

(1) 因为算法是递推的，且使用状态空间法在时域设计滤波器，所以卡尔曼滤波适用于多维随机过程的估计。

(2) 采用动力学方程即状态方程描述被估计量的动态变化规律，被估计量的动态统计信息由激励白噪声的统计信息和动力学方程确定。由于激励白噪声是平稳过程，动力学方程已知，被估计量既可以是平稳的，也可以是非平稳的，即卡尔曼滤波也适用于非平稳过程。

(3) 卡尔曼滤波具有连续型和离散型两种算法，离散型算法可直接在数字计算机上实现。

正是由于上述特点，卡尔曼滤波理论一经提出便立即受到了工程应用界的重视。卡尔曼滤波理论作为一种最重要的最优估计理论被广泛应用于各个领域。

卡尔曼滤波是从观测量中估计出所需信号的一种滤波算法，它把状态空间的概念引入到随机估计理论中，把信号过程视为白噪声作用下的一个线性系统的输出，用状态方程来描述这种输入-输出关系，估计过程中利用系统状态方程、观测方程和系统噪声与观测噪声的统计特性构成滤波算法。

3.1.1 连续系统的卡尔曼滤波

连续卡尔曼滤波是根据连续时间过程中的观测值，采用求解矩阵微分方程的方法估计系统状态变量的时间连续值。连续系统的状态方程为

$$\dot{\boldsymbol{X}}(t)=\boldsymbol{F}(t)\boldsymbol{X}(t)+\boldsymbol{G}(t)\boldsymbol{w}(t) \tag{3.1}$$

其中，$\boldsymbol{X}$ 为 n 维状态列向量；$\boldsymbol{F}$ 为 $n\times n$ 的系统矩阵；$\boldsymbol{G}$ 为 $n\times r$ 的系统噪声矩阵；$\boldsymbol{w}$ 为 r 维连续型系统零均值白噪声向量。

观测方程为

$$\boldsymbol{Z}(t)=\boldsymbol{H}(t)\boldsymbol{X}(t)+\boldsymbol{v}(t) \tag{3.2}$$

其中，$\boldsymbol{Z}$ 为 m 维量测向量；$\boldsymbol{H}$ 为 $m\times n$ 的量测矩阵；$\boldsymbol{v}$ 为 m 维连续型零均值量测白噪声向量；$\boldsymbol{X}(0)$、$\boldsymbol{w}$ 和 $\boldsymbol{v}$ 互相独立，它们的协方差阵分别为

$$\begin{aligned}
&E\left\{\boldsymbol{w}(t)\boldsymbol{v}^{\mathrm{T}}(\tau)\right\}=\boldsymbol{0}\\
&E\left\{\boldsymbol{w}(t)\boldsymbol{w}^{\mathrm{T}}(\tau)\right\}=\boldsymbol{Q}(t)\delta(t-\tau)\\
&E\left\{\boldsymbol{v}(t)\boldsymbol{v}^{\mathrm{T}}(\tau)\right\}=\boldsymbol{R}(t)\delta(t-\tau)
\end{aligned} \tag{3.3}$$

其中，$\boldsymbol{Q}$ 是连续系统的噪声方差强度阵，为对称非负定矩阵；$\boldsymbol{R}$ 是量测噪声方差强度阵，为对称正定矩阵；$\delta(t-\tau)$ 是 Diracδ 函数。

$\boldsymbol{X}(t)$ 的初始状态 $\boldsymbol{X}(t_0)$ 是一个随机变量，假定 $\boldsymbol{X}(t_0)$ 的一、二阶统计特性，即数学期望 $E\{\boldsymbol{X}(t_0)\}=\boldsymbol{m}_0$ 和方差矩阵 $E\left\{[\boldsymbol{X}(t_0)-\boldsymbol{m}_0][\boldsymbol{X}(t_0)-\boldsymbol{m}_0]^{\mathrm{T}}\right\}=\boldsymbol{P}(t_0)$ 都已知。从时间 $t=t_0$ 开始得到观测值 $\boldsymbol{Z}(t)$，要求找出 $\boldsymbol{X}(t)$ 的最优估计，连续系统卡尔曼滤波基本方程如下：

$$\begin{aligned}
&\dot{\hat{\boldsymbol{X}}}(t)=\boldsymbol{F}(t)\hat{\boldsymbol{X}}(t)+\boldsymbol{K}(t)\left[\boldsymbol{Z}(t)-\boldsymbol{H}(t)\hat{\boldsymbol{X}}(t)\right]\\
&\boldsymbol{K}(t)=\boldsymbol{P}(t)\boldsymbol{H}^{\mathrm{T}}(t)\boldsymbol{R}^{-1}(t)\\
&\dot{\boldsymbol{P}}(t)=\boldsymbol{P}(t)\boldsymbol{F}^{\mathrm{T}}(t)+\boldsymbol{F}(t)\boldsymbol{P}(t)-\boldsymbol{P}(t)\boldsymbol{H}^{\mathrm{T}}(t)\boldsymbol{R}^{-1}\boldsymbol{H}(t)\boldsymbol{P}(t)+\boldsymbol{G}(t)\boldsymbol{Q}(t)\boldsymbol{G}^{\mathrm{T}}(t)
\end{aligned} \tag{3.4}$$

其中，$\boldsymbol{K}$ 是滤波增益矩阵；$\hat{\boldsymbol{X}}$ 是 $\boldsymbol{X}$ 的估计值；$\boldsymbol{P}$ 是估计误差协方差阵。

但是连续型卡尔曼滤波根据连续时间过程中的量测值，采用求解矩阵微分方程的方法估计系统状态变量的时间连续值，因此算法失去递推性。

3.1.2 离散系统的卡尔曼滤波

虽然很多实际物理系统都是连续系统，但在计算机中处理的都是数字化的离散系统，而且离散卡尔曼滤波可以递推实现，也不需要存储大量的中间状态和估计值，在工程上得到了广泛的应用，所以常常将连续系统离散化。

设随机线性离散系统的方程为

$$\begin{aligned} \boldsymbol{X}_k &= \boldsymbol{\Phi}_{k,k-1}\boldsymbol{X}_{k-1} + \boldsymbol{\Gamma}_{k,k-1}\boldsymbol{W}_{k-1} \\ \boldsymbol{Z}_k &= \boldsymbol{H}_k\boldsymbol{X}_k + \boldsymbol{V}_k \end{aligned} \tag{3.5}$$

其中，$\boldsymbol{X}_k$ 为 k 时刻的 n 维状态向量；$\boldsymbol{Z}_k$ 为 k 时刻的 m 维量测向量；$\boldsymbol{W}_{k-1}$ 为 $k-1$ 时刻加在系统上的 r 维系统激励噪声序列；$\boldsymbol{V}_k$ 为 k 时刻的 m 维零均值量测白噪声向量；$\boldsymbol{\Phi}_{k,k-1}$ 为 $k-1$ 到 k 时刻的 $n\times n$ 的系统转移矩阵；$\boldsymbol{H}_k$ 为 k 时刻的 $m\times n$ 的量测矩阵；$\boldsymbol{\Gamma}_{k,k-1}$ 为 $n\times r$ 的系统噪声驱动矩阵。

关于系统过程噪声和观测噪声的统计特性，做如下的假定：

$$\begin{aligned} & E\{\boldsymbol{W}_k\} = \boldsymbol{0} \\ & E\{\boldsymbol{V}_k\} = \boldsymbol{0} \\ & E\{\boldsymbol{W}_k\boldsymbol{W}_j^{\mathrm{T}}\} = \boldsymbol{Q}_k\delta_{kj} \\ & E\{\boldsymbol{V}_k\boldsymbol{V}_j^{\mathrm{T}}\} = \boldsymbol{R}_k\delta_{kj} \\ & \delta_{kj} = \begin{cases} 1, & k = j \\ 0, & k \neq j \end{cases} \end{aligned} \tag{3.6}$$

其中，$\boldsymbol{Q}_k$ 为离散系统噪声序列的方差阵，假设为非负定；$\boldsymbol{R}_k$ 为离散系统量测噪声序列的方差阵，假设为正定阵；δ_{kj} 为 Kronecker δ 函数。卡尔曼滤波中要求 $\boldsymbol{X}_0$、$\{\boldsymbol{W}_k\}$ 和 $\{\boldsymbol{V}_k\}$ 互不相关，即

$$\begin{aligned} & E\{\boldsymbol{X}_0\} = \boldsymbol{m}_{x0} \\ & E\{(\boldsymbol{X}_0 - \boldsymbol{m}_{x0})(\boldsymbol{X}_0 - \boldsymbol{m}_{x0})^{\mathrm{T}}\} = \boldsymbol{P}_0 \\ & E\{\boldsymbol{X}_0\boldsymbol{W}_k^{\mathrm{T}}\} = \boldsymbol{0} \\ & E\{\boldsymbol{X}_0\boldsymbol{V}_k^{\mathrm{T}}\} = \boldsymbol{0} \\ & E\{\boldsymbol{W}_k\boldsymbol{V}_j^{\mathrm{T}}\} = \boldsymbol{0} \end{aligned} \tag{3.7}$$

其中，$\boldsymbol{m}_{x0}$ 和 $\boldsymbol{P}_0$ 分别是 $\boldsymbol{X}$ 的初始值和初始方差阵。

下面直接给出随机线性离散系统基本卡尔曼滤波方程，如果被估计状态 $\boldsymbol{X}_k$ 和对 $\boldsymbol{X}_k$ 的观测 $\boldsymbol{Z}_k$ 满足式(3.5)的约束，系统噪声的统计特性满足式(3.6)和式(3.7)的假设，则 $\boldsymbol{X}_k$ 的估计 $\hat{\boldsymbol{X}}_k$ 可以按照如下的方程求解：

状态一步预测
$$\hat{\boldsymbol{X}}_{k/k-1} = \boldsymbol{\Phi}_{k,k-1}\hat{\boldsymbol{X}}_{k-1} \tag{3.8}$$

状态估计
$$\hat{\boldsymbol{X}}_k = \hat{\boldsymbol{X}}_{k/k-1} + \boldsymbol{K}_k\boldsymbol{e}_k \tag{3.9}$$

新息
$$\boldsymbol{e}_k = \boldsymbol{Z}_k - \boldsymbol{H}_k\hat{\boldsymbol{X}}_{k/k-1} \tag{3.10}$$

滤波增益矩阵 $\boldsymbol{K}_k = \boldsymbol{P}_{k/k-1}\boldsymbol{H}_k^{\mathrm{T}}(\boldsymbol{H}_k\boldsymbol{P}_{k/k-1}\boldsymbol{H}_k^{\mathrm{T}} + \boldsymbol{R}_k)^{-1} = \boldsymbol{P}_k\boldsymbol{H}_k^{\mathrm{T}}\boldsymbol{R}_k^{-1}$ (3.11)

一步预测误差方差阵 $\boldsymbol{P}_{k/k-1} = \boldsymbol{\Phi}_{k,k-1}\boldsymbol{P}_{k-1}\boldsymbol{\Phi}_{k,k-1}^{\mathrm{T}} + \boldsymbol{\Gamma}_{k-1}\boldsymbol{Q}_{k-1}\boldsymbol{\Gamma}_{k-1}^{\mathrm{T}}$ (3.12)

估计误差方差阵 $\begin{aligned}\boldsymbol{P}_k &= (\boldsymbol{I} - \boldsymbol{K}_k\boldsymbol{H}_k)\boldsymbol{P}_{k/k-1}(\boldsymbol{I} - \boldsymbol{K}_k\boldsymbol{H}_k)^{\mathrm{T}} + \boldsymbol{K}_k\boldsymbol{R}_k\boldsymbol{K}_k^{\mathrm{T}} \\ &= (\boldsymbol{I} - \boldsymbol{K}_k\boldsymbol{H}_k)\boldsymbol{P}_{k/k-1}\end{aligned}$ (3.13)

其中，$\hat{\boldsymbol{X}}_k$ 称为 $\boldsymbol{X}_k$ 的最小方差估计；$\boldsymbol{P}_k$ 为 $\boldsymbol{X}_k$ 的估计误差协方差矩阵。只要给定初值 $\hat{\boldsymbol{X}}_0$ 和 $\boldsymbol{P}_0$，根据 k 时刻的量测 $\boldsymbol{Z}_k$，就可递推计算得到 k 时刻的状态估计 $\hat{\boldsymbol{X}}_k$。

3.1.3 连续卡尔曼滤波方程的离散化处理

离散形式的卡尔曼滤波基本方程只适用于系统方程和量测方程都是离散型的情况。但实际物理系统一般都是连续的，动力学特性用连续微分方程描述。所以使用基本方程之前，必须对系统方程和量测方程进行离散化处理。

设描述物理系统动力学特性的系统方程为

$$\dot{\boldsymbol{X}}(t) = \boldsymbol{F}(t)\boldsymbol{X}(t) + \boldsymbol{G}(t)\boldsymbol{w}(t) \tag{3.14}$$

系统由白噪声过程 $\boldsymbol{w}(t)$ 驱动，即

$$\begin{aligned} &E\{\boldsymbol{w}(t)\} = \boldsymbol{0} \\ &E\{\boldsymbol{w}(t)\boldsymbol{w}^{\mathrm{T}}(\tau)\} = \boldsymbol{q}(t)\delta(t-\tau) \end{aligned} \tag{3.15}$$

其中，$\boldsymbol{q}(t)$ 为 $\boldsymbol{w}(t)$ 的方差强度阵。

首先来看一步转移阵 $\boldsymbol{\Phi}_{k+1,k}$ 的计算，根据线性系统理论，系统方程的离散化形式为

$$\boldsymbol{X}(t_{k+1}) = \boldsymbol{\Phi}(t_{k+1},t_k)\boldsymbol{X}(t_k) + \int_{t_k}^{t_{k+1}} \boldsymbol{\Phi}(t_{k+1},\tau)\boldsymbol{G}(\tau)\boldsymbol{w}(\tau)\mathrm{d}\tau \tag{3.16}$$

其中，一步转移阵 $\boldsymbol{\Phi}(t_{k+1},t_k)$ 满足方程[122]

$$\begin{aligned} &\dot{\boldsymbol{\Phi}}(t,t_k) = \boldsymbol{F}(t)\boldsymbol{\Phi}(t,t_k) \\ &\boldsymbol{\Phi}(t_k,t_k) = \boldsymbol{I} \end{aligned} \tag{3.17}$$

求解该方程，得

$$\boldsymbol{\Phi}(t_{k+1},t_k) = \mathrm{e}^{\int_{t_k}^{t_{k+1}} F(t)\mathrm{d}t} \tag{3.18}$$

当滤波周期 $T(T = t_{k+1} - t_k)$ 较短时，$\boldsymbol{F}(t)$ 可近似看作常阵，即 $\boldsymbol{F}(t) \approx \boldsymbol{F}(t_k)$，其中 $t_k \leqslant t < t_{k+1}$，此时有

$$\boldsymbol{\Phi}(t_{k+1},t_k) = \mathrm{e}^{TF(t_k)} \tag{3.19}$$

即

$$\boldsymbol{\Phi}_{k+1,k}=\boldsymbol{I}+T\boldsymbol{F}_k+\frac{T^2}{2!}\boldsymbol{F}_k^2+\frac{T^3}{3!}\boldsymbol{F}_k^3+\cdots \tag{3.20}$$

其中，$\boldsymbol{F}_k=\boldsymbol{F}(t_k)$。

等效离散系统噪声方差阵的计算为

$$\boldsymbol{Q}_k=\int_{t_k}^{t_{k+1}}\boldsymbol{\Phi}(t_{k+1},t)\boldsymbol{G}(t)\boldsymbol{q}\boldsymbol{G}^{\mathrm{T}}(t)\boldsymbol{\Phi}^{\mathrm{T}}(t_{k+1},t)\mathrm{d}t \tag{3.21}$$

在$[t_k,t_{k+1}]$内，取$\boldsymbol{G}(t)\approx\boldsymbol{G}(t_k)$，并记$\tilde{\boldsymbol{Q}}=\boldsymbol{G}(t_k)\boldsymbol{q}\boldsymbol{G}^{\mathrm{T}}(t_k)$，则

$$\begin{aligned}\boldsymbol{Q}_k&=\int_{t_k}^{t_{k+1}}\boldsymbol{\Phi}(t_{k+1},t)\tilde{\boldsymbol{Q}}\boldsymbol{\Phi}^{\mathrm{T}}(t_{k+1},t)\mathrm{d}t\\&=\sum_{i=0}^{N-1}\int_{t_k+i\Delta T}^{t_k+(i+1)\Delta T}\boldsymbol{\Phi}(t_{k+1},t)\tilde{\boldsymbol{Q}}\boldsymbol{\Phi}^{\mathrm{T}}(t_{k+1},t)\mathrm{d}t\end{aligned} \tag{3.22}$$

经推导得出$\boldsymbol{Q}_k$的近似式为

$$\boldsymbol{Q}_k=T\tilde{\boldsymbol{Q}} \tag{3.23}$$

3.2　离散型非线性扩展卡尔曼滤波

设随机非线性系统的状态空间模型为

$$\begin{aligned}\dot{\boldsymbol{X}}(t)&=f\left[\boldsymbol{X}(t),t\right]+\boldsymbol{G}(t)\boldsymbol{w}(t)\\\boldsymbol{Z}(t)&=h\left[\boldsymbol{X}(t),t\right]+\boldsymbol{v}(t)\end{aligned} \tag{3.24}$$

其中，$\boldsymbol{w}(t)$和$\boldsymbol{v}(t)$均是彼此不相关的零均值白噪声序列，它们与初始状态$\boldsymbol{X}(0)$也不相关，即对于$t\geqslant t_0$有

$$E\left\{\boldsymbol{w}(t)\right\}=\boldsymbol{0},\quad E\left\{\boldsymbol{w}(t)\boldsymbol{w}^{\mathrm{T}}(t)\right\}=\boldsymbol{q}(t)\delta(t-\tau)$$

$$E\left\{\boldsymbol{v}(t)\right\}=\boldsymbol{0},\quad E\left\{\boldsymbol{v}(t)\boldsymbol{v}^{\mathrm{T}}(t)\right\}=\boldsymbol{r}(t)\delta(t-\tau)$$

$$E\left\{\boldsymbol{w}(t)\boldsymbol{v}^{\mathrm{T}}(t)\right\}=\boldsymbol{0},\quad E\left\{\boldsymbol{X}(0)\boldsymbol{w}^{\mathrm{T}}(t)\right\}=\boldsymbol{0},\quad E\left\{\boldsymbol{X}(0)\boldsymbol{v}^{\mathrm{T}}(\tau)\right\}=\boldsymbol{0}$$

对于式(3.24)所示的随机非线性系统，采用最优状态估计先线性化后离散化的方法推导离散型 EKF 方程。对最优状态估计先线性化后离散化的 EKF 方程的推导，采用间接的方法，也就是由式(3.25)间接求解最优滤波值$\hat{\boldsymbol{X}}_k$[119]，即

$$\hat{\boldsymbol{X}}_k=\hat{\boldsymbol{X}}_{k/k-1}+\delta\hat{\boldsymbol{X}}_k \tag{3.25}$$

其中，$\hat{\boldsymbol{X}}_{k/k-1}$为系统状态$\boldsymbol{X}_k$的一步预测值；$\delta\hat{\boldsymbol{X}}_k$为状态偏差值。

首先对式(3.24)所示的随机非线性系统进行线性化，即

$$\delta\dot{\boldsymbol{X}}(t)=\boldsymbol{F}(t)\delta\boldsymbol{X}(t)+\boldsymbol{G}(t)\boldsymbol{w}(t)$$
$$\delta\boldsymbol{Z}(t)=\boldsymbol{H}(t)\delta\boldsymbol{X}(t)+\boldsymbol{v}(t)$$

对上述两式分别进行离散化得离散型线性干扰方程为

$$\delta\boldsymbol{X}_k=\boldsymbol{\Phi}_{k,k-1}\delta\boldsymbol{X}_{k-1}+\boldsymbol{W}_{k-1} \tag{3.26}$$

$$\delta\boldsymbol{Z}_k=\boldsymbol{H}_k\delta\boldsymbol{X}_k+\boldsymbol{V}_k \tag{3.27}$$

当T为小量时，则

$$\boldsymbol{\Phi}_{k,k-1}\approx\boldsymbol{I}+\boldsymbol{F}(t_{k-1})T=\boldsymbol{I}+T\left.\frac{\partial f\left[\boldsymbol{X}(t),t\right]}{\partial\boldsymbol{X}^{\mathrm{T}}(t)}\right|_{X(t)=\hat{X}_{k-1}}$$
$$=\boldsymbol{I}+T\begin{bmatrix}\frac{\partial f_1[\boldsymbol{X}(t),t]}{\partial x_1(t)} & \frac{\partial f_1[\boldsymbol{X}(t),t]}{\partial x_2(t)} & \cdots & \frac{\partial f_1[\boldsymbol{X}(t),t]}{\partial x_n(t)}\\ \frac{\partial f_2[\boldsymbol{X}(t),t]}{\partial x_1(t)} & \frac{\partial f_2[\boldsymbol{X}(t),t]}{\partial x_2(t)} & \cdots & \frac{\partial f_2[\boldsymbol{X}(t),t]}{\partial x_n(t)}\\ \vdots & \vdots & & \vdots\\ \frac{\partial f_n[\boldsymbol{X}(t),t]}{\partial x_1(t)} & \frac{\partial f_n[\boldsymbol{X}(t),t]}{\partial x_2(t)} & \cdots & \frac{\partial f_n[\boldsymbol{X}(t),t]}{\partial x_n(t)}\end{bmatrix}_{X(t)=\hat{X}_{k-1}}$$

$$\boldsymbol{H}_k=\left.\frac{\partial h\left[\boldsymbol{X}(t),t\right]}{\partial\boldsymbol{X}(t)}\right|_{X(t)=\hat{X}_{k/k-1}}$$
$$=\begin{bmatrix}\frac{\partial h_1[\boldsymbol{X}(t),t]}{\partial x_1(t)} & \frac{\partial h_1[\boldsymbol{X}(t),t]}{\partial x_2(t)} & \cdots & \frac{\partial h_1[\boldsymbol{X}(t),t]}{\partial x_n(t)}\\ \frac{\partial h_2[\boldsymbol{X}(t),t]}{\partial x_1(t)} & \frac{\partial h_2[\boldsymbol{X}(t),t]}{\partial x_2(t)} & \cdots & \frac{\partial h_2[\boldsymbol{X}(t),t]}{\partial x_n(t)}\\ \vdots & \vdots & & \vdots\\ \frac{\partial h_m[\boldsymbol{X}(t),t]}{\partial x_1(t)} & \frac{\partial h_m[\boldsymbol{X}(t),t]}{\partial x_2(t)} & \cdots & \frac{\partial h_m[\boldsymbol{X}(t),t]}{\partial x_n(t)}\end{bmatrix}_{X(t)=\hat{X}_{k/k-1}}$$

等效白噪声序列的方差阵$\boldsymbol{Q}_k$按式(3.23)计算。

在式(3.26)和式(3.27)所示的离散型线性干扰方程的基础上，仿照线性卡尔曼滤波基本方程，不难导出状态偏差$\delta\hat{\boldsymbol{X}}_k$的卡尔曼滤波方程，即

$$\delta\hat{\boldsymbol{X}}_{k/k-1}=\boldsymbol{\Phi}_{k,k-1}\delta\hat{\boldsymbol{X}}_{k-1} \tag{3.28}$$

$$P_{k/k-1}=\boldsymbol{\Phi}_{k,k-1}P_{k-1}\boldsymbol{\Phi}_{k,k-1}^{\mathrm{T}}+Q_{k-1} \tag{3.29}$$

$$K_k=P_{k/k-1}H_k^{\mathrm{T}}(H_kP_{k/k-1}H_k^{\mathrm{T}}+R_k)^{-1} \tag{3.30}$$

$$\delta\hat{X}_k=\delta\hat{X}_{k/k-1}+K_k(\delta Z_k-H_k\delta\hat{X}_{k/k-1}) \tag{3.31}$$

$$P_k=(I-K_kH_k)P_{k/k-1}(I-K_kH_k)^{\mathrm{T}}+K_kR_kK_k^{\mathrm{T}} \tag{3.32}$$

其中，

$$\delta Z_k=Z_k-h\left[\hat{X}_k^n,k\right]=Z_k-h\left[\hat{X}_{k/k-1},k\right] \tag{3.33}$$

因为在每次递推计算下一时刻的状态最优估计 $\hat{X}_k$ 和标称状态值 $\hat{X}_k^n$ 时，其初始值均采用状态最优估计的初始值，所以，初始时刻的状态偏差最优估计 $\delta\hat{X}_{k-1}$ 恒等于零，即

$$\delta\hat{X}_{k-1}=\hat{X}_{k-1}-\hat{X}_{k-1}^n=\mathbf{0} \tag{3.34}$$

从而使状态偏差的一步预测值为

$$\delta\hat{X}_{k/k-1}=\mathbf{0}$$

将式(3.34)代入式(3.28)～式(3.32)，求得离散型非线性 EKF 方程为

$$\hat{X}_{k/k-1}=\hat{X}_{k-1}+f\left[\hat{X}_{k-1},k-1\right]\cdot T \tag{3.35}$$

$$P_{k/k-1}=\boldsymbol{\Phi}_{k,k-1}P_{k-1}\boldsymbol{\Phi}_{k,k-1}^{\mathrm{T}}+Q_{k-1} \tag{3.36}$$

$$K_k=P_{k/k-1}H_k^{\mathrm{T}}(H_kP_{k/k-1}H_k^{\mathrm{T}}+R_k)^{-1} \tag{3.37}$$

$$\hat{X}_k=\hat{X}_{k/k-1}+K_k\left(Z_k-h\left[\hat{X}_{k/k-1},k\right]\right) \tag{3.38}$$

$$P_k=(I-K_kH_k)P_{k/k-1}(I-K_kH_k)^{\mathrm{T}}+K_kR_kK_k^{\mathrm{T}} \tag{3.39}$$

式(3.35)～式(3.39)即离散型非线性 EKF 方程。只要给定初始值 $\hat{X}_0$ 和 P_0，根据 k 时刻的量测 Z_k，就可以递推算得 k 时刻的状态估计 $\hat{X}_k$（$k=1,2,3,\cdots$）。

3.3　无迹卡尔曼滤波

虽然把 EKF 应用于非线性系统的状态估计已经得到学术界和工程界的普遍认可，但是由于 EKF 将动力学模型在当前状态估计值处进行 Taylor 展开线性化，并将量测模型在状态一步预测处进行 Taylor 展开线性化，仅近似到非线性

函数 Taylor 展开式的一次项，经常在估计状态后验分布的统计特性时产生较大的误差。

为了改善非线性滤波的效果，Julier 等基于逼近随机变量的条件分布比逼近其非线性函数更容易的思想，提出了基于无迹变换(unscented transformation，UT)采样的 UKF 算法[123-125]。在 UKF 中，状态的分布同样为高斯分布，其特性由一组确定选择的采样点给出。这些采样点能完全捕获高斯分布变量的均值和方差，通过真实非线性系统的传播后，其捕获的均值和方差能精确到任意非线性系统 Taylor 展开的二次项。下面先介绍 UT，再给出适合上面非线性系统的 UKF 算法。

(1) UT 和对称采样策略[123-126]。

UT 就是根据先验分布特性确定性地给出一组采样点(sigma 点)，将每一个 sigma 点代入非线性变换，得到一组变换点，通过变换点来计算后验均值和方差。

对均值为 $\bar{\boldsymbol{x}}$ 、方差为 $\boldsymbol{P}$ 的 n 维随机变量 $\boldsymbol{x}$ ，其变换函数为 $\boldsymbol{y}=f(\boldsymbol{x})$ ，sigma 点的对称采样策略如下：

$$\boldsymbol{\chi}_i=\begin{cases}\bar{\boldsymbol{x}}, & i=0\\ \bar{\boldsymbol{x}}+\sqrt{n+\kappa}\boldsymbol{\sigma}_i, & i=1,2,\cdots,n\\ \bar{\boldsymbol{x}}-\sqrt{n+\kappa}\boldsymbol{\sigma}_{i-n}, & i=n+1,n+2,\cdots,2n\end{cases} \tag{3.40}$$

$$W_i=\begin{cases}\dfrac{\kappa}{n+\kappa}, & i=0\\ \dfrac{1}{2(n+\kappa)}, & i=1,2,\cdots,2n\end{cases} \tag{3.41}$$

式(3.40)和式(3.41)中，κ 为调节因子；W_i 为加权因子，$\sum_{i=0}^{2n}W_i=1$ ；$\boldsymbol{\sigma}_i$ 为方差阵 $\boldsymbol{P}$ 平方根的第 i 行或第 i 列($\boldsymbol{P}=\boldsymbol{A}\boldsymbol{A}^{\mathrm{T}}$ 时，σ_i 取 $\boldsymbol{A}$ 的第 i 列)。κ 的取值影响 sigma 点到均值 $\bar{\boldsymbol{x}}$ 的距离，κ 越大 sigma 点越远离 $\bar{\boldsymbol{x}}$ ，且仅影响二阶之后的高阶项带来的偏差。当随机变量 $\boldsymbol{x}$ 为高斯分布时，$\kappa=3-n$ 可使后验方差的四阶项近似误差达到最小。

获得 sigma 点后，随机变量 $\boldsymbol{y}$ 的均值和方差可用如下方法来近似，即

$$\boldsymbol{Y}_i=f(\boldsymbol{\chi}_i) \tag{3.42}$$

$$\bar{\boldsymbol{y}}=\sum_{i=0}^{2n}W_i\boldsymbol{Y}_i \tag{3.43}$$

$$\boldsymbol{P}_y=\sum_{i=0}^{2n}W_i(\boldsymbol{Y}_i-\bar{\boldsymbol{y}})(\boldsymbol{Y}_i-\bar{\boldsymbol{y}})^{\mathrm{T}} \tag{3.44}$$

(2) UKF 算法的实现。

对式(3.24)所示的加性噪声系统，UKF 算法为

计算 sigma 点

$$\boldsymbol{\chi}_{t-1}=\left[\overline{\boldsymbol{x}}_{t-1}\quad \overline{\boldsymbol{x}}_{t-1}\pm\sqrt{n+\kappa}\boldsymbol{\sigma}_i\right] \tag{3.45}$$

时间更新

$$\boldsymbol{\chi}_{t|t-1}=f(\boldsymbol{\chi}_{t-1}) \tag{3.46}$$

$$\overline{\boldsymbol{x}}_{t|t-1}=\sum_{i=0}^{2n}W_i^{(m)}\boldsymbol{\chi}_{i,t|t-1} \tag{3.47}$$

$$\boldsymbol{P}_{t|t-1}=\sum_{i=0}^{2n}W_i^{(c)}\left[\boldsymbol{\chi}_{i,t|t-1}-\overline{\boldsymbol{x}}_{t|t-1}\right]\left[\boldsymbol{\chi}_{i,t|t-1}-\overline{\boldsymbol{x}}_{t|t-1}\right]^{\mathrm{T}}+\boldsymbol{Q} \tag{3.48}$$

$$\boldsymbol{Y}_{t|t-1}=h(\boldsymbol{\chi}_{t|t-1}) \tag{3.49}$$

$$\overline{\boldsymbol{y}}_{t|t-1}=\sum_{i=0}^{2n}W_i^{(m)}\boldsymbol{Y}_{i,t|t-1} \tag{3.50}$$

量测更新

$$\boldsymbol{P}_{\overline{y}_t\overline{y}_t}=\sum_{i=0}^{2n}W_i^{(c)}(\boldsymbol{Y}_{i,t|t-1}-\overline{\boldsymbol{y}}_{t|t-1})(\boldsymbol{Y}_{i,t|t-1}-\overline{\boldsymbol{y}}_{t|t-1})^{\mathrm{T}}+\boldsymbol{R} \tag{3.51}$$

$$\boldsymbol{P}_{x_ty_t}=\sum_{i=0}^{2n}W_i^{(c)}(\boldsymbol{\chi}_{i,t|t-1}-\overline{\boldsymbol{x}}_{t|t-1})(\boldsymbol{Y}_{i,t|t-1}-\overline{\boldsymbol{y}}_{t|t-1})^{\mathrm{T}} \tag{3.52}$$

$$\boldsymbol{K}_t=\boldsymbol{P}_{x_ty_t}\boldsymbol{P}_{\overline{y}_t\overline{y}_t}^{-1} \tag{3.53}$$

$$\overline{\boldsymbol{x}}_t=\overline{\boldsymbol{x}}_{t|t-1}+\boldsymbol{K}_t(\boldsymbol{y}_t-\overline{\boldsymbol{y}}_{t|t-1}) \tag{3.54}$$

$$\boldsymbol{P}_t=\boldsymbol{P}_{t|t-1}-\boldsymbol{K}_t\boldsymbol{P}_{\overline{y}_t\overline{y}_t}\boldsymbol{K}_t^{\mathrm{T}} \tag{3.55}$$

显然实现以上算法不需要计算 Jacobian 矩阵，也不需要对系统方程和量测方程线性化。由于 Jacobian 矩阵的计算相当烦琐且容易出错，UKF 的实现比卡尔曼滤波更方便。

3.4　容积卡尔曼滤波

2009 年加拿大学者 Arasaratnam 等[127]将非线性滤波问题变换为一个如何计算积分的问题，介绍了一种基于 Spherical-Radial Cubature 准则的新型非线性滤波算法——CKF，用于高维数的状态估计，解决高维数的非线性滤波问题。

3.4.1 球形径向容积准则

球形径向容积(spherical-radial cubature)准则是 CKF 的核心，解决了多维积分的计算问题。假设所有的被积函数都可以表示为非线性函数和高斯密度函数乘积的形式，然后，对于如下形式的多维加权积分问题：

$$I(f)=\int_{\mathbf{R}^n} f(\boldsymbol{X})\exp(-\boldsymbol{X}^{\mathrm{T}}\boldsymbol{X})\mathrm{d}\boldsymbol{X} \tag{3.56}$$

通过寻找一组积分点 $\boldsymbol{\xi}_i$ 和权值 ω_i 来近似这个积分，即

$$I(f)\approx\sum_{i=1}^{m}\omega_i f(\boldsymbol{\xi}_i) \tag{3.57}$$

这些积分点可以通过三维球形径向容积准则获得，当状态向量的维数为 n 时，一共采用 $2n$ 个点。积分点的计算步骤为

$$\begin{aligned}&\boldsymbol{\xi}_i=\sqrt{n}[1]_i,\quad i=1,2,\cdots,2n\\&\omega_i=\frac{1}{2n},\quad i=1,2,\cdots,2n\end{aligned} \tag{3.58}$$

分解协方差矩阵 $\boldsymbol{P}_{k,k}$ 为

$$\boldsymbol{P}_{k,k}=\boldsymbol{S}_{k,k}\boldsymbol{S}_{k,k}^{\mathrm{T}} \tag{3.59}$$

积分点为

$$\boldsymbol{\chi}_{k,k}^{i}=\boldsymbol{S}_{k,k}\boldsymbol{\xi}_i+\hat{\boldsymbol{X}}_{k,k},\quad i=1,2,\cdots,2n \tag{3.60}$$

在这个基础上就可得到 CKF 算法了。

3.4.2 容积卡尔曼滤波算法

对式(3.24)所示的加性噪声系统，CKF 算法为

预测

$$\boldsymbol{\chi}_{k+1,k}^{i}=f_k(\boldsymbol{\chi}_{k,k}^{i},\boldsymbol{W}_k) \tag{3.61}$$

$$\hat{\boldsymbol{X}}_{k+1,k}=\frac{1}{2n}\sum_{i=0}^{2n}\boldsymbol{\chi}_{k+1,k}^{i} \tag{3.62}$$

$$\boldsymbol{P}_{k+1,k}=\frac{1}{2n}\sum_{i=0}^{2n}\boldsymbol{\chi}_{k+1,k}^{i}(\boldsymbol{\chi}_{k+1,k}^{i})^{\mathrm{T}}-\hat{\boldsymbol{X}}_{k+1,k}\hat{\boldsymbol{X}}_{k+1,k}^{\mathrm{T}}+\boldsymbol{Q}_k \tag{3.63}$$

校正

$$\boldsymbol{P}_{k+1,k}=\boldsymbol{S}_{k+1,k}\boldsymbol{S}_{k+1,k}^{\mathrm{T}} \tag{3.64}$$

$$\boldsymbol{\chi}_{k+1,k}^{i}=\boldsymbol{S}_{k+1,k}\boldsymbol{\xi}_{i}+\hat{\boldsymbol{X}}_{k+1,k},\quad i=1,2,\cdots,2n \tag{3.65}$$

$$\boldsymbol{Z}_{k+1,k}^{i}=h_{k+1}(\boldsymbol{\chi}_{k+1,k}^{i},\boldsymbol{V}_{k+1}) \tag{3.66}$$

$$\hat{\boldsymbol{Z}}_{k+1,k}=\frac{1}{2n}\sum_{i=0}^{2n}\boldsymbol{Z}_{k+1,k}^{i} \tag{3.67}$$

$$\hat{\boldsymbol{X}}_{k+1,k+1}=\hat{\boldsymbol{X}}_{k+1,k}+\boldsymbol{K}_{k+1}(\boldsymbol{Z}_{k+1}-\hat{\boldsymbol{Z}}_{k+1,k}) \tag{3.68}$$

$$\boldsymbol{P}_{k+1,k+1}=\boldsymbol{P}_{k+1,k}-\boldsymbol{K}_{k+1}\boldsymbol{P}_{ZZ,k+1,k}^{-1}\boldsymbol{K}_{k+1}^{\mathrm{T}} \tag{3.69}$$

其中

$$\boldsymbol{K}_{k+1}=\boldsymbol{P}_{XZ,k+1,k}\boldsymbol{P}_{ZZ,k+1,k}^{-1} \tag{3.70}$$

$$\boldsymbol{P}_{XZ,k+1,k}=\frac{1}{2n}\sum_{i=0}^{2n}\boldsymbol{\chi}_{k+1,k}^{i}(\boldsymbol{Z}_{k+1,k}^{i})^{\mathrm{T}}-\hat{\boldsymbol{X}}_{k+1,k}\hat{\boldsymbol{Z}}_{k+1,k}^{\mathrm{T}} \tag{3.71}$$

$$\boldsymbol{P}_{ZZ,k+1,k}=\frac{1}{2n}\sum_{i=0}^{2n}\boldsymbol{Z}_{k+1,k}^{i}(\boldsymbol{Z}_{k+1,k}^{i})^{\mathrm{T}}-\hat{\boldsymbol{Z}}_{k+1,k}\hat{\boldsymbol{Z}}_{k+1,k}^{\mathrm{T}}+\boldsymbol{R}_{k} \tag{3.72}$$

可以看出，CKF 在结构上和 EKF 及 UKF 类似，特别是和 UKF 都是基于采样点来实现的，但是在 CKF 中不需要额外的调整参数。另外，CKF 也衍生出很多其他实现形式，如均方根容积卡尔曼滤波(square-root cubature Kalman filter，SCKF)等。

3.4.3　仿真分析

国内外很多研究者都以弹道目标跟踪问题作为验证滤波算法的经典案例，因为该问题的系统方程和量测方程都是非线性的。弹道目标在长距离飞行后，再入大气层时，其速度较大，落到地面的剩余时间较短。跟踪雷达的目的是通过测量被高斯噪声干扰的距离信息来跟踪弹道目标。这个跟踪问题比较困难，因为目标的动态特性变化较快并且有很强的非线性，如图 3.1 所示。

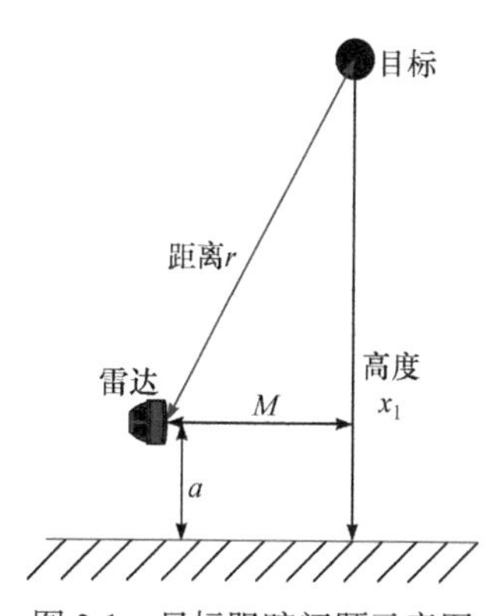

图 3.1　目标跟踪问题示意图

当希望目标以很大的高度和速度进入大气层时，估计目标的位置为 $x_1(t)$，速度为 $x_2(t)$，常值弹道系数为 $x_3(t)$，该系统的方程可以表示为

$$
\begin{aligned}
\dot{x}_1 &= x_2 + w_1 \\
\dot{x}_2 &= \rho_0 \exp(-x_1 / k) x_2^2 / (2x_3) - g + w_2 \\
\dot{x}_3 &= w_3 \\
y(t_k) &= \sqrt{M^2 + (x_1(t_k) - a)^2} + v_k
\end{aligned}
\tag{3.73}
$$

其中，w_i 为影响第 i 个方程的零均值不相关噪声；v_k 为不相关的量测噪声；ρ_0 为海平面的大气密度；k 为表示大气密度和高度之间关系的常值；g 为重力加速度。使用连续系统来描述这个问题，假设每隔 0.5s 能够得到一次距离观测数据，该问题中应用到的常值为 $\rho_0 = 2\text{lb}\cdot\text{s}^2/\text{ft}^4$，$g = 32.2\text{ft}/\text{s}^2$，$k = 20000\text{ft}$，$E\left\{v_k^2\right\} = 10000\text{ft}^2$，$E\left\{w_i^2(t)\right\} = 0(i = 1,2,3)$，$M = 100000\text{ft}$，$a = 100000\text{ft}(1\text{lb} = 0.453592\text{kg}, 1\text{ft} = 0.3048\text{m})$。该系统及估计的初始条件为

$$
\boldsymbol{x}_0 = \begin{bmatrix} 300000 & -20000 & 0.001 \end{bmatrix}^{\mathrm{T}}
$$

$$
\hat{\boldsymbol{x}}_0^+ = \boldsymbol{x}_0
$$

$$
\boldsymbol{P}_0^+ = \begin{bmatrix} 1000000 & 0 & 0 \\ 0 & 4000000 & 0 \\ 0 & 0 & 10 \end{bmatrix}
$$

用 1ms 的步长来仿真该系统，仿真得到的目标真实位置、速度如图 3.2 所示，在最初的几秒内，速度几乎保持不变，但是随着空气密度增加，目标下降的速度降低。在仿真的最后，重力加速度的影响被空气的阻尼抵消，目标达到一个常值的末端速度，10s 以后，目标和雷达的高度几乎一致，雷达的距离信息几乎不能提供目标移动的数据。

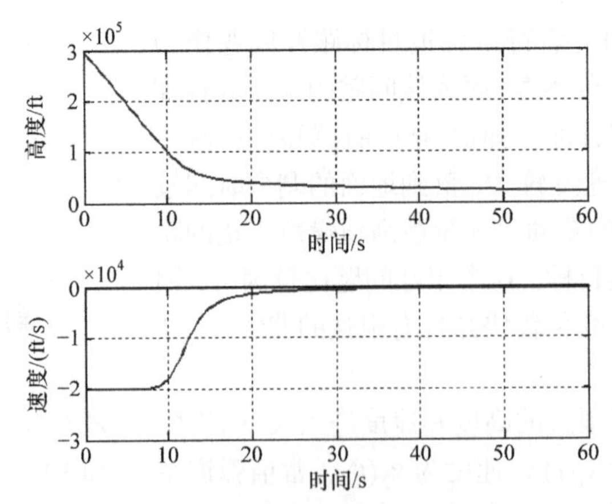

图 3.2　弹道目标的真实位置和速度仿真

用前面介绍的 EKF、UKF 和 CKF 来完成这个目标跟踪问题，用 MATLAB 进

行了总共 60s 的仿真，图 3.3～图 3.5 分别为弹道目标的位置、速度和弹道系数的估计误差，每幅图中分别展示了三种滤波算法的估计结果。

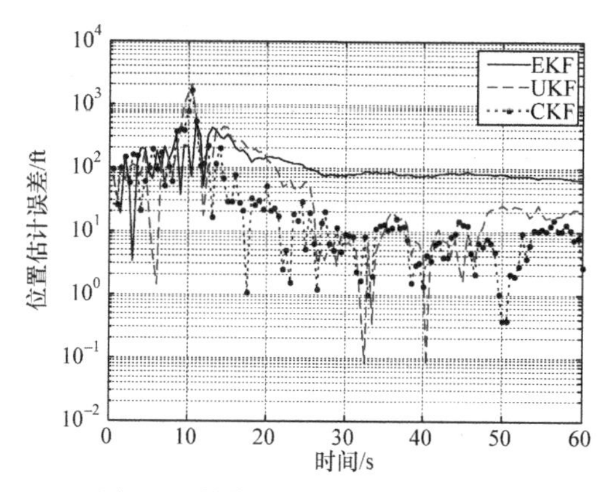

图 3.3　弹道目标的位置估计误差图

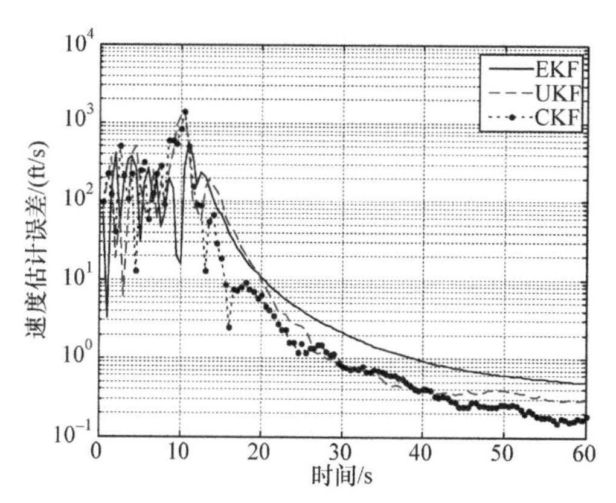

图 3.4　弹道目标的速度估计误差

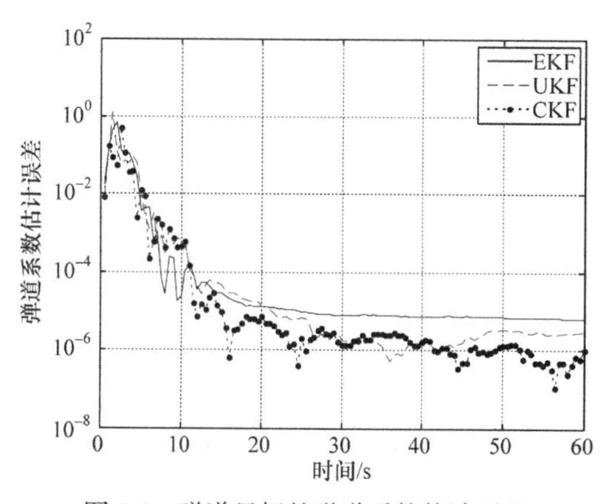

图 3.5　弹道目标的弹道系数估计误差

从图 3.3、图 3.4 中可以看出，位置和速度估计误差的峰值出现在 10s 附近，因为在 10s 附近时，目标和雷达的高度相近，量测给出的目标的位置和速度信息较少。从图 3.5 中可以看出 UKF 的估计误差比 EKF 小 1～2 个数量级，CKF 的估计误差略小于 UKF。EKF、UKF 和 CKF 三种算法的仿真用时分别为 0.416874s、0.262409s 和 0.257230s，可见 UKF 和 CKF 比 EKF 的计算量也小。

3.5　可观测性分析理论

在设计卡尔曼滤波器之前，通常先进行系统的可观测性分析，确定卡尔曼滤波器的滤波效果。进行系统的可观测性分析包括两个内容：一是确定系统是否完全可观测；二是对不完全可观测的系统大致确定哪些状态变量可观测，哪些状态变量不可观测[1]。

系统的可观测性是指根据系统的输出量来确定系统状态的能力，即通过观测有限时间内的输出量能否确定或识别系统的初始状态[128]。初始对准滤波器的估计效果受被估计系统可观测性的影响[129,130]，因为对于可观测的状态变量，卡尔曼滤波器会收敛，能将这些状态变量估计出来；而对于不可观测的状态变量，卡尔曼滤波器则无法将其估计出来，所以初始对准的速度和精度在很大程度上取决于系统的可观测性。在设计卡尔曼滤波器之前，通常先进行系统的可观测性分析，确定卡尔曼滤波器的滤波效果，同时为初始对准观测量的选取、运动方式的选择提供理论指导，以发现提高系统可观测性的方法。惯导系统的静基座初始对准可以看成定常系统，因而其对准过程的可观测性分析相对比较容易，Fang 等[129]在分析了捷联惯导系统静基座对准可观测性的基础上，提出了一种捷联惯导系统静基座快速初始对准方法。房建成等[130]对平台式惯导系统动基座对准的可观测性进行了分析，深入研究和详细分析了载体的各种运动对系统可观测性的影响。对于舰载机捷联惯导系统初始对准这样的动基座初始对准问题，载体不仅有航行时的线运动，而且受海上风浪的影响，舰船存在各种摇摆运动，此时系统也变成典型的时变系统，使得可观测性分析比较困难[131]。

3.6　可观测度计算及其改进方法

假设有如下的线性时变系统：

$$\begin{cases}\dot{\boldsymbol{X}}(t)=\boldsymbol{A}(t)\boldsymbol{X}(t)+\boldsymbol{W}(t)\\ \boldsymbol{Z}(t)=\boldsymbol{H}(t)\boldsymbol{X}(t)+\boldsymbol{V}(t)\end{cases}\tag{3.74}$$

其中，$\boldsymbol{X}(t)\in\mathbf{R}^n$，$\boldsymbol{A}(t)\in\mathbf{R}^{n\times n}$，$\boldsymbol{Z}(t)\in\mathbf{R}^m$，$\boldsymbol{H}(t)\in\mathbf{R}^{m\times n}$，$\boldsymbol{W}(t)$、$\boldsymbol{V}(t)$分别为 n

维和 m 维高斯白噪声过程。如果 $\boldsymbol{A}(t)$ 和 $\boldsymbol{H}(t)$ 不随时间变化，则该系统为线性定常系统，其可观测性分析比较容易。但是当 $\boldsymbol{A}(t)$ 和 $\boldsymbol{H}(t)$ 随时间变化时，该系统就成为线性时变系统，其可观测性分析就变得相当困难。Goshen-Meskin 等[122,132]认为若可以将 $\boldsymbol{A}(t)$ 和 $\boldsymbol{H}(t)$ 近似看成在每个时间区间内不变，则该系统在这个时间区间内就成为线性定常系统，就可以进行可观测性分析，这样的系统称为分段定常系统(piece-wise constant system，PWCS)。这样上面的系统可以描述为

$$\begin{cases}\dot{\boldsymbol{X}}(t)=\boldsymbol{A}_j(t)\boldsymbol{X}(t)+\boldsymbol{W}(t)\\ \boldsymbol{Z}(t)=\boldsymbol{H}_j(t)\boldsymbol{X}(t)+\boldsymbol{V}(t)\end{cases},\quad j=1,2,\cdots,n \tag{3.75}$$

其中，j 表示时变系统的分段间隔序号。对于每个时间段，系数矩阵都被视为常数。事实上，研究系统的可观测性，只需要考察齐次的系统状态方程和测量方程，即仅涉及系数矩阵 $\boldsymbol{A}_j(t)$ 和 $\boldsymbol{H}_j(t)$。于是系统的总可观测性矩阵(total observability matrix，TOM)可以表示为[1]

$$\boldsymbol{Q}(q)=\begin{bmatrix}\boldsymbol{Q}_1\\ \boldsymbol{Q}_2\mathrm{e}^{\boldsymbol{A}_1t_1}\\ \vdots\\ \boldsymbol{Q}_q\mathrm{e}^{\boldsymbol{A}_{q-1}t_{q-1}\cdots\boldsymbol{A}_1t_1}\end{bmatrix}$$

其中，$\boldsymbol{Q}_j=\begin{bmatrix}\boldsymbol{H}_j\\ \boldsymbol{H}_j\boldsymbol{A}_j\\ \vdots\\ \boldsymbol{H}_j\boldsymbol{A}_j^{n-1}\end{bmatrix}(j=1,2,\cdots,q)$，从而根据系统方程和量测方程以及上述可观测性矩阵的定义，由初值表示的系统输出为

$$\boldsymbol{Z}(q)=\boldsymbol{Q}(q)\boldsymbol{X}(t_0) \tag{3.76}$$

为了简化运算，引入了条带化可观测性矩阵(stripped observability matrix，SOM)，即 $\boldsymbol{Q}^*(q)=\begin{bmatrix}\boldsymbol{Q}_1\\ \boldsymbol{Q}_2\\ \vdots\\ \boldsymbol{Q}_q\end{bmatrix}$，房建成等[130]详细证明了捷联惯导系统的动基座对准时的可观测性分析可以用 $\boldsymbol{Q}^*(q)$ 代替 $\boldsymbol{Q}(q)$。

由线性代数的相关知识可知，如果 $\boldsymbol{Q}^*(q)$ 的秩等于 n，则根据式(3.76)可以唯一确定 $\boldsymbol{X}(t_0)$，表明系统状态是完全可观测的，那么系统是不完全可观测的。该方法使线性时变系统可观测性分析问题的研究前进了一大步，具有重要的应用价值。

采用 SOM 代替 TOM，随着时间段的增加，可观测性矩阵的维数会变得很高，使得奇异值分解工作量巨大，为此帅平等[133]提出了一种改进策略，将可观测性矩阵的定义时间区间限制在分段间隔内，考虑到系统状态的递推关系，每个时间段的系统状态初值就是前一时间段的系统状态终值，则可观测性矩阵仍然具有累积继承的性质，这样就可以使用某个时间段的 SOM $\boldsymbol{Q}_j$ 代替总 SOM 进行分析，从而简化计算。

对于离散型 PWCS，$\begin{cases}\boldsymbol{X}(k+1)=\boldsymbol{F}_j\boldsymbol{X}(k)+\boldsymbol{W}(k)\\ \boldsymbol{Z}_j(k)=\boldsymbol{H}_jX(k)+\boldsymbol{V}(k)\end{cases}(j=1,2,\cdots,n)$，可以写出其离散型 TOM 和 SOM 分别是 $\boldsymbol{Q}(q)=\begin{bmatrix}\boldsymbol{Q}_1\\ \boldsymbol{Q}_2\boldsymbol{F}_1^{n-1}\\ \vdots\\ \boldsymbol{Q}_q\boldsymbol{F}_{q-1}^{n-1}\cdots\boldsymbol{F}_1^{n-1}\end{bmatrix}$，$\boldsymbol{Q}^*(q)=\begin{bmatrix}\boldsymbol{Q}_1\\ \boldsymbol{Q}_2\\ \vdots\\ \boldsymbol{Q}_q\end{bmatrix}$，对应于每一时间段的可观测性矩阵定义为 $\boldsymbol{Q}_j=\begin{bmatrix}\boldsymbol{H}_j\\ \boldsymbol{H}_j\boldsymbol{F}_j\\ \vdots\\ \boldsymbol{H}_j\boldsymbol{F}_j^{n-1}\end{bmatrix}$，此时，由初值表示的系统输出为 $\boldsymbol{Z}=\boldsymbol{QX}(0)$。

捷联惯导系统的动基座对准的可观测性分析同样可以利用这一方法，根据载体的运动特性，取足够小的分段时间区间，将系统近似用上面的方程描述为 PWCS，来分析系统的可观测性。但是，该方法只能对系统状态变量的可观测情况进行定性分析，尤其对不完全可观测的系统，只能知道哪些状态变量可观测及哪些状态变量不可观测，而无法知道状态变量的可观测程度(简称可观测度)。对于在不同环境下的同一系统，虽然都是完全可观测系统(可观测性矩阵满秩)，但是用卡尔曼滤波器进行状态估计的效果却不相同，这正是由于在不同环境下的可观测度不同[134]，而状态变量的可观测度反映了卡尔曼滤波器的收敛速度和估计精度。

对状态变量可观测度的研究，可以直接进行误差协方差分析，但是该方法计算量大，尤其对维数较高、分段较多的系统，Ham 等[135]提出一种依据系统状态变量所对应的误差协方差阵的特征向量和特征值分析状态可观测度的简单方法，其结论是估计误差协方差阵的特征值越小，系统的可观测度越高；相反，特征值越大，系统的可观测度越低，并在最小特征值时计算特征向量，该特征向量指示出高可观测度的方向，利用该方法能够判断出完全可观测系统的可观测度。但是当特征方程有重根时，该方法对可观测度的分析变得很困难。程向红等[134]提出一种依据系统矩阵的奇异值确定状态可观测度的简单方法，其指出时变系统的可观测矩阵奇异值的大小能用于定量分析系统的可观测度，定义某个状态变量的可观测度为该状态的奇异值与具有直接外部观测的系统状态对应的奇异值之比，系统 SOM 的奇异值越大，可观测度越高，卡尔曼滤波的估计效果越好。帅平等[133]针对弹道导弹提出了一种可观测度的定义，即系统状态在不同时间段对应的奇异值与在全弹道过程中该状态取得的最大奇异值之比。房建成等[136,137]根据线性系统理论中系统状态的可观测性只取决于系统结构，而与观测量无关的理论，提出了简化的判断各个奇异值所对应状态变量的方法。

定义 3.1　对于 $\boldsymbol{A}\in \mathbf{C}_r^{m\times n}$，非负定矩阵 $\boldsymbol{A}^{\mathrm{H}}\boldsymbol{A}$ 的 i 个特征值 $\lambda_i(\geqslant 0)$ 的算术根 $\sigma_i=\sqrt{\lambda_i}$，称为 $\boldsymbol{A}$ 的奇异值。

引理 3.1　对任意的 $\boldsymbol{A}\in \mathbf{C}_r^{m\times n}$，都有

(1) $\boldsymbol{A}^{\mathrm{H}}\boldsymbol{A}$ 与 $\boldsymbol{A}\boldsymbol{A}^{\mathrm{H}}$ 都是半正定的；

(2) $\mathrm{rank}(\boldsymbol{A}^{\mathrm{H}}\boldsymbol{A})=\mathrm{rank}(\boldsymbol{A}\boldsymbol{A}^{\mathrm{H}})=\mathrm{rank}(\boldsymbol{A})=r$，证明已由罗家洪等[138]完成。

定理 3.1　设 $\boldsymbol{A}\in \mathbf{C}_r^{m\times n}$，则存在酉矩阵 $\boldsymbol{U}$ 及 $\boldsymbol{V}$，使得 $\boldsymbol{U}^{\mathrm{H}}\boldsymbol{A}\boldsymbol{V}=\begin{bmatrix}\boldsymbol{S} & \mathbf{0}\\ \mathbf{0} & \mathbf{0}\end{bmatrix}$，其中 $\boldsymbol{S}=\mathrm{diag}\,(\sigma_1,\sigma_2,\cdots,\sigma_r)$ 且 $\sigma_1\geqslant\sigma_2\geqslant\cdots\geqslant\sigma_r\geqslant 0$，证明参阅文献[138]。

引理 3.1 成立说明分析 $\boldsymbol{A}^{\mathrm{H}}\boldsymbol{A}$ 矩阵的秩和分析 $\boldsymbol{A}$ 矩阵的秩是等价的。

对 PWCS 第 j 段的 SOM 进行奇异值分解，有 $\boldsymbol{Q}^*(j)=\boldsymbol{U}\boldsymbol{\Lambda}\boldsymbol{V}^{\mathrm{T}}$，其中 $\boldsymbol{U}$ 是 mnj 阶正交矩阵，$\boldsymbol{V}$ 是 n 阶正交矩阵，$\boldsymbol{\Lambda}=\begin{bmatrix}\boldsymbol{S}_{r\times r} & \mathbf{0}_{r\times(n-r)}\\ \mathbf{0}_{(mnj-r)\times r} & \mathbf{0}_{(mnj-r)\times(n-r)}\end{bmatrix}$，$\boldsymbol{S}_{r\times r}=\mathrm{diag}(\sigma_1,\sigma_2,\cdots,\sigma_r)$，$r$ 和 $\sigma_i(i=1,2,\cdots,r)$ 分别是 $\boldsymbol{Q}^*(j)$ 的秩和奇异值。如果系统满足 PWCS 可观测性分析定理 3.1 的要求[130]，则可以用 $\boldsymbol{Q}^*(j)$ 代替 $\boldsymbol{Q}(j)$ 进行分析，所以可以得到

$$
\begin{aligned}
\boldsymbol{X}(0)&=(\boldsymbol{U}\boldsymbol{\Lambda}\boldsymbol{V}^{\mathrm{T}})^{-1}\boldsymbol{Z}\\
&=\left(\sum_{i=1}^{r}\sigma_i\boldsymbol{u}_i\boldsymbol{v}_i^{\mathrm{T}}\right)^{-1}\boldsymbol{Z}\\
&=\sum_{i=1}^{r}\left(\frac{\boldsymbol{u}_i^{\mathrm{T}}\boldsymbol{Z}}{\sigma_i}\right)\boldsymbol{v}_i
\end{aligned}
\tag{3.77}
$$

根据式(3.77)计算每一个奇异值对应的初始状态的分量。从数值上看，大的奇异值可以获得较好的状态估计；反之，较小的奇异值可能引起状态奇异，估计效果较差，落入不可观测空间。

在文献[1]中定义系统状态的可观测度 η_k 为该状态对应的奇异值 σ_i 与具有外观测的状态所对应的奇异值 σ^* 之比，即

$$\eta_k = \frac{\sigma_i}{\sigma^*} \tag{3.78}$$

但是，具有外观测的状态所对应的奇异值却并不一定是最大的，通过式(3.78)定义的可观测度的数值范围是不确定的，使得不同时刻的可观测度失去可比性。

这里，定义系统状态的可观测度η_k为该状态对应的奇异值σ_i与整个过程中具有最大奇异值的状态所对应的奇异值σ^m之比，即

$$\eta_k = \frac{\sigma_i}{\sigma^m} \tag{3.79}$$

这样，可观测度的数值就被限定在[0,1]的范围内，可以直观地反映各个状态的可观测程度。

3.7　小　　结

针对初始对准常用的滤波算法，本章首先分别介绍了针对线性系统的卡尔曼滤波和针对非线性系统的 EKF，然后介绍了为克服 EKF 应用中面临的一些问题而提出的 UKF 和 CKF。系统的可观测性直接影响滤波器的估计性能，因此最后介绍了系统可观测性分析的基本方法，并提出了一种定量比较各个状态的可观测度计算方法。

第 4 章　惯性导航系统经典传递对准

舰载机惯导系统或机载导弹惯导系统的初始对准,因为要在运动载体上完成,所以常规静基座时的自主初始对准方法已经不能完成惯导系统的初始化任务。舰载机通常都是在舰上完成其惯导系统的初始对准后再起飞去完成作战任务,此时,舰载机惯导系统首选的初始对准方案就是充分利用舰上高精度主惯导系统以及其他导航设备现成的高精度导航信息来完成初始对准，即传递对准方案。

舰载机捷联惯导系统的传递对准就是利用舰船高精度主惯导系统的导航信息对舰载机捷联惯导系统进行初始化的过程。子惯导系统未对准以前，平台(数学平台)失准角对惯导系统各种性能参数都会产生影响，因此主惯导、子惯导系统间各种性能参数的差值都能不同程度地反映失准角的大小，根据这些性能参数的差值运用一定的滤波估计算法，就可以估计出失准角的大小，完成传递对准过程。

在舰载机起飞离舰前，可以用舰船主惯导系统的姿态、速度和位置对舰载机捷联惯导系统进行一次简单的初始化，同时利用已知停机位到舰船主惯导系统的杆臂距离和停机位相对飞机捷联惯导系统坐标系的姿态对速度和姿态进行补偿，使舰载机捷联惯导系统直接进入导航状态。虽然经过这样的一次初始化装订，位置和速度就达到了满意的精度，但是舰载机在各自的停机位停放时总会存在一定的误差，而且在恶劣的海况下，受风浪、舰船变形等的影响，这个误差变得更加不确定。因此，必须设计一个对准滤波器，动态地匹配舰船主惯导系统和舰载机捷联惯导系统的相应信息，准确估计出舰船主惯导系统和舰载机捷联惯导系统之间的相对姿态误差角，减少一次装订初始化的误差。

在动基座对准需求日益迫切的 20 世纪 70～80 年代，惯导系统以平台式惯导系统为主，动基座传递对准能够使用的匹配信息主要是主、子惯导系统间的位置和速度信息，这一类传递对准称为经典传递对准。本章首先给出经典传递对准的姿态误差模型、速度误差模型、位置误差模型以及惯性器件的误差模型，然后分析基于位置和速度量测信息的经典传递对准方案，并进行仿真分析，最后介绍大方位失准时的非线性传递对准技术。

4.1　基本公式说明

系统误差模型一般由系统的速度误差模型、姿态误差模型、惯性器件的误差模型以及其他一些要补偿的动态误差模型组成，包括杆臂效应误差模型和挠曲变形误差模型。在介绍这些误差模型前首先定义相关坐标系。

n 为主惯导系统估计的导航坐标系，若主惯导系统精度足够高，即为真实的导航坐标系；

n' 为子惯导系统估计的导航坐标系；

m 为主惯导系统所在的载体坐标系；

s 为子惯导系统所在的载体坐标系；

b 为广义的载体坐标系(也就是不考虑主、子惯导系统间的安装误差和挠曲变形，把载体看成是刚体)。

其他的相关符号说明如下：

$\boldsymbol{C}_m^n$ 为主惯导系统姿态矩阵；

$\boldsymbol{C}_s^{n'}$ 为子惯导系统姿态矩阵。

4.1.1 姿态误差的定义

各种误差的存在使得子惯导估计的导航坐标系 n' 相对主惯导估计的导航坐标系 n 有偏差角 $\boldsymbol{\varphi}=\left[\varphi_x,\varphi_y,\varphi_z\right]^{\mathrm{T}}$，即子惯导估计的导航坐标系 n' 由主惯导估计的导航坐标系 n 绕相应的坐标轴旋转 $\boldsymbol{\varphi}=\left[\varphi_x,\varphi_y,\varphi_z\right]^{\mathrm{T}}$ 得到，则

$$\boldsymbol{C}_n^{n'}=\begin{bmatrix}\cos\varphi_y\cos\varphi_z-\sin\varphi_y\sin\varphi_z\sin\varphi_x & \cos\varphi_y\sin\varphi_z+\sin\varphi_y\cos\varphi_z\sin\varphi_x & -\sin\varphi_y\cos\varphi_x\\ -\sin\varphi_z\cos\varphi_x & \cos\varphi_z\cos\varphi_x & \sin\varphi_x\\ \sin\varphi_y\cos\varphi_z+\cos\varphi_y\sin\varphi_z\sin\varphi_x & \sin\varphi_y\sin\varphi_z-\cos\varphi_y\cos\varphi_z\sin\varphi_x & \cos\varphi_y\cos\varphi_x\end{bmatrix} \tag{4.1}$$

定义相应的变换四元数为

$$\boldsymbol{Q}_{n'}^{n}=\cos\frac{\phi}{2}+\frac{\boldsymbol{\varphi}}{\phi}\sin\frac{\phi}{2} \tag{4.2}$$

其共轭四元数为

$$\boldsymbol{Q}_{n}^{n'}=\cos\frac{\phi}{2}-\frac{\boldsymbol{\varphi}}{\phi}\sin\frac{\phi}{2} \tag{4.3}$$

其中，$\phi=\|\boldsymbol{\varphi}\|$。

当假设各个方向的失准角都是小角度时，记 $(\boldsymbol{\varphi}\times)=\begin{bmatrix}0 & -\varphi_z & \varphi_y\\ \varphi_z & 0 & -\varphi_x\\ -\varphi_y & \varphi_x & 0\end{bmatrix}$，忽略小角度间的二阶小量，则

$$\boldsymbol{C}_n^{n'}=\begin{bmatrix}1 & \varphi_z & -\varphi_y\\ -\varphi_z & 1 & \varphi_x\\ \varphi_y & -\varphi_x & 1\end{bmatrix}=\boldsymbol{I}-(\boldsymbol{\varphi}\times) \tag{4.4}$$

因为 $\boldsymbol{C}_n^{n'}$ 为正交矩阵，所以

$$\boldsymbol{C}_{n'}^{n}=(\boldsymbol{C}_n^{n'})^{-1}=(\boldsymbol{C}_n^{n'})^{\mathrm{T}}=\begin{bmatrix}1 & -\varphi_z & \varphi_y\\ \varphi_z & 1 & -\varphi_x\\ -\varphi_y & \varphi_x & 1\end{bmatrix}=\boldsymbol{I}+(\boldsymbol{\varphi}\times) \tag{4.5}$$

当 $\boldsymbol{\varphi}$ 是小角度时，式(4.3)的变换四元数变为 $\boldsymbol{Q}_n^{n'}=1-\frac{\boldsymbol{\varphi}}{2}$。

4.1.2　方向余弦矩阵的微分方程

由哥氏定理

$$\left.\frac{\mathrm{d}\boldsymbol{r}}{\mathrm{d}t}\right|_n=\left.\frac{\mathrm{d}\boldsymbol{r}}{\mathrm{d}t}\right|_b+\boldsymbol{\omega}_{nb}\times\boldsymbol{r} \tag{4.6}$$

当 $\boldsymbol{r}$ 大小不变时有 $\left.\frac{\mathrm{d}\boldsymbol{r}}{\mathrm{d}t}\right|_b=0$，所以 $\left.\frac{\mathrm{d}\boldsymbol{r}}{\mathrm{d}t}\right|_n=\boldsymbol{\omega}_{nb}\times\boldsymbol{r}$，式(4.6)在地理坐标系内表示，并写成矩阵的形式，即

$$\dot{\boldsymbol{r}}^n=(\boldsymbol{\omega}_{nb}^n\times)\boldsymbol{r}^n \tag{4.7}$$

其中，$(\boldsymbol{\omega}_{nb}^n\times)=\begin{bmatrix}0 & -\omega_{nbz} & \omega_{nby}\\ \omega_{nbz} & 0 & -\omega_{nbx}\\ -\omega_{nby} & \omega_{nbx} & 0\end{bmatrix}$是 $\boldsymbol{\omega}_{nb}^n$ 的叉乘反对称矩阵，根据矢量的坐标变换有 $\boldsymbol{r}^n=\boldsymbol{C}_b^n\boldsymbol{r}^b$，两边求导得 $\dot{\boldsymbol{r}}^n=\dot{\boldsymbol{C}}_b^n\boldsymbol{r}^b+\boldsymbol{C}_b^n\dot{\boldsymbol{r}}^b$，考虑 $\dot{\boldsymbol{r}}^b=\boldsymbol{0}$，有 $\dot{\boldsymbol{r}}^n=\dot{\boldsymbol{C}}_b^n\boldsymbol{r}^b=\dot{\boldsymbol{C}}_b^n\boldsymbol{C}_n^b\boldsymbol{r}^n$，和式(4.7)比较得

$$\dot{\boldsymbol{C}}_b^n=(\boldsymbol{\omega}_{nb}^n\times)\boldsymbol{C}_b^n \tag{4.8}$$

根据反对称矩阵的相似变换得到 $(\boldsymbol{\omega}_{nb}^n\times)=\boldsymbol{C}_b^n(\boldsymbol{\omega}_{nb}^b\times)\boldsymbol{C}_n^b$，代入式(4.8)得到

$$\dot{\boldsymbol{C}}_b^n=\boldsymbol{C}_b^n(\boldsymbol{\omega}_{nb}^b\times)\boldsymbol{C}_n^b\boldsymbol{C}_b^n=\boldsymbol{C}_b^n(\boldsymbol{\omega}_{nb}^b\times) \tag{4.9}$$

因为 $\boldsymbol{C}_b^n\boldsymbol{C}_n^b=\boldsymbol{I}$，两边求导得 $\dot{\boldsymbol{C}}_b^n\boldsymbol{C}_n^b+\boldsymbol{C}_b^n\dot{\boldsymbol{C}}_n^b=\boldsymbol{0}$，即 $\dot{\boldsymbol{C}}_b^n=-\boldsymbol{C}_b^n\dot{\boldsymbol{C}}_n^b\boldsymbol{C}_b^n$，代入式(4.8)得 $-\boldsymbol{C}_b^n\dot{\boldsymbol{C}}_n^b\boldsymbol{C}_b^n=(\boldsymbol{\omega}_{nb}^n\times)\boldsymbol{C}_b^n$，即

$$\dot{\boldsymbol{C}}_n^b=-\boldsymbol{C}_n^b(\boldsymbol{\omega}_{nb}^n\times) \tag{4.10}$$

将 $\dot{\boldsymbol{C}}_b^n=-\boldsymbol{C}_b^n\dot{\boldsymbol{C}}_n^b\boldsymbol{C}_b^n$ 代入式(4.9)得 $-\boldsymbol{C}_b^n\dot{\boldsymbol{C}}_n^b\boldsymbol{C}_b^n=\boldsymbol{C}_b^n(\boldsymbol{\omega}_{nb}^b\times)$，即

$$\dot{\boldsymbol{C}}_n^b = -(\boldsymbol{\omega}_{nb}^b \times)\boldsymbol{C}_n^b \tag{4.11}$$

式(4.8)～式(4.11)为姿态矩阵微分方程的四种常用形式。

4.1.3 四元数微分方程

由

$$\dot{\boldsymbol{Q}}_b^n = \frac{1}{2}\boldsymbol{Q}_b^n \otimes \boldsymbol{\omega}_{nb}^b \tag{4.12}$$

因为$\boldsymbol{Q}_b^n \otimes \boldsymbol{Q}_n^b = \boldsymbol{I}$，两边求导得$\dot{\boldsymbol{Q}}_b^n \otimes \boldsymbol{Q}_n^b + \boldsymbol{Q}_b^n \otimes \dot{\boldsymbol{Q}}_n^b = \boldsymbol{0}$，所以$\dot{\boldsymbol{Q}}_b^n = -\boldsymbol{Q}_b^n \otimes \dot{\boldsymbol{Q}}_n^b \otimes \boldsymbol{Q}_b^n$，代入式(4.12)得$-\boldsymbol{Q}_b^n \otimes \dot{\boldsymbol{Q}}_n^b \otimes \boldsymbol{Q}_b^n = \frac{1}{2}\boldsymbol{Q}_b^n \otimes \boldsymbol{\omega}_{nb}^b$，即

$$\dot{\boldsymbol{Q}}_n^b = -\frac{1}{2}\boldsymbol{\omega}_{nb}^b \otimes \boldsymbol{Q}_n^b \tag{4.13}$$

将$\boldsymbol{\omega}_{nb}^b = \boldsymbol{Q}_n^b \otimes \boldsymbol{\omega}_{nb}^n \otimes \boldsymbol{Q}_b^n$，分别代入式(4.12)、式(4.13)得

$$\dot{\boldsymbol{Q}}_b^n = \frac{1}{2}\boldsymbol{Q}_b^n \otimes \boldsymbol{Q}_n^b \otimes \boldsymbol{\omega}_{nb}^n \otimes \boldsymbol{Q}_b^n = \frac{1}{2}\boldsymbol{\omega}_{nb}^n \otimes \boldsymbol{Q}_b^n \tag{4.14}$$

$$\dot{\boldsymbol{Q}}_n^b = -\frac{1}{2}\boldsymbol{Q}_n^b \otimes \boldsymbol{\omega}_{nb}^n \otimes \boldsymbol{Q}_b^n \otimes \boldsymbol{Q}_n^b = -\frac{1}{2}\boldsymbol{Q}_n^b \otimes \boldsymbol{\omega}_{nb}^n \tag{4.15}$$

式(4.12)～式(4.15)为四元数微分方程的四种常用形式。

4.1.4 四元数和方向余弦矩阵的转换关系

设从a坐标系到b坐标系的方向余弦矩阵为$\boldsymbol{C}_a^b$，对应的旋转四元数为$\boldsymbol{Q}_a^b = (q_0, q_1, q_2, q_3)$，则从旋转四元数到方向余弦矩阵的变换为

$$\boldsymbol{C}(\boldsymbol{Q}_a^b) = \begin{bmatrix} q_0^2 + q_1^2 - q_2^2 - q_3^2 & 2(q_1q_2 - q_0q_3) & 2(q_1q_3 + q_0q_2) \\ 2(q_1q_2 + q_0q_3) & q_0^2 - q_1^2 + q_2^2 - q_3^2 & 2(q_2q_3 - q_0q_1) \\ 2(q_1q_3 - q_0q_2) & 2(q_2q_3 + q_0q_1) & q_0^2 - q_1^2 - q_2^2 + q_3^2 \end{bmatrix} \tag{4.16}$$

从方向余弦矩阵到四元数的变换为

$$\begin{aligned} |q_0| &= \frac{1}{2}\sqrt{1 + \boldsymbol{C}_{11} + \boldsymbol{C}_{22} + \boldsymbol{C}_{33}} \\ |q_1| &= \frac{1}{2}\sqrt{1 + \boldsymbol{C}_{11} - \boldsymbol{C}_{22} - \boldsymbol{C}_{33}} \\ |q_2| &= \frac{1}{2}\sqrt{1 - \boldsymbol{C}_{11} + \boldsymbol{C}_{22} - \boldsymbol{C}_{33}} \\ |q_3| &= \frac{1}{2}\sqrt{1 - \boldsymbol{C}_{11} - \boldsymbol{C}_{22} + \boldsymbol{C}_{33}} \end{aligned} \tag{4.17}$$

q_0、q_1、q_2、q_3的符号由式(4.18)确定($\mathrm{sign}(q_0)$可任选)，即

$$
\begin{aligned}
\mathrm{sign}(q_1) &= \mathrm{sign}(q_0)\mathrm{sign}(\boldsymbol{C}_{32}-\boldsymbol{C}_{23}) \\
\mathrm{sign}(q_2) &= \mathrm{sign}(q_0)\mathrm{sign}(\boldsymbol{C}_{13}-\boldsymbol{C}_{31}) \\
\mathrm{sign}(q_3) &= \mathrm{sign}(q_0)\mathrm{sign}(\boldsymbol{C}_{21}-\boldsymbol{C}_{12})
\end{aligned}
\tag{4.18}
$$

4.2　经典传递对准误差模型

在研究传递对准技术时，一般情况下，姿态误差是定义在载体坐标系内的，通过估计主惯导、子惯导间的失准角来完成传递对准。

4.2.1　姿态误差模型

设由$\boldsymbol{Q}_b^{n'}$确定的n'坐标系相对由$\boldsymbol{Q}_b^{n}$确定的n坐标系有偏差角矢量$\boldsymbol{\varphi}$，$\phi=\|\boldsymbol{\varphi}\|$，根据四元数的三角表示形式，有$\boldsymbol{Q}_{n'}^{n}=\cos\dfrac{\phi}{2}+\dfrac{\boldsymbol{\varphi}}{\phi}\sin\dfrac{\phi}{2}$，当$\boldsymbol{\varphi}$是小角度时，$\boldsymbol{Q}_{n'}^{n}=1+\dfrac{\boldsymbol{\varphi}}{2}$，其共轭四元数为

$$
\boldsymbol{Q}_n^{n'}=1-\frac{\boldsymbol{\varphi}}{2} \tag{4.19}
$$

对式(4.19)求导数得

$$
\dot{\boldsymbol{Q}}_n^{n'}=-\frac{\dot{\boldsymbol{\varphi}}}{2} \tag{4.20}
$$

利用式(4.19)和式(4.20)可以得到姿态误差方程为$-\dfrac{\dot{\boldsymbol{\varphi}}}{2}=\dfrac{1}{2}\left(1-\dfrac{\boldsymbol{\varphi}}{2}\right)\otimes(\delta\boldsymbol{\omega}_{ib}^{n}+\boldsymbol{\omega}_{in}^{n})-\dfrac{1}{2}(\boldsymbol{\omega}_{in}^{n}+\delta\boldsymbol{\omega}_{in}^{n})\otimes\left(1-\dfrac{\boldsymbol{\varphi}}{2}\right)$，忽略二阶小量整理得

$$
\begin{aligned}
\dot{\boldsymbol{\varphi}} &= -\delta\boldsymbol{\omega}_{ib}^{n}+\left(\frac{\boldsymbol{\varphi}}{2}\times\right)\boldsymbol{\omega}_{in}^{n}+\delta\boldsymbol{\omega}_{in}^{n}-(\boldsymbol{\omega}_{in}^{n}\times)\frac{\boldsymbol{\varphi}}{2} \\
&= -\delta\boldsymbol{\omega}_{ib}^{n}+\boldsymbol{\varphi}\times\boldsymbol{\omega}_{in}^{n}+\delta\boldsymbol{\omega}_{in}^{n}
\end{aligned}
\tag{4.21}
$$

其中，$\delta\boldsymbol{\omega}_{ib}^{n}=\boldsymbol{C}_b^n([\delta\boldsymbol{K}_G]+[\delta\boldsymbol{G}])\boldsymbol{\omega}_{ib}^{b}+\boldsymbol{\varepsilon}^n$，$[\delta\boldsymbol{K}_G]=\mathrm{diag}(\delta K_{Gx},\delta K_{Gy},\delta K_{Gz})$，$[\delta\boldsymbol{G}]=\begin{bmatrix}0 & \delta G_z & -\delta G_y\\ -\delta G_z & 0 & \delta G_x\\ \delta G_y & -\delta G_x & 0\end{bmatrix}$。

因为δK_{Gi}、δG_i分别为陀螺仪的刻度系数误差和安装误差，所以式(4.21)可以

写为

$$\dot{\boldsymbol{\varphi}} = \boldsymbol{\varphi} \times \boldsymbol{\omega}_{in}^n + \delta\boldsymbol{\omega}_{in}^n - \boldsymbol{C}_b^n([\delta\boldsymbol{K}_G] + [\delta\boldsymbol{G}])\boldsymbol{\omega}_{ib}^b - \boldsymbol{\varepsilon}^n \tag{4.22}$$

式(4.22)即为捷联惯导系统的姿态误差方程的矢量形式，展开式(4.22)得

$$\begin{aligned}
\begin{bmatrix} \dot{\varphi}_E \\ \dot{\varphi}_N \\ \dot{\varphi}_U \end{bmatrix} &= \begin{bmatrix} 0 & -\varphi_U & \varphi_N \\ \varphi_U & 0 & -\varphi_E \\ -\varphi_N & \varphi_E & 0 \end{bmatrix} \begin{bmatrix} -\dfrac{V_N}{R_M + h} \\ \omega_{ie}\cos L + \dfrac{V_E}{R_N + h} \\ \omega_{ie}\sin L + \dfrac{V_E}{R_N + h}\tan L \end{bmatrix} \\
&+ \begin{bmatrix} -\dfrac{\delta V_N}{R_M + h} + \delta h \dfrac{V_N}{(R_M + h)^2} \\ -\delta L \omega_{ie}\sin L + \dfrac{\delta V_E}{R_N + h} - \delta h \dfrac{V_E}{(R_N + h)^2} \\ \delta L \omega_{ie}\cos L + \dfrac{\delta V_E \tan L}{R_N + h} + \delta L \dfrac{V_E \sec^2 L}{R_N + h} - \delta h \dfrac{V_E \tan L}{(R_N + h)^2} \end{bmatrix} \\
&- \boldsymbol{C}_b^n \begin{bmatrix} \delta K_{Gx} & \delta G_z & -\delta G_y \\ -\delta G_z & \delta K_{Gy} & \delta G_x \\ \delta G_y & -\delta G_x & \delta K_{Gz} \end{bmatrix} \begin{bmatrix} \omega_{ibx}^b \\ \omega_{iby}^b \\ \omega_{ibz}^b \end{bmatrix} - \begin{bmatrix} \varepsilon_E \\ \varepsilon_N \\ \varepsilon_U \end{bmatrix}
\end{aligned} \tag{4.23}$$

忽略陀螺仪的刻度系数误差和安装误差以及位置误差，得到

$$\begin{bmatrix} \dot{\varphi}_E \\ \dot{\varphi}_N \\ \dot{\varphi}_U \end{bmatrix} = \begin{bmatrix} 0 & -\varphi_U & \varphi_N \\ \varphi_U & 0 & -\varphi_E \\ -\varphi_N & \varphi_E & 0 \end{bmatrix} \begin{bmatrix} -\dfrac{V_N}{R_M + h} \\ \omega_{ie}\cos L + \dfrac{V_E}{R_N + h} \\ \omega_{ie}\sin L + \dfrac{V_E}{R_N + h}\tan L \end{bmatrix} + \begin{bmatrix} -\dfrac{\delta V_N}{R_M + h} \\ \dfrac{\delta V_E}{R_N + h} \\ \dfrac{\delta V_E \tan L}{R_N + h} \end{bmatrix} - \begin{bmatrix} \varepsilon_E \\ \varepsilon_N \\ \varepsilon_U \end{bmatrix} \tag{4.24}$$

式(4.24)即为常规对准的姿态误差模型。

4.2.2 速度误差模型

设$\boldsymbol{\varphi}$为姿态误差角，忽略误差间的二阶小量得速度误差方程为

$$\begin{aligned}
\delta\dot{\boldsymbol{V}}^n = &-(\boldsymbol{\varphi}\times)\boldsymbol{f}^n + \boldsymbol{C}_b^n([\delta\boldsymbol{K}_A] + [\delta\boldsymbol{A}])\boldsymbol{f}^b - (2\boldsymbol{\omega}_{ie}^n + \boldsymbol{\omega}_{en}^n) \times \delta\boldsymbol{V}^n \\
&- (2\delta\boldsymbol{\omega}_{ie}^n + \delta\boldsymbol{\omega}_{en}^n) \times \boldsymbol{V}^n + \boldsymbol{\nabla}^n
\end{aligned} \tag{4.25}$$

展开式(4.25)可得以分量形式表示的速度误差方程，即

$$\begin{bmatrix}\delta\dot{V}_E\\ \delta\dot{V}_N\\ \delta\dot{V}_U\end{bmatrix}=\begin{bmatrix}0&-\varphi_U&\varphi_N\\ \varphi_U&0&-\varphi_E\\ -\varphi_N&\varphi_E&0\end{bmatrix}\begin{bmatrix}f_E\\ f_N\\ f_U\end{bmatrix}+\boldsymbol{C}_b^n\begin{bmatrix}\delta K_{Ax}&\delta A_z&-\delta A_y\\ -\delta A_z&\delta K_{Ay}&\delta A_x\\ \delta A_y&-\delta A_x&\delta K_{Az}\end{bmatrix}\begin{bmatrix}f_x\\ f_y\\ f_z\end{bmatrix}$$

$$-\left(\begin{bmatrix}-\dfrac{V_N}{R_M+h}\\ 2\omega_{ie}\cos L+\dfrac{V_E}{R_N+h}\\ 2\omega_{ie}\sin L+\dfrac{V_E}{R_N+h}\tan L\end{bmatrix}\right)\times\begin{bmatrix}\delta V_E\\ \delta V_N\\ \delta V_U\end{bmatrix}$$

$$+\left(\begin{bmatrix}-\dfrac{\delta V_N}{R_M+h}+\delta h\dfrac{V_N}{(R_M+h)^2}\\ -2\delta L\omega_{ie}\sin L+\dfrac{\delta V_E}{R_N+h}-\delta h\dfrac{V_E}{(R_N+h)^2}\\ 2\delta L\omega_{ie}\cos L+\dfrac{\delta V_E\tan L}{R_N+h}+\delta L\dfrac{V_E\sec^2 L}{R_N+h}-\delta h\dfrac{V_E\tan L}{(R_N+h)^2}\end{bmatrix}\right)\times\begin{bmatrix}V_E\\ V_N\\ V_U\end{bmatrix}+\begin{bmatrix}\nabla_E\\ \nabla_N\\ \nabla_U\end{bmatrix}$$

(4.26)

忽略加速度计的刻度系数误差和安装误差时，得到简化的速度微分方程为

$$\delta\dot{\boldsymbol{V}}^n=-(\boldsymbol{\varphi}\times)\boldsymbol{C}_b^n\boldsymbol{f}^b-(2\boldsymbol{\omega}_{ie}^n+\boldsymbol{\omega}_{en}^n)\times\delta\boldsymbol{V}^n-(2\delta\boldsymbol{\omega}_{ie}^n+\delta\boldsymbol{\omega}_{en}^n)\times\boldsymbol{V}^n+\boldsymbol{C}_b^n\boldsymbol{\nabla}^b \tag{4.27}$$

再忽略位置误差，得

$$\begin{bmatrix}\delta\dot{V}_E\\ \delta\dot{V}_N\\ \delta\dot{V}_U\end{bmatrix}=\begin{bmatrix}0&-\varphi_U&\varphi_N\\ \varphi_U&0&-\varphi_E\\ -\varphi_N&\varphi_E&0\end{bmatrix}\boldsymbol{C}_b^n\begin{bmatrix}f_x\\ f_y\\ f_z\end{bmatrix}-\left(\begin{bmatrix}-\dfrac{V_N}{R_M+h}\\ 2\omega_{ie}\cos L+\dfrac{V_E}{R_N+h}\\ 2\omega_{ie}\sin L+\dfrac{V_E}{R_N+h}\tan L\end{bmatrix}\right)\times\begin{bmatrix}\delta V_E\\ \delta V_N\\ \delta V_U\end{bmatrix}$$

$$+\left(\begin{bmatrix}-\dfrac{\delta V_N}{R_M+h}\\ \dfrac{\delta V_E}{R_N+h}\\ \dfrac{\delta V_E\tan L}{R_N+h}\end{bmatrix}\right)\times\begin{bmatrix}V_E\\ V_N\\ V_U\end{bmatrix}+\boldsymbol{C}_b^n\begin{bmatrix}\nabla_x^b\\ \nabla_y^b\\ \nabla_z^b\end{bmatrix}$$

(4.28)

式(4.28)即为常规对准的速度误差模型。

4.2.3　位置误差模型

捷联惯导系统的位置误差方程与平台惯导系统的位置误差方程形式上完全一致[103,104]，即

$$\begin{cases}\delta\dot{L}=\dfrac{\delta V_N}{R_M+h}-\delta h\dfrac{V_N}{\left(R_M+h\right)^2}\\ \delta\dot{\lambda}=\dfrac{\delta V_E}{R_N+h}\sec L+\delta L\dfrac{V_E}{R_N+h}\tan L\sec L-\delta h\dfrac{V_E\sec L}{\left(R_N+h\right)^2}\\ \delta\dot{h}=\delta V_U\end{cases}\tag{4.29}$$

其中，δL、$\delta\lambda$、δh分别为纬度误差、经度误差、高度误差；R_M、R_N、V_E、V_N、V_U分别为地球的子午圈半径、卯酉圈半径以及东北天向的速度分量。

4.2.4　惯性器件误差模型

陀螺仪和加速度计的误差对捷联惯导系统的姿态误差会产生直接的影响，因此有必要考虑陀螺仪和加速度计的误差。

(1) 陀螺漂移误差模型。

失准角误差的变化与陀螺漂移有关，陀螺漂移包含三种分量：随机常值漂移、相关漂移(一阶马尔可夫过程)和不相关漂移(白噪声)。

一般情况下陀螺仪相关漂移的相关时间大于1h，所以对于时间在20min以内，甚至几十秒的初始对准来讲，这种相关漂移可以近似为常值，且与随机常值漂移相比，这种漂移小 1～2 个数量级。所以初始对准中陀螺漂移模型可以简化为$\dot{\boldsymbol{\varepsilon}}=\mathbf{0}$，即

$$\begin{aligned}\dot{\varepsilon}_x&=0\\ \dot{\varepsilon}_y&=0\\ \dot{\varepsilon}_z&=0\end{aligned}\tag{4.30}$$

(2) 加速度计漂移误差模型。

速度误差与加速度计的误差有关，与陀螺漂移误差模型的分析类似，加速度计的误差包含三种分量，但是在对准中相关误差相对较小，一般忽略不计，只考虑随机常值误差，即偏置误差。所以加速度计的误差模型可以简化为$\dot{\boldsymbol{\nabla}}=\mathbf{0}$，即

$$\begin{aligned}\dot{\nabla}_x&=0\\ \dot{\nabla}_y&=0\\ \dot{\nabla}_z&=0\end{aligned}\tag{4.31}$$

4.3　经典对准的滤波器设计

惯导系统的误差传播为非平稳随机过程，误差统计特性可以从实验结果中得出，误差微分方程能够较准确地描述惯导误差的传播规律，结合本节的设计方案，将通过卡尔曼滤波对舰载机捷联惯导系统的初始对准误差进行估计。

4.3.1　系统状态模型

取 13 个状态为

$$\boldsymbol{X}=[\delta V_E,\delta V_N,\varphi_E,\varphi_N,\varphi_U,\delta L,\delta\lambda,\delta h,\varepsilon_E,\varepsilon_N,\varepsilon_U,\nabla_E,\nabla_N] \tag{4.32}$$

系统状态方程为

$$\dot{\boldsymbol{X}}(t)=\boldsymbol{F}(t)\boldsymbol{X}(t)+\boldsymbol{G}(t)\boldsymbol{W}(t) \tag{4.33}$$

其中，$\boldsymbol{F}(t)$ 为系统状态转移矩阵，根据式(4.24)、式(4.28)和式(4.29)确定；$\boldsymbol{G}(t)$ 为系统噪声驱动矩阵。

4.3.2　速度误差量测模型

速度量测矢量 $\boldsymbol{Z}_V$ 可以写为

$$\boldsymbol{Z}_V(t)=\begin{bmatrix} V_{sE}-V_{mE} \\ V_{sN}-V_{mN} \end{bmatrix}=\begin{bmatrix} \delta V_E \\ \delta V_N \end{bmatrix}+\boldsymbol{w}_V(t)=\boldsymbol{H}_V\boldsymbol{X}(t)+\boldsymbol{w}_V(t) \tag{4.34}$$

其中，$\boldsymbol{H}_V$ 为速度量测矩阵；V_{sE} 、V_{sN} 为子惯导系统输出的东、北方向速度；V_{mE} 、V_{mN} 为主惯导系统输出的东、北方向速度；$\boldsymbol{w}_V$ 为速度量测噪声。

4.3.3　位置误差量测模型

位置量测矢量 $\boldsymbol{Z}_p$ 可以写为

$$\boldsymbol{Z}_p(t)=\begin{bmatrix} L_s-L_m \\ \lambda_s-\lambda_m \\ h_s-h_m \end{bmatrix}=\begin{bmatrix} \delta L \\ \delta\lambda \\ \delta h \end{bmatrix}+\boldsymbol{w}_p(t)=\boldsymbol{H}_p\boldsymbol{X}(t)+\boldsymbol{w}_p(t) \tag{4.35}$$

其中，$\boldsymbol{H}_p$ 为位置量测矩阵；L_s 、λ_s 、h_s 为子惯导系统输出的纬度、经度、高度；L_m 、λ_m 、h_m 为主惯导系统输出的纬度、经度、高度；$\boldsymbol{w}_p$ 为位置量测噪声。

4.4 经典对准的可观测性研究及仿真分析

4.4.1 经典对准仿真系统设计

经典对准仿真系统在第 2 章传递对准仿真系统的基础上稍加改动就可以得到，仿真框图如图 4.1 所示。

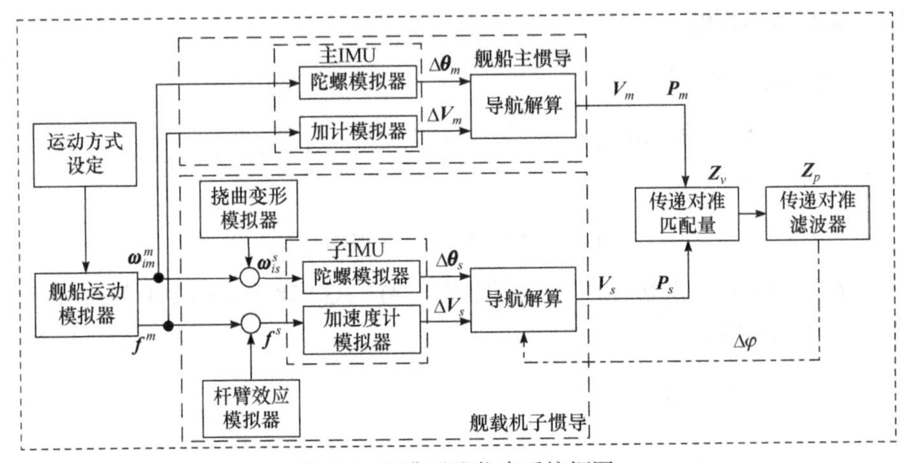

图 4.1 经典对准仿真系统框图

舰载机起飞前利用舰船主惯导的导航信息一次装订完成粗对准，然后在此基础上，再利用主惯导提供的导航信息继续完成精对准。主惯导系统与舰载机惯导系统在安装位置上不一致，因此可能会敏感到杆臂效应和挠曲变形引起的误差量。

具体的仿真条件如下：导航解算周期为 15ms，初始对准滤波周期为 75ms，舰载机惯导系统的陀螺仪常值漂移为 0.2(°)/h，随机漂移为 0.01(°)/h，刻度系数误差为 2×10^{-4}，初始安装误差为 200μrad，加速度计常值偏置为 200μg，随机偏置为 50μg，刻度系数误差为 2×10^{-4}，初始安装误差为 200μrad。初始时刻载体所在纬度为 34°，经度为 108°，速度为 0，杆臂长度为[3,5,8]m，挠曲变形方差强度为[0.01,0.01,0.01]°，初始姿态误差为[1,1,2]°。

4.4.2 位置误差量测时的经典对准

首先进行的是 13 个状态的位置匹配经典对准，即状态取式(4.32)，量测值由式(4.35)获得，运用第 3 章的可观测度分析方法求取各个状态的可观测度，结果如图 4.2 所示。

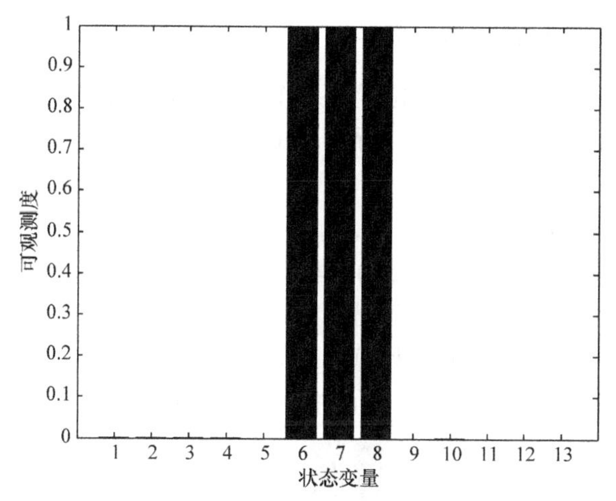

图 4.2　位置误差量测经典对准时各个状态的可观测度

失准角估计误差如图 4.3 所示，在 2000s 时，各个轴向的失准角估计误差为[−1.9764,1.8337,75.7690]′。

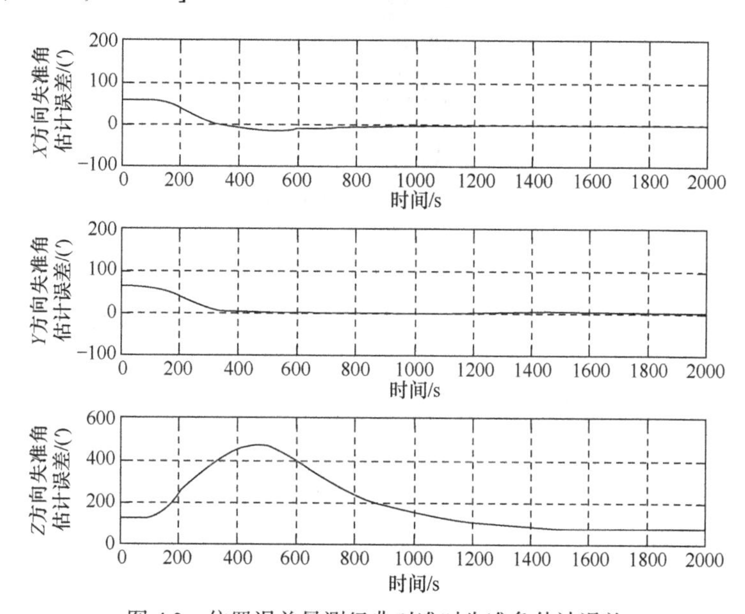

图 4.3　位置误差量测经典对准时失准角估计误差

从图 4.2 所示的可观测度计算结果可以看出，13 个状态中，除了作为外部观测的三个位置误差状态的可观测度为 1 外，其他状态的可观测度都很低，几乎为零，而图 4.3 所示初始对准误差估计的结果也和可观测度分析结论相一致，水平失准角的收敛需 20min 左右，而方位失准角的收敛需 30min 左右，收敛后的估计精度也显然不能满足惯导系统的要求。

4.4.3　速度误差量测时的经典对准

从前面的分析可以知道，以位置误差作为量测时，系统的可观测性较差，导致对准时间较长，对准精度较低。所以，在下面的研究中去除了状态向量中的位置变量，这样状态向量变为

$$X=[\delta V_E,\delta V_N,\varphi_E,\varphi_N,\varphi_U,\varepsilon_E,\varepsilon_N,\varepsilon_U,\nabla_E,\nabla_N] \tag{4.36}$$

系统模型根据式(4.24)、式(4.28)列写，取速度误差作为观测量，即量测模型取式(4.34)，运用第 3 章的可观测度分析方法对此时的初始对准模型进行分析，仿真条件和 4.4.2 节一样，可观测度计算结果如图 4.4 所示。失准角估计误差如图 4.5 所示，在 100s 时，各个轴向的失准角估计误差为[0.0608,0.4304,8.8353]′。

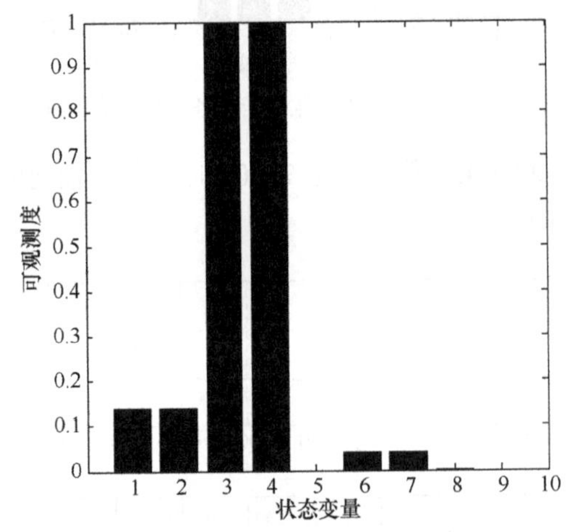

图 4.4　速度误差量测经典对准时各个状态的可观测度

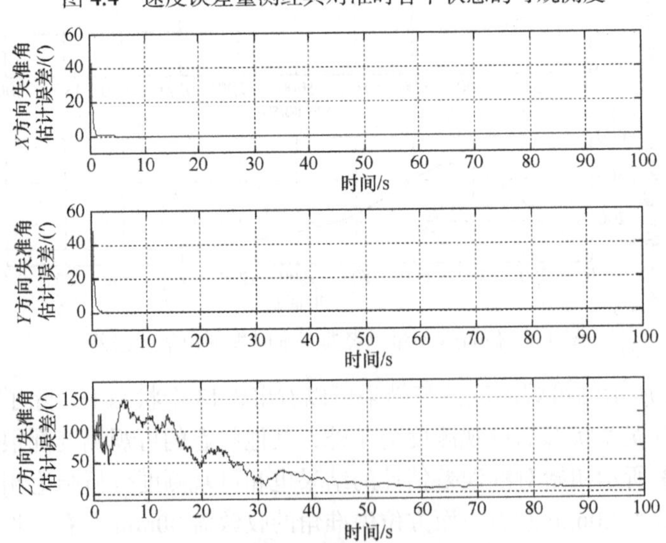

图 4.5　速度误差量测经典对准时失准角估计误差

从图 4.4 所示的可观测度计算结果可以看出，10 个状态中，第 3 和第 4 个状态，也就是水平姿态误差的可观测度最高，其次是第 1 和第 2 个状态，也就是速度误差的可观测度居中，然后是第 5 个状态，也就是方位误差角的可观测度较低，陀螺仪误差也有一定的可观测度，而图 4.5 所示初始对准误差估计的结果也和可观测度分析结论相一致，水平失准角在 5s 内就可以收敛，验证了其可观测度较高的结论，而方位失准角的收敛需要 60s 左右，失准角的估计精度也较高。

4.5　经典传递对准影响因素分析

4.5.1　海浪对初始对准的影响

假设对准过程中，舰船以 15kn(1kn=1.852km/h)的速度匀速直航，没有任何摇摆，此时失准角估计误差如图 4.6 所示。

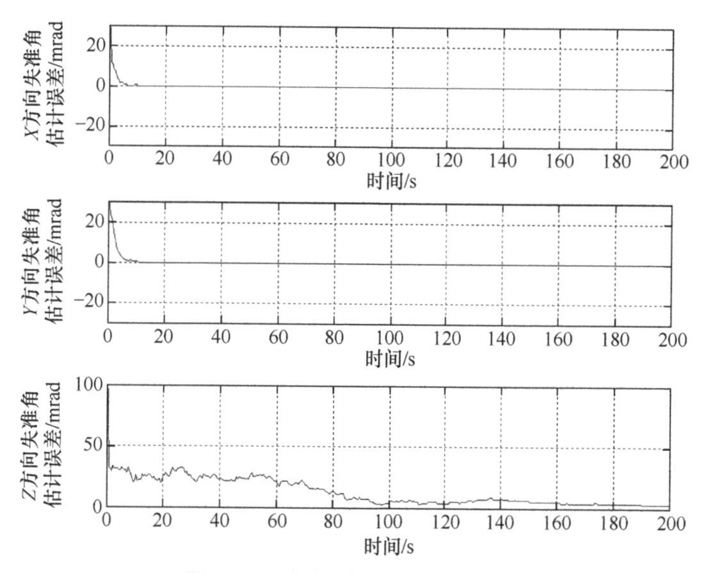

图 4.6　无摇摆时失准角估计误差

在相同航速的基础上，假设舰船各个轴向有幅值为[8,10,6]°、周期为[9,4,12]s 的摇摆运动，此时的失准角估计误差如图 4.7 所示。

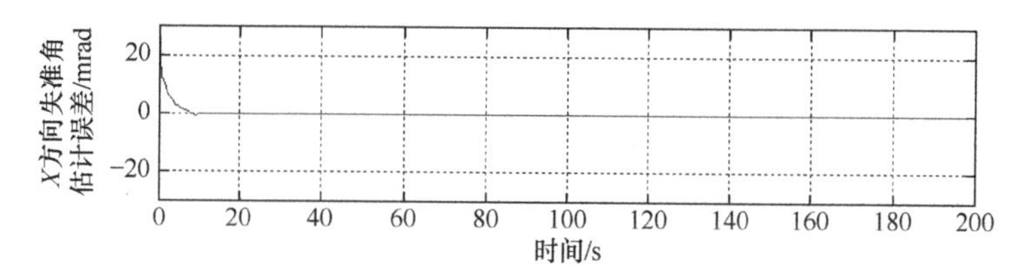

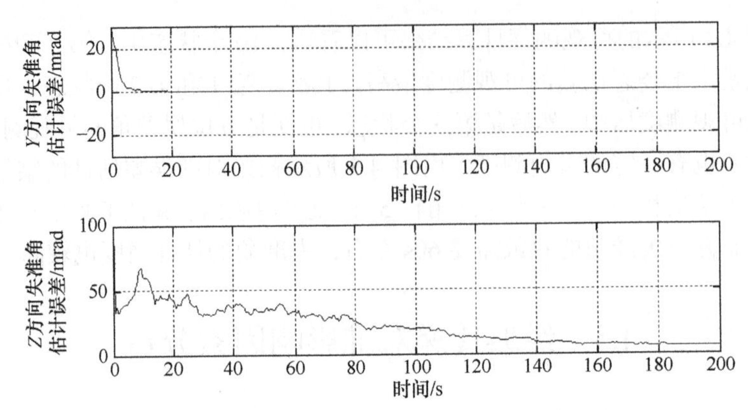

图 4.7 摇摆幅值为[8,10,6]°时失准角估计误差

将摇摆幅值变为之前的 5 倍，则失准角估计误差如图 4.8 所示。

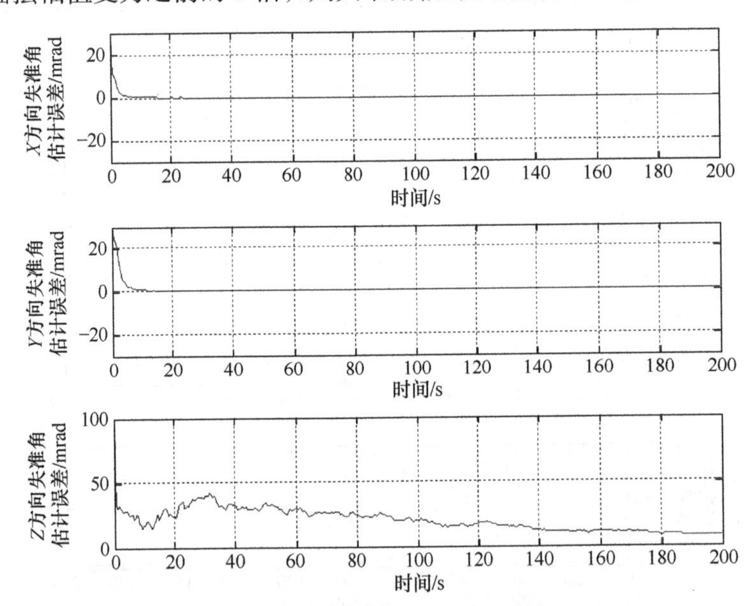

图 4.8 摇摆幅值为 5×[8,10,6]°时失准角估计误差

三种舰船摇摆运动幅值条件下最后时刻的失准角估计误差值如表 4.1 所示。

表 4.1 三种舰船摇摆运动幅值条件下最后时刻的失准角估计误差

条件	失准角估计误差/mrad		
	X 方向	*Y* 方向	*Z* 方向
无摇摆	−0.33462393	−0.05584808	2.89318518
[8,10,6]°	−0.33511526	0.22538086	5.85499562
5×[8,10,6]°	−0.18709131	−0.20795780	7.71133993

从图 4.6～图 4.8 以及表 4.1 可以看出，摇摆幅值对速度匹配传递对准精度的影响较小，只是方位失准角的估计精度有所降低，下面分析摇摆频率对失准角估计精度的影响。

图 4.9 和图 4.10 是在 1 倍摇摆幅值条件下，将摇摆周期改为 0.5×[9,4,12]s、0.1×[9,4,12]s 时的失准角估计误差。

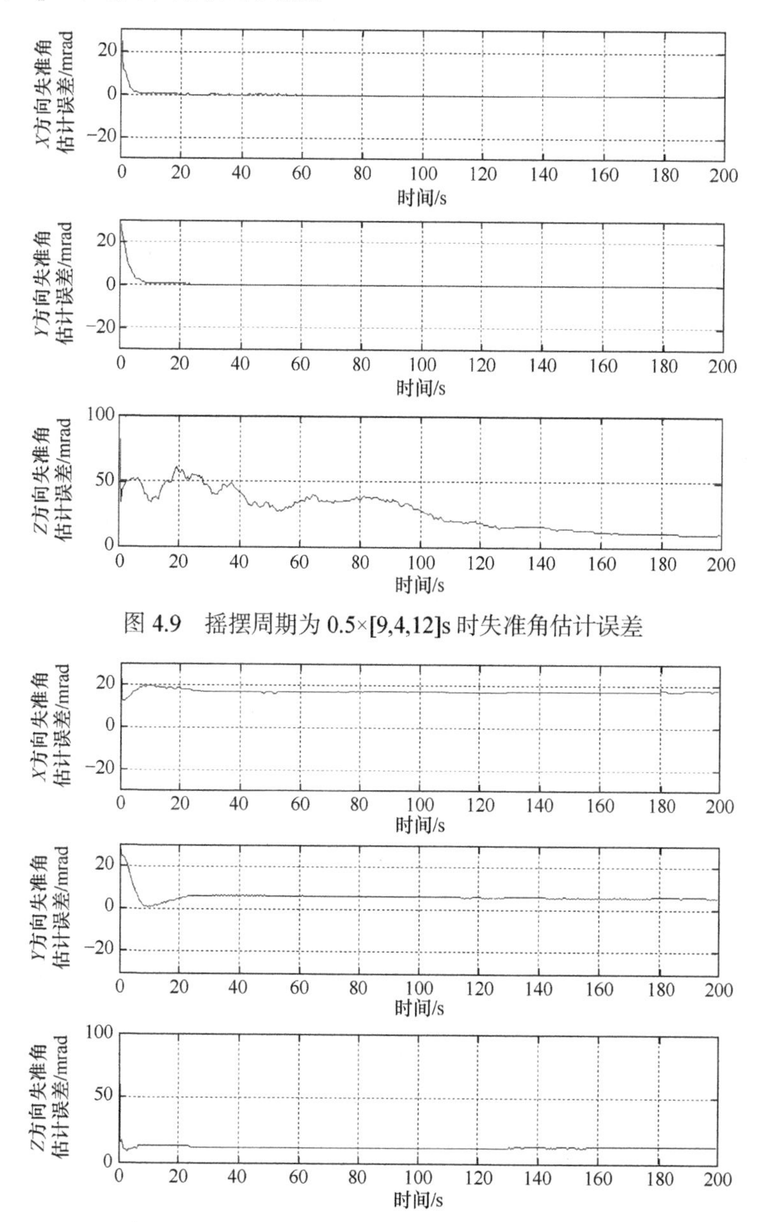

图 4.9　摇摆周期为 0.5×[9,4,12]s 时失准角估计误差

图 4.10　摇摆周期为 0.1×[9,4,12]s 时失准角估计误差

三种舰船摇摆运动周期条件下最后时刻的失准角估计误差值见表 4.2。

表 4.2 三种舰船摇摆运动周期条件下最后时刻的失准角估计误差

条件	失准角估计误差/mrad		
	X 方向	*Y* 方向	*Z* 方向
[9,4,12]s	−0.33511526	0.22538086	5.85499562
0.5×[9,4,12]s	−0.9592489	0.51467529	9.86301618
0.1×[9,4,12]s	17.33785988	5.87933207	12.74723298

从图 4.9、图 4.10 以及表 4.2 可以看出，随着摇摆周期的减小，也就是摇摆频率的增加，初始对准的精度在不断降低，特别是水平方向的精度，下降非常快。

从前面的分析可以看出，当风浪比较大时，速度匹配传递对准的精度会降低，所以海况比较恶劣时舰载机惯导系统、舰载导弹惯导系统的对准精度将会受到较大的影响。

4.5.2 航行速度变化对初始对准的影响

仿真条件和前面相同，假设在对准过程中，北向存在幅值为 2m/s^2 、周期为 12s 呈正弦规律变化的加速度，失准角估计误差如图 4.11 所示。当东向存在同样的速度变化时，失准角估计误差如图 4.12 所示。

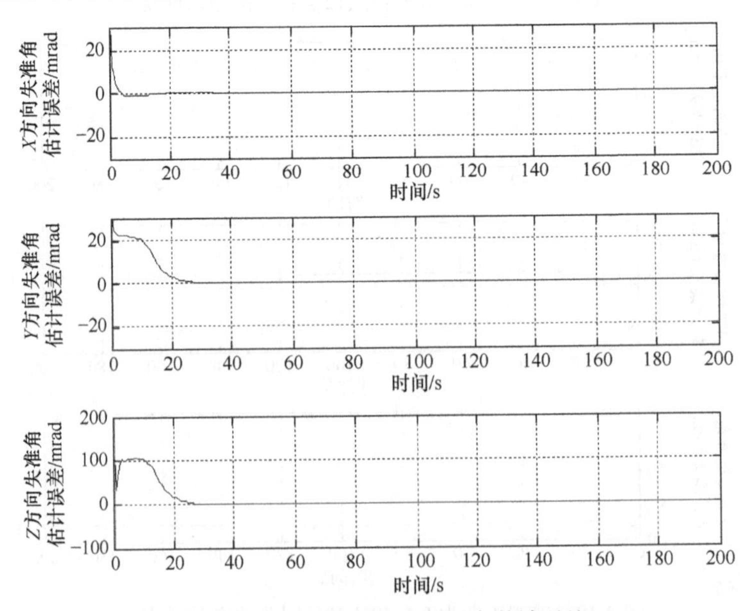

图 4.11 北向速度变化时失准角估计误差

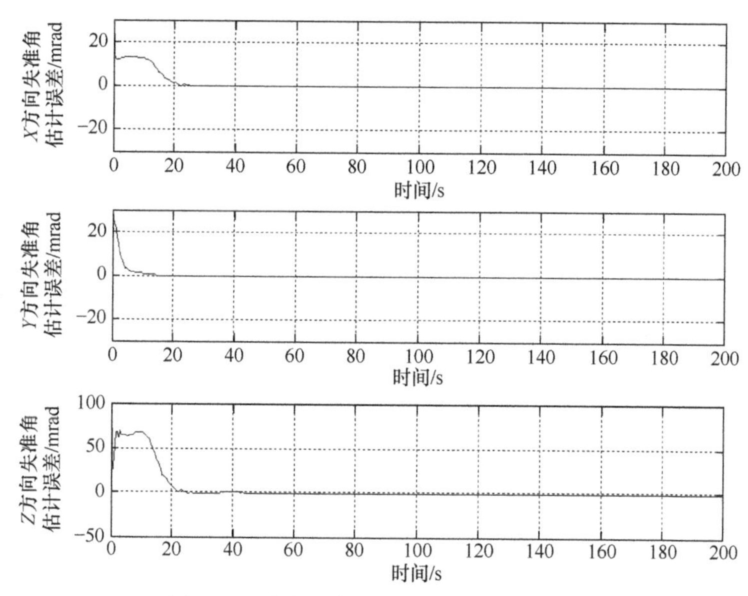

图 4.12　东向速度变化时失准角估计误差

水平速度变化条件下最后时刻失准角估计误差值见表 4.3。

表 4.3　水平速度变化条件下最后时刻的失准角估计误差

条件	失准角估计误差/mrad		
	*X*方向	*Y*方向	*Z*方向
匀速直航	−0.33511526	0.22538086	5.85499562
北向速度变化	−0.45184325	−0.03657754	0.48391415
东向速度变化	−0.41532749	0.03027193	−0.65698557

通过图 4.11、图 4.12 以及表 4.3 可以看出，水平速度的变化，也就是在水平方向上存在加速度时，失准角的估计精度得到提高，特别是航向失准角估计误差曲线很快收敛，这主要是由于水平方向上的速度变化增加了速度匹配动基座传递对准时航向失准角的可观测度，使得航向失准角估计的精度和快速性都有很明显的提高。

通过前面的分析，建议在航向装订的基础上，如果允许机动，可以考虑进行水平方向的机动，以提高航向对准的精度。

4.5.3　杆臂误差对初始对准的影响

前面的分析都没有考虑杆臂误差的影响，这里假设主、子惯导间在载体坐标系三个轴向存在[2,3,1.5]m 的杆臂误差，失准角估计误差如图 4.13 所示。

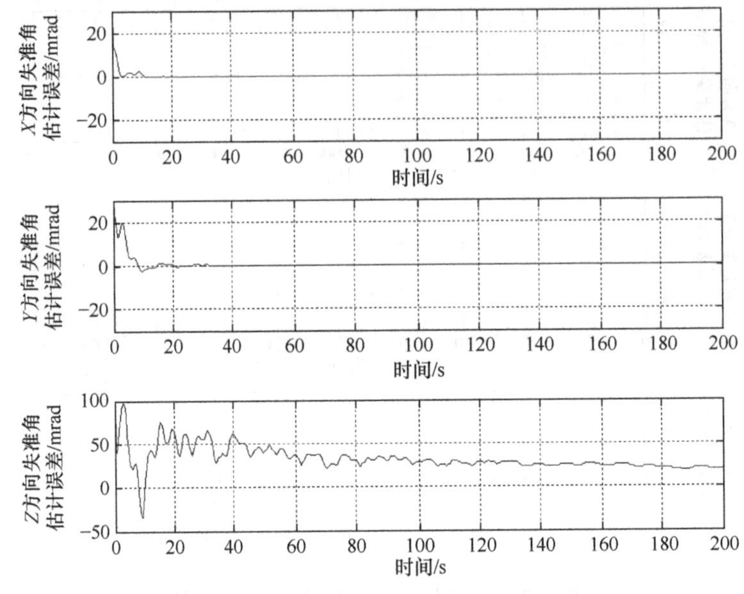

图 4.13　杆臂误差对失准角估计的影响

最后时刻的失准角估计误差值为[−0.49285212, 0.12579097, 20.35092416]mrad，因为从图4.13中可以看到杆臂误差对失准角估计影响较大，所以必须精确测量主、子惯导间的杆臂长度，在初始对准的过程中进行严格的补偿。

4.6　大方位失准角时的经典传递对准

4.6.1　大方位失准角经典传递对准非线性误差模型

根据实际情况，在一次装订粗对准时，会出现水平失准角为小角度，而方位失准角为大角度的情况，也就是大方位失准角问题，这一问题得到了国内外研究学者的广泛关注，已经有比较完善的误差模型[139-141]，这里简单介绍一下大方位失准角非线性误差模型，并把它应用到经典对准中。从式(4.1)可知，当水平误差角为小角度而方位失准角为大角度时，从真实导航坐标系到子惯导计算导航坐标系的方向余弦矩阵可以表示为

$$\boldsymbol{C}_{n'}^{n}=\begin{bmatrix}\cos\varphi_z & -\sin\varphi_z & \varphi_y\cos\varphi_z+\varphi_x\sin\varphi_z\\ \sin\varphi_z & \cos\varphi_z & \varphi_y\sin\varphi_z-\varphi_x\cos\varphi_z\\ -\varphi_y & \varphi_x & 1\end{bmatrix}\tag{4.37}$$

其中，$\boldsymbol{\varphi}=\left[\varphi_x,\varphi_y,\varphi_z\right]$为失准角向量，这里直接给出大方位失准角非线性误差模

型。速度误差模型为

$$\delta\dot{\boldsymbol{V}}^n=(\boldsymbol{I}-\boldsymbol{C}_{n'}^n)\hat{\boldsymbol{C}}_b^n\boldsymbol{f}^b-\left(2\boldsymbol{\omega}_{ie}^n+\boldsymbol{\omega}_{en}^n\right)\times\delta\boldsymbol{V}^n-\left(2\delta\boldsymbol{\omega}_{ie}^n+\delta\boldsymbol{\omega}_{en}^n\right)\times\boldsymbol{V}^n+\hat{\boldsymbol{C}}_b^n\nabla^b \tag{4.38}$$

姿态误差模型为

$$\dot{\boldsymbol{\varphi}}=\left(\boldsymbol{I}_{3\times3}-\boldsymbol{C}_n^{n'}\right)\boldsymbol{\omega}_{in}^n+\delta\boldsymbol{\omega}_{in}^n+\boldsymbol{C}_b^{n'}\boldsymbol{\varepsilon}^b \tag{4.39}$$

选取状态向量为 $\boldsymbol{x}=\left[\varphi_x,\varphi_y,\varphi_z,\delta V_x,\delta V_y\ ,\varepsilon_x^b,\varepsilon_y^b,\varepsilon_z^b,\nabla_x^b,\nabla_y^b\ \right]^{\mathrm{T}}$，根据式(4.38)和式(4.39)等可以得到系统方程为

$$\dot{\boldsymbol{x}}=f(\boldsymbol{x})+\boldsymbol{G}\boldsymbol{w} \tag{4.40}$$

其中，

$$f(\boldsymbol{x})=\begin{bmatrix}\left(\boldsymbol{I}_{3\times3}-\boldsymbol{C}_n^{n'}\right)\boldsymbol{\omega}_{in}^n+\delta\boldsymbol{\omega}_{in}^n+\boldsymbol{C}_b^p\boldsymbol{\varepsilon}^b\\(\boldsymbol{I}-\boldsymbol{C}_{n'}^n)\hat{\boldsymbol{C}}_b^n\boldsymbol{f}^b-\left(2\boldsymbol{\omega}_{ie}^n+\boldsymbol{\omega}_{en}^n\right)\times\delta\boldsymbol{V}^n-\left(2\delta\boldsymbol{\omega}_{ie}^n+\delta\boldsymbol{\omega}_{en}^n\right)\times\boldsymbol{V}^n+\hat{\boldsymbol{C}}_b^n\nabla^b\\\boldsymbol{0}_{3\times1}\\\boldsymbol{0}_{2\times1}\end{bmatrix} \tag{4.41}$$

在速度误差方程中去掉天向速度，同样取速度误差作为量测，则量测模型可以写为

$$\boldsymbol{Z}_V(t)=\begin{bmatrix}V_{sE}-V_{mE}\\V_{sN}-V_{mN}\end{bmatrix}=\begin{bmatrix}\delta V_E\\\delta V_N\end{bmatrix}+\boldsymbol{w}_V(t)=\boldsymbol{H}_V\boldsymbol{X}(t)+\boldsymbol{w}_V(t) \tag{4.42}$$

其中，$\boldsymbol{H}_V=[\boldsymbol{0}_{2\times3},\boldsymbol{I}_{2\times2},\boldsymbol{0}_{2\times5}]$。

4.6.2　大方位失准角时的经典对准仿真分析

具体的仿真条件如下：导航解算周期为 15ms，初始对准滤波周期为 75ms，仿真总时间为 300s，子惯导陀螺仪随机漂移为 $0.2(°)/\mathrm{h}$，加速度计常值偏置为 $200\mu\mathrm{g}$。初始时刻载体所在纬度为 34°，经度为 108°，杆臂长度为[3,8,5]m，挠曲变形方差强度为[0.01,0.01,0.01]°，初始失准角为[1,1,30]°。失准角估计误差如图 4.14 中实线所示，最后时刻的估计误差为[0.2626,0.3950,11.7371]′。为了比较说明非线性误差模型的有效性，在相同条件下进行了基于 4.2 节所介绍的线性误差模型的仿真，失准角估计误差如图 4.14 中点画线所示，最后时刻的失准角估计误差为[−0.7655, −0.3515,−292.7355]′。

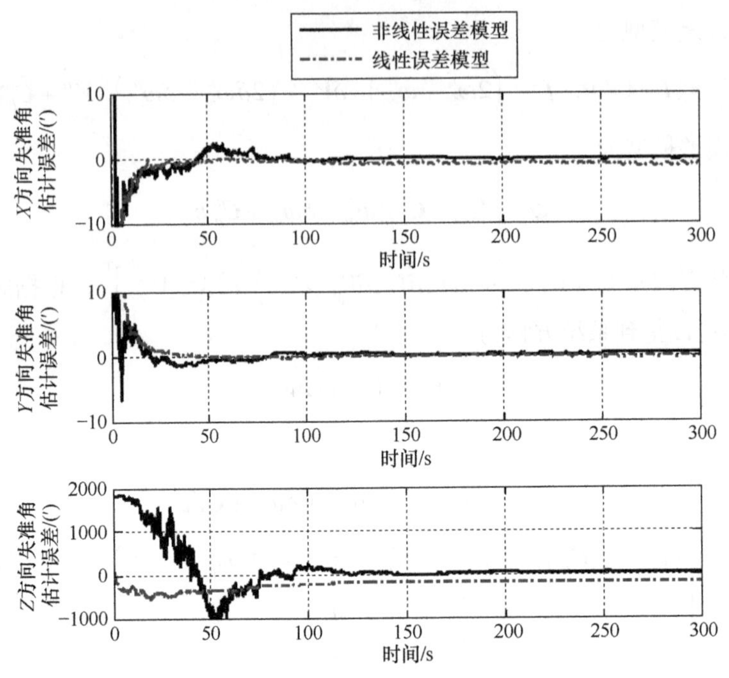

图 4.14　大失准角时两种误差模型的失准角估计误差对比

4.7　小　　结

本章首先介绍了在小角度假设下基于导航坐标系误差角的初始对准误差模型，考虑采用主惯导系统的位置和速度作为外部观测，构成初始对准的量测信息，从可观测度的角度进行了对比分析，发现以位置误差作为量测时系统状态的可观测度很低；然后介绍了主惯导系统的速度信息构成外部观测，能够较好地完成传递对准任务；最后，针对传递对准时可能存在初始方位失准角较大的情况，基于小角度假设的线性误差模型已经不能很好地描述系统的误差传播特性，介绍了基于大方位失准角非线性误差模型的传递对准技术，并选取了 UKF 作为误差状态估计器，获得了较好的对准效果。

第 5 章　线性快速传递对准

本章研究了基于现代快速传递对准误差模型的线性快速传递对准方法，首先利用四元数这一有力的数学工具重新证明和诠释了美国学者 Kain 等提出的快速传递对准误差模型，并对其给出的“速度+姿态”匹配快速传递对准方法进行仿真；其次提出基于该误差模型的“速度+角速度”匹配快速传递对准方法；最后通过对舰船在海上运动特性的分析，充分利用舰船的摇摆运动同时最大限度避免挠曲变形的影响，提出“速度+部分角速度”匹配快速传递对准方法，具有比“速度+角速度”匹配相当甚至更高的精度，但是计算量减少的优点，同时对各个传递对准模型进行可观测度分析计算。

5.1　快速传递对准的线性误差模型

传统的状态方程是在导航坐标系内编排的，采用“速度匹配”或“位置匹配”的对准滤波器，滤波器将主惯导、子惯导系统输出的速度或位置之间的误差值作为量测，对主惯导、子惯导的相对姿态误差进行估计，对准滤波器的状态变量包括分解在导航坐标系中的相对速度误差、相对姿态误差以及陀螺仪和加速度计的测量误差[142]。但是，传统传递对准方法姿态误差角的可观测性，依赖于比力将姿态误差耦合进速度误差方程，在垂直方向上，由于重力的存在，将水平误差角耦合进了速度误差，因而水平姿态误差角具有连续的可观测性。但是，当载体没有水平方向上的机动时，比力的水平分量为零，方位误差的可观测性很差，所以通常需要载体进行 S 形机动(蛇行机动)，以产生侧向加速度，提高方位对准的精度和速度。然而，对于大型舰船，不可能进行这样的机动。为了满足舰载机的快速反应能力，舰载机捷联惯导系统的初始对准必须要在较短的时间内达到所要求的精度，本章针对舰载机捷联惯导系统传递对准的特点，研究了先进的快速传递对准技术。

5.1.1　坐标系定义和四元数相关理论

在推导证明快速传递对准误差方程之前首先对将要用到的坐标系进行如下定义：

n 为导航坐标系；m 为主惯导坐标系；sr 为真实子惯导坐标系；sc 为计算子

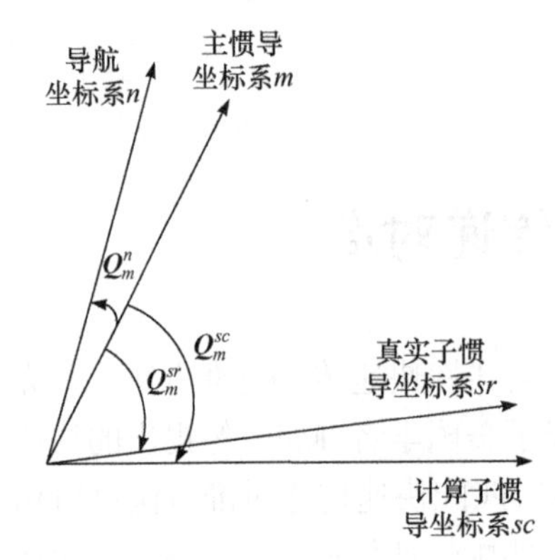

图 5.1 主惯导、子惯导坐标系之间关系

惯导坐标系；$\boldsymbol{Q}_m^{sc}$ 为从主惯导坐标系到计算子惯导坐标系的旋转变换四元数；$\boldsymbol{Q}_m^{sr}$ 为从主惯导坐标系到真实子惯导坐标系的旋转变换四元数；$\boldsymbol{Q}_m^n$ 为主惯导坐标系的姿态四元数[143]。它们之间的关系如图 5.1 所示。

在传递对准过程中，当没有主惯导、子惯导对准误差，没有主惯导、子惯导器件误差的理想情况下，主惯导相对导航坐标系的方向余弦矩阵 $\boldsymbol{C}_m^n$ 和子惯导相对导航坐标系的方向余弦矩阵 $\boldsymbol{C}_{sc}^n$ 应该是一致的，于是在直观上这两个方向余弦矩阵之间的差别就表示对准误差与器件误差的测量结果。所以定义

$$\begin{aligned}&\boldsymbol{C}_n^{sc}(t)\boldsymbol{C}_m^n(t)\\&=\begin{bmatrix}1 & \psi_{mz}(t) & -\psi_{my}(t)\\ -\psi_{mz}(t) & 1 & \psi_{mx}(t)\\ \psi_{my}(t) & -\psi_{mx}(t) & 1\end{bmatrix}\\&=\boldsymbol{I}-(\boldsymbol{\psi}_m(t)\times)\end{aligned} \tag{5.1}$$

其中，$\boldsymbol{\psi}_m(t)$ (假设为小角度)表示主惯导、子惯导方向余弦矩阵之间随时间变化的误差角度。因为在传递对准的开始时刻，用主惯导的数据对子惯导进行一次装订完成粗对准[103,104]，所以有 $\boldsymbol{C}_{sc}^n(0)=\boldsymbol{C}_m^n(0)$ ，即在初始时刻，子惯导的方向余弦矩阵与主惯导的方向余弦矩阵相等，因此有

$$\boldsymbol{\psi}_m(0)=\boldsymbol{0} \tag{5.2}$$

设 $\boldsymbol{\psi}_m(t)$ 的范数为 $\phi_m=\|\boldsymbol{\psi}_m\|$，根据四元数的三角表示形式，有

$$\boldsymbol{Q}_m^{sc}=\cos\frac{\phi_m}{2}+\frac{\boldsymbol{\psi}_m}{\phi_m}\sin\frac{\phi_m}{2} \tag{5.3}$$

当 $\boldsymbol{\psi}_m$ 为小角度时，有

$$\boldsymbol{Q}_m^{sc}=\cos\frac{\phi_m}{2}+\frac{\boldsymbol{\psi}_m}{\phi_m}\sin\frac{\phi_m}{2}\approx 1+\frac{\boldsymbol{\psi}_m}{2} \tag{5.4}$$

其共轭四元数为

$$\boldsymbol{Q}_{sc}^m=1-\frac{\boldsymbol{\psi}_m}{2} \tag{5.5}$$

对式(5.5)两边求导得

$$\dot{\boldsymbol{Q}}_m^{sc} = 0 + \frac{\dot{\boldsymbol{\psi}}_m}{2} \tag{5.6}$$

同样可以得到从主惯导坐标系到真实子惯导坐标系之间的旋转四元数为

$$\boldsymbol{Q}_m^{sr} = 1 + \frac{\boldsymbol{\psi}_a}{2} \tag{5.7}$$

其中，$\boldsymbol{\psi}_a$ 为从主惯导坐标系 m 到真实子惯导坐标系 sr 的真实姿态误差。

这里介绍后面证明误差方程时将要用到的四元数微分方程，首先[103,104]有

$$\dot{\boldsymbol{Q}}_b^n = -\frac{1}{2}\boldsymbol{Q}_b^n \otimes \boldsymbol{\omega}_{nb}^n \tag{5.8}$$

因为 $\boldsymbol{Q}_b^n \otimes \boldsymbol{Q}_n^b = \boldsymbol{I}$，两边求导得 $\dot{\boldsymbol{Q}}_b^n \otimes \boldsymbol{Q}_n^b + \boldsymbol{Q}_b^n \otimes \dot{\boldsymbol{Q}}_n^b = \boldsymbol{0}$，所以 $\dot{\boldsymbol{Q}}_b^n = -\boldsymbol{Q}_b^n \otimes \dot{\boldsymbol{Q}}_n^b \otimes \boldsymbol{Q}_b^n$，代入式(5.8)得 $-\boldsymbol{Q}_b^n \otimes \dot{\boldsymbol{Q}}_n^b \otimes \boldsymbol{Q}_b^n = -\frac{1}{2}\boldsymbol{Q}_b^n \otimes \boldsymbol{\omega}_{nb}^n$，即

$$\dot{\boldsymbol{Q}}_n^b = \frac{1}{2}\boldsymbol{\omega}_{nb}^n \otimes \boldsymbol{Q}_n^b \tag{5.9}$$

将 $\boldsymbol{\omega}_{nb}^n = \boldsymbol{Q}_n^b \otimes \boldsymbol{\omega}_{nb}^b \otimes \boldsymbol{Q}_b^n$，分别代入式(5.8)和式(5.9)得

$$\dot{\boldsymbol{Q}}_b^n = -\frac{1}{2}\boldsymbol{Q}_b^n \otimes \boldsymbol{Q}_n^b \otimes \boldsymbol{\omega}_{nb}^b \otimes \boldsymbol{Q}_b^n = -\frac{1}{2}\boldsymbol{\omega}_{nb}^b \otimes \boldsymbol{Q}_b^n \tag{5.10}$$

$$\dot{\boldsymbol{Q}}_n^b = \frac{1}{2}\boldsymbol{Q}_n^b \otimes \boldsymbol{\omega}_{nb}^b \otimes \boldsymbol{Q}_b^n \otimes \boldsymbol{Q}_n^b = \frac{1}{2}\boldsymbol{Q}_n^b \otimes \boldsymbol{\omega}_{nb}^b \tag{5.11}$$

式(5.8)～式(5.11)为四元数微分方程的四种常用形式。

5.1.2　计算姿态误差模型

与式(5.1)类似，定义四元数形式的计算姿态误差为从主惯导坐标系 m 到计算子惯导坐标系 sc 的变换四元数 $\boldsymbol{Q}_m^{sc}$，即

$$\boldsymbol{Q}_m^{sc} = \boldsymbol{Q}_m^n \otimes \boldsymbol{Q}_n^{sc} = [q_{sc0}, q_{sc1}, q_{sc2}, q_{sc3}] \tag{5.12}$$

对式(5.12)两边微分得

$$\dot{\boldsymbol{Q}}_m^{sc} = \dot{\boldsymbol{Q}}_m^n \otimes \boldsymbol{Q}_n^{sc} + \boldsymbol{Q}_m^n \otimes \dot{\boldsymbol{Q}}_n^{sc} \tag{5.13}$$

由四元数的微分方程知[103,104]

$$\dot{\boldsymbol{Q}}_m^n = -\frac{1}{2}\boldsymbol{\omega}_{nm}^m \otimes \boldsymbol{Q}_m^n \tag{5.14}$$

$$\dot{\boldsymbol{Q}}_n^{sc} = \frac{1}{2}\boldsymbol{Q}_n^{sc} \otimes \boldsymbol{\omega}_{nsc}^{sc} \tag{5.15}$$

假设主惯导的输出没有误差，则子惯导陀螺仪输出 $\hat{\boldsymbol{\omega}}_{isr}^{sr}$ 与主惯导陀螺仪输出

$\boldsymbol{\omega}_{im}^{m}$ 存在如下关系：

$$\hat{\boldsymbol{\omega}}_{isr}^{sr}=\boldsymbol{C}_{m}^{sr}\boldsymbol{\omega}_{im}^{m}+\boldsymbol{\omega}_{fs}^{sr}+\boldsymbol{\varepsilon}^{sr}=\boldsymbol{C}_{m}^{sr}(\boldsymbol{\omega}_{in}^{m}+\boldsymbol{\omega}_{nm}^{m})+\boldsymbol{\omega}_{fs}^{sr}+\boldsymbol{\varepsilon}^{sr}$$

其中，$\boldsymbol{\omega}_{fs}^{sr}$ 是挠曲变形角速度；$\boldsymbol{\varepsilon}^{sr}$ 是子惯导陀螺漂移。所以 $\boldsymbol{\omega}_{nm}^{m}=\boldsymbol{Q}_{m}^{sr}\otimes(\hat{\boldsymbol{\omega}}_{isr}^{sr}-\boldsymbol{\omega}_{fs}^{sr}-\boldsymbol{\varepsilon}^{sr}-\boldsymbol{\omega}_{in}^{sr})\otimes\boldsymbol{Q}_{sr}^{m}$，代入式(5.14)得[144]

$$\dot{\boldsymbol{Q}}_{m}^{n}=-\frac{1}{2}\boldsymbol{Q}_{m}^{sr}\otimes(\hat{\boldsymbol{\omega}}_{isr}^{sr}-\boldsymbol{\omega}_{fs}^{sr}-\boldsymbol{\varepsilon}^{sr}-\boldsymbol{\omega}_{in}^{sr})\otimes\boldsymbol{Q}_{sr}^{m}\otimes\boldsymbol{Q}_{m}^{n} \tag{5.16}$$

在导航解算中 $\boldsymbol{\omega}_{nsc}^{sc}$ 是根据陀螺仪的实际输出 $\hat{\boldsymbol{\omega}}_{isr}^{sr}$ 得到的，即 $\boldsymbol{\omega}_{nsc}^{sc}=\hat{\boldsymbol{\omega}}_{nsr}^{sr}=\hat{\boldsymbol{\omega}}_{isr}^{sr}-\boldsymbol{\omega}_{in}^{sc}$，代入式(5.15)得

$$\dot{\boldsymbol{Q}}_{n}^{sc}=\frac{1}{2}\boldsymbol{Q}_{n}^{sc}\otimes(\hat{\boldsymbol{\omega}}_{isr}^{sr}-\boldsymbol{\omega}_{in}^{sc}) \tag{5.17}$$

将式(5.16)和式(5.17)代入式(5.13)得

$$\begin{aligned}\dot{\boldsymbol{Q}}_{m}^{sc}&=-\frac{1}{2}\boldsymbol{Q}_{m}^{sr}\otimes(\hat{\boldsymbol{\omega}}_{isr}^{sr}-\boldsymbol{\omega}_{fs}^{sr}-\boldsymbol{\varepsilon}^{sr}-\boldsymbol{\omega}_{in}^{sr})\otimes\boldsymbol{Q}_{sr}^{m}\otimes\boldsymbol{Q}_{m}^{n}\otimes\boldsymbol{Q}_{n}^{sc}\\&\quad+\frac{1}{2}\boldsymbol{Q}_{m}^{n}\otimes\boldsymbol{Q}_{n}^{sc}\otimes(\hat{\boldsymbol{\omega}}_{isr}^{sr}-\boldsymbol{\omega}_{in}^{sc})\\&=\frac{1}{2}\boldsymbol{Q}_{m}^{sc}\otimes\hat{\boldsymbol{\omega}}_{nsr}^{sr}-\frac{1}{2}\boldsymbol{Q}_{m}^{sr}\otimes(\hat{\boldsymbol{\omega}}_{isr}^{sr}-\boldsymbol{\omega}_{fs}^{sr}-\boldsymbol{\varepsilon}^{sr}-\boldsymbol{\omega}_{in}^{sr})\otimes\boldsymbol{Q}_{sr}^{m}\otimes\boldsymbol{Q}_{m}^{sc}\end{aligned} \tag{5.18}$$

当主惯导坐标系 m 和计算子惯导坐标系 sc 之间的误差是小角度时，将式(5.5)～式(5.7)代入式(5.18)计算得

$$\begin{aligned}\frac{\dot{\boldsymbol{\psi}}_{m}}{2}&=\frac{1}{2}\left[1+\left(\frac{\boldsymbol{\psi}_{m}}{2}\times\right)\right]\hat{\boldsymbol{\omega}}_{nsr}^{sr}\\&\quad-\frac{1}{2}\left[1+\left(\frac{\boldsymbol{\psi}_{a}}{2}\times\right)\right](\hat{\boldsymbol{\omega}}_{isr}^{sr}-\boldsymbol{\omega}_{fs}^{sr}-\boldsymbol{\varepsilon}^{sr}-\boldsymbol{\omega}_{in}^{sr})\left[1-\left(\frac{\boldsymbol{\psi}_{a}}{2}\times\right)\right]\left[1+\left(\frac{\boldsymbol{\psi}_{m}}{2}\times\right)\right]\end{aligned} \tag{5.19}$$

将式(5.19)展开并忽略误差间的二阶小量得

$$\begin{aligned}\dot{\boldsymbol{\psi}}_{m}&=\hat{\boldsymbol{\omega}}_{nsr}^{sr}+\frac{\boldsymbol{\psi}_{m}}{2}\times\hat{\boldsymbol{\omega}}_{nsr}^{sr}-\hat{\boldsymbol{\omega}}_{nsr}^{sr}+\boldsymbol{\omega}_{fs}^{sr}+\boldsymbol{\varepsilon}^{sr}-\frac{\boldsymbol{\psi}_{a}}{2}\times\hat{\boldsymbol{\omega}}_{nsr}^{sr}\\&\quad+\frac{\boldsymbol{\psi}_{m}}{2}\times\hat{\boldsymbol{\omega}}_{nsr}^{sr}+\hat{\boldsymbol{\omega}}_{nsr}^{sr}\times\frac{\boldsymbol{\psi}_{a}}{2}\end{aligned} \tag{5.20}$$

合并整理得

$$\dot{\boldsymbol{\psi}}_{m}=\boldsymbol{\omega}_{fs}^{sr}+\boldsymbol{\varepsilon}^{sr}+(\boldsymbol{\psi}_{m}-\boldsymbol{\psi}_{a})\times\hat{\boldsymbol{\omega}}_{nsr}^{sr} \tag{5.21}$$

这就是 Kain 在文献[36]中给出的姿态误差传播微分方程。

5.1.3 真实姿态误差模型

定义真实姿态误差$\boldsymbol{\psi}_a$为从主惯导坐标系m到真实子惯导坐标系sr的误差，在文献[36]、[38]中介绍了描述载体挠性变形的三阶模型，这样分别描述三个坐标轴上的挠性加速度和挠性角速度就必须要增加 18 个状态，这无疑极大地增加了卡尔曼滤波器的计算量，使得该模型失去了实用价值，所以在实际应用中往往把实际姿态误差模型简化为

$$\dot{\boldsymbol{\psi}}_a = \boldsymbol{\eta}_a \tag{5.22}$$

其中，$\boldsymbol{\eta}_a$为白噪声过程，其强度根据实际情况确定。

5.1.4 速度误差模型

定义速度误差为子惯导解算出的速度与经过杆臂误差补偿的主惯导速度之差，即

$$\delta \boldsymbol{V} = \boldsymbol{V}_{sc}^n - \boldsymbol{V}_m^n - \boldsymbol{V}_l^n \tag{5.23}$$

对式(5.23)两边求导得速度误差微分方程为

$$\delta \dot{\boldsymbol{V}} = \dot{\boldsymbol{V}}_{sc}^n - \dot{\boldsymbol{V}}_m^n - \dot{\boldsymbol{V}}_l^n \tag{5.24}$$

当以东北天地理坐标系为导航坐标系时，根据比力方程可以写出子惯导的加速度为

$$\begin{aligned}\dot{\boldsymbol{V}}_{sc}^n &= \boldsymbol{C}_{sc}^n \hat{\boldsymbol{f}}_{sr}^{sr} - (2\boldsymbol{\Omega}_{ie}^n + \boldsymbol{\Omega}_{en}^n) \times \boldsymbol{V}_{sc}^n + \boldsymbol{g}_{sc}^n \\ &= \boldsymbol{C}_m^n \boldsymbol{C}_{sc}^m \hat{\boldsymbol{f}}_{sr}^{sr} - (2\boldsymbol{\Omega}_{ie}^n + \boldsymbol{\Omega}_{en}^n) \times \boldsymbol{V}_{sc}^n + \boldsymbol{g}_{sc}^n\end{aligned} \tag{5.25}$$

主惯导的加速度为

$$\begin{aligned}\dot{\boldsymbol{V}}_m^n &= \boldsymbol{C}_m^n \boldsymbol{f}_m^m - (2\boldsymbol{\Omega}_{ie}^n + \boldsymbol{\Omega}_{en}^n) \times \boldsymbol{V}_m^n + \boldsymbol{g}_m^n \\ &= \boldsymbol{C}_m^n \boldsymbol{C}_{sr}^m \boldsymbol{f}_m^{sr} - (2\boldsymbol{\Omega}_{ie}^n + \boldsymbol{\Omega}_{en}^n) \times \boldsymbol{V}_m^n + \boldsymbol{g}_m^n\end{aligned} \tag{5.26}$$

子惯导比力输出$\hat{\boldsymbol{f}}_{sr}^{sr}$与主惯导比力输出$\boldsymbol{f}_m^{sr}$存在如下关系：

$$\hat{\boldsymbol{f}}_{sr}^{sr} = \boldsymbol{f}_m^{sr} + \boldsymbol{f}_l^{sr} + \boldsymbol{f}_f^{sr} + \boldsymbol{\nabla}^{sr}$$

所以

$$\boldsymbol{f}_m^{sr} = \hat{\boldsymbol{f}}_{sr}^{sr} - \boldsymbol{f}_l^{sr} - \boldsymbol{f}_f^{sr} - \boldsymbol{\nabla}^{sr}$$

其中，$\boldsymbol{f}_f^{sr}$为挠曲加速度；$\boldsymbol{\nabla}^{sr}$为子惯导加速度计测量误差；$\boldsymbol{f}_l^{sr}$为杆臂加速度，$\boldsymbol{f}_l^{sr} = \boldsymbol{\omega}_{im}^{sr} \times (\boldsymbol{\omega}_{im}^{sr} \times \boldsymbol{r}^{sr}) + \dot{\boldsymbol{\omega}}_{im}^{sr} \times \boldsymbol{r}^{sr}$。

$\boldsymbol{V}_l^n$为杆臂速度，其微分为

$$\begin{aligned}\dot{\boldsymbol{V}}_l^n &= \boldsymbol{C}_m^n \boldsymbol{C}_{sr}^m \hat{\boldsymbol{f}}_l^{sr} - (2\boldsymbol{\Omega}_{ie}^n + \boldsymbol{\Omega}_{en}^n) \times \boldsymbol{V}_l^n \\ &\approx \boldsymbol{C}_m^n \boldsymbol{C}_{sr}^m \hat{\boldsymbol{f}}_l^{sr} - (2\boldsymbol{\Omega}_{ie}^n + \boldsymbol{\Omega}_{en}^n) \times (\boldsymbol{V}_{sr}^n - \boldsymbol{V}_m^n)\end{aligned} \tag{5.27}$$

将式(5.25)～式(5.27)代入式(5.24)得

$$
\begin{aligned}
\delta\dot{\boldsymbol{V}} &= \dot{\boldsymbol{V}}_{sc}^{n} - \dot{\boldsymbol{V}}_{m}^{n} - \dot{\boldsymbol{V}}_{l}^{n} \\
&= \boldsymbol{C}_{m}^{n}\boldsymbol{C}_{sc}^{m}\hat{\boldsymbol{f}}_{sr}^{sr} - (2\boldsymbol{\Omega}_{ie}^{n} + \boldsymbol{\Omega}_{en}^{n})\times\boldsymbol{V}_{sc}^{n} + \boldsymbol{g}_{sc}^{n} \\
&\quad -\{\boldsymbol{C}_{m}^{n}[\boldsymbol{C}_{sr}^{m}(\hat{\boldsymbol{f}}_{sr}^{sr} - \boldsymbol{f}_{l}^{sr} - \boldsymbol{f}_{f}^{sr} - \boldsymbol{\nabla}^{sr})] \\
&\quad -(2\boldsymbol{\Omega}_{ie}^{n} + \boldsymbol{\Omega}_{en}^{n})\times\boldsymbol{V}_{m}^{n} + \boldsymbol{g}_{m}^{n}\} \\
&\quad -[\boldsymbol{C}_{m}^{n}\boldsymbol{C}_{sr}^{m}\hat{\boldsymbol{f}}_{l}^{sr} - (2\boldsymbol{\Omega}_{ie}^{n} + \boldsymbol{\Omega}_{en}^{n})\times(\boldsymbol{V}_{sr}^{n} - \boldsymbol{V}_{m}^{n})] \\
&= \boldsymbol{C}_{m}^{n}\boldsymbol{C}_{sc}^{m}\hat{\boldsymbol{f}}_{sr}^{sr} - \boldsymbol{C}_{m}^{n}[\boldsymbol{C}_{sr}^{m}(\hat{\boldsymbol{f}}_{sr}^{sr} - \boldsymbol{f}_{f}^{sr} - \boldsymbol{\nabla}^{sr})] + \delta\boldsymbol{g} \\
&= \boldsymbol{C}_{sc}^{n}\hat{\boldsymbol{f}}_{sr}^{sr} - \boldsymbol{C}_{sc}^{n}\boldsymbol{C}_{m}^{sc}\boldsymbol{C}_{sr}^{m}(\hat{\boldsymbol{f}}_{sr}^{sr} - \boldsymbol{f}_{f}^{sr} - \boldsymbol{\nabla}^{sr}) + \delta\boldsymbol{g}
\end{aligned}
\tag{5.28}
$$

若不考虑主惯导、子惯导间的重力加速度的微弱差别，即 $\delta\boldsymbol{g}=\boldsymbol{0}$ ，则当失准角为小角度时有

$$
\begin{aligned}
\boldsymbol{C}_{m}^{sc} &= 1 - (\boldsymbol{\psi}_{m}\times) \\
\boldsymbol{C}_{sr}^{m} &= 1 + (\boldsymbol{\psi}_{a}\times)
\end{aligned}
\tag{5.29}
$$

代入式(5.28)得

$$
\begin{aligned}
\delta\dot{\boldsymbol{V}} &= \boldsymbol{C}_{sc}^{n}\hat{\boldsymbol{f}}_{sr}^{sr} \\
&\quad - \boldsymbol{C}_{sc}^{n}[1-(\boldsymbol{\psi}_{m}\times)][1+(\boldsymbol{\psi}_{a}\times)](\hat{\boldsymbol{f}}_{sr}^{sr} - \boldsymbol{f}_{f}^{sr} - \boldsymbol{\nabla}^{sr})
\end{aligned}
\tag{5.30}
$$

将式(5.30)展开并忽略误差间的二阶小量得

$$
\begin{aligned}
\delta\dot{\boldsymbol{V}} &= \boldsymbol{C}_{sc}^{n}\{\hat{\boldsymbol{f}}_{sr}^{sr} - [1-(\boldsymbol{\psi}_{m}\times)+(\boldsymbol{\psi}_{a}\times)](\hat{\boldsymbol{f}}_{sr}^{sr} - \boldsymbol{f}_{f}^{sr} - \boldsymbol{\nabla}^{sr})\} \\
&= \boldsymbol{C}_{sc}^{n}[\hat{\boldsymbol{f}}_{sr}^{sr} - \hat{\boldsymbol{f}}_{sr}^{sr} + \boldsymbol{f}_{f}^{sr} + \nabla^{sr} + (\boldsymbol{\psi}_{m} - \boldsymbol{\psi}_{a})\times\hat{\boldsymbol{f}}_{sr}^{sr}] \\
&= \boldsymbol{C}_{sc}^{n}(\boldsymbol{\psi}_{m} - \boldsymbol{\psi}_{a})\times\hat{\boldsymbol{f}}_{sr}^{sr} + \boldsymbol{C}_{sc}^{n}(\boldsymbol{f}_{f}^{sr} + \boldsymbol{\nabla}^{sr})
\end{aligned}
\tag{5.31}
$$

这就是 Kain 在文献[36]中给出的速度误差传播微分方程。

5.2 “速度+姿态”匹配快速传递对准研究

5.2.1 “速度+姿态”匹配量测模型及滤波器设计

根据前面的分析，可以列为卡尔曼滤波器状态的变量有计算姿态误差、真实姿态误差、速度误差、陀螺漂移、加速度计零偏、陀螺刻度系数误差、加速度计刻度系数误差、挠曲变形参数，但是，这样卡尔曼滤波器的阶数就会很高(达到42 维)[36]，为了减少计算量，增强实时性，考虑到工程应用的可实现性，必须对卡尔曼滤波器的状态进行删减[145]。首先，根据前面的分析简化描述挠曲变形的状态，用加入补偿白噪声过程来代替；其次，对于快速传递对准，整个过程不超过

1min，而惯性器件的误差需要很长的时间才能对速度误差和姿态误差产生影响，而且，这些误差不受载体快速机动的影响，这样在快速传递对准的短时间内就不能精确估计出惯性器件的误差，所以对惯性器件的误差也进行了删减。

快速传递对准的数学模型可以表示为

$$\begin{cases}\dot{\boldsymbol{X}} = \boldsymbol{AX} + \boldsymbol{Bw} \\ \boldsymbol{Z} = \boldsymbol{HX} + \boldsymbol{v}\end{cases} \tag{5.32}$$

其中，状态向量 $\boldsymbol{X} = [\delta V_x, \delta V_y, \delta V_z, \psi_{mx}, \psi_{my}, \psi_{mz}, \psi_{ax}, \psi_{ay}, \psi_{az}]$；观测向量 $\boldsymbol{Z} = [\delta V_x, \delta V_y, \delta V_z, \psi_{mx}, \psi_{my}, \psi_{mz}]$；状态一步转移矩阵 $\boldsymbol{A}$ 根据式(5.21)、式(5.22)和式(5.31)列写；量测矩阵 $\boldsymbol{H} = \begin{bmatrix} \boldsymbol{I}_{3\times3} & \boldsymbol{0}_{3\times3} & \boldsymbol{0}_{3\times3} \\ \boldsymbol{0}_{3\times3} & \boldsymbol{I}_{3\times3} & \boldsymbol{0}_{3\times3} \end{bmatrix}$；系统噪声矩阵 $\boldsymbol{B} = \boldsymbol{I}_{9\times9}$；$\boldsymbol{w}$ 和 $\boldsymbol{v}$ 分别为系统噪声和量测噪声，观测值根据主惯导、子惯导系统的相关参数由式(5.1)和式(5.23)获得。应用卡尔曼滤波递推估计算法，可以根据量测值得到失准角的实时估计。

5.2.2　系统可观测性分析及可观测度计算

这里应用 3.6 节可观测度分析计算方法对“速度+姿态”匹配快速传递对准误差模型进行了分析，可观测性分析的时间段取约 1050ms。载体的运动为中等海况下的典型运动，与第 2 章介绍的情形相同。

图 5.2 为某个时间段内系统各个状态的可观测度，图 5.3 为整个对准过程中各个状态的可观测度变化情况。

从图 5.2 和图 5.3 中可以看出在“速度+姿态”匹配中，每个状态的可观测度都不为零，即各个状态都能估计出来，随着运动状态的变化，各个状态的可观测度也有所变化，其中可观测度最高的是第 4 和第 5 个状态，也就是 x、y 方

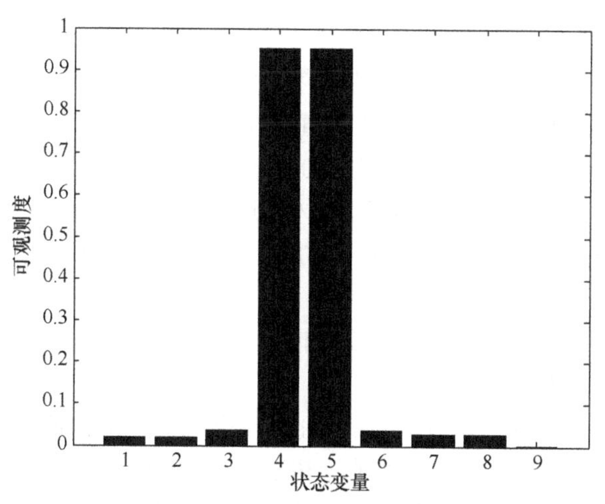

图 5.2　某个时间段各个状态的可观测度(“速度+姿态”匹配)

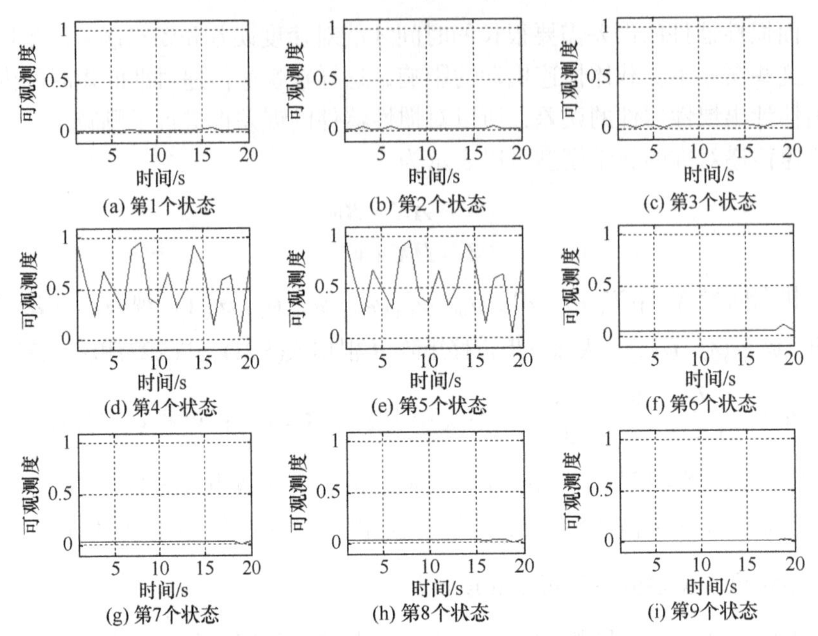

图 5.3　整个对准过程中各个状态的可观测度变化情况(“速度+姿态”匹配)

向的计算姿态误差，这两个状态都是外观测量，而真正需要估计的真实姿态误差也就是最后三个状态，它们的可观测度却相对较小，特别是真实方位误差的可观测度最小。

5.2.3　“速度+姿态”匹配快速传递对准仿真分析

根据参考文献[34]的仿真验证方法，利用第 2 章设计的初始对准仿真系统，进行了基于上文所介绍的快速传递对准误差模型的仿真实验，具体的仿真条件如下：导航解算周期为 15ms，初始对准滤波周期为 75ms，仿真总时间为 20s，子惯导的陀螺仪常值漂移为 0.2(°)/h，随机漂移为 0.01(°)/h，刻度系数误差为 2×10^{-4}，初始安装误差为 200μrad，加速度计常值偏置为 200μg，随机偏置为 50μg，刻度系数误差为 2×10^{-4}，初始安装误差为 200μrad。初始时刻载体所在纬度为 34°，经度为 108°，杆臂长度为[100,30,5]m，载体的运动为第 2 章介绍的中等海况下的典型运动，挠曲变形角均方差为[0.01,0.1,0.01]°，主惯导、子惯导间的固定安装误差为[1,1,2]°。

仿真结果如图 5.4 和图 5.5 所示。图 5.4 是实际失准角的卡尔曼滤波估计值，图 5.5 是估计的误差值。

从仿真结果可以看出，所证明的“速度+姿态”匹配快速传递对准模型，能够在 10s 内收敛，估计误差的具体值为 $[0.270,-0.450,-0.662]$ mrad，达到了期望的估计速度和精度，很好地满足了对准精度和快速性的要求。

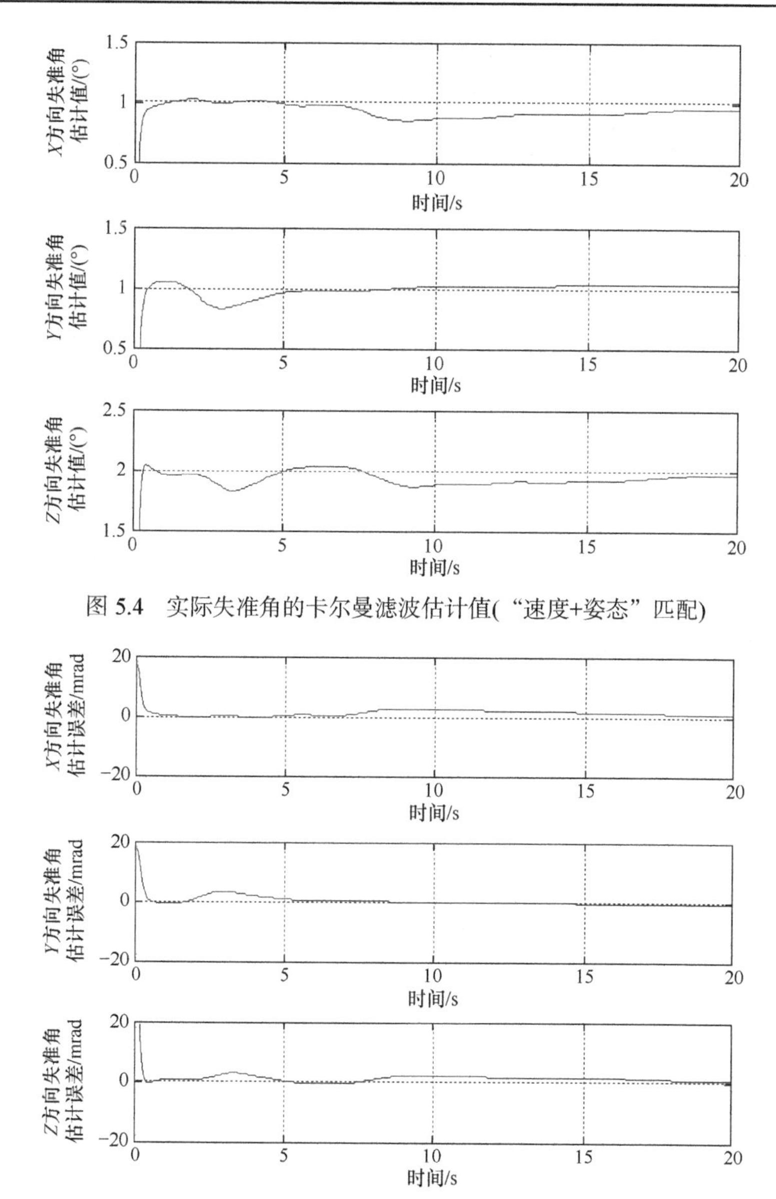

图 5.4　实际失准角的卡尔曼滤波估计值("速度+姿态"匹配)

图 5.5　失准角估计误差("速度+姿态"匹配)

5.3　"速度+角速度"匹配快速传递对准研究

这里讨论利用"速度+角速度"匹配技术来实现海上对准。仅运用速度匹配进行海上舰载机捷联惯导系统的初始对准会受到限制，因为舰船不可能像飞机那样通过特定的战术机动来完成对准过程。但是，地垂线的误差会导致克服重力的比力测量被错误地解算并作为北向和东向速度的虚假分量传递，人们可以采用速度匹配来完成水平对准。当载体存在某种角运动时，主惯导、子惯导角速度之间的差异一定程度上反映了主惯导、子惯导间的失准角[39,104]，所以可通过角速度匹配来配合速度匹配完成传递对准过程。

5.3.1　"速度+角速度"匹配量测模型及滤波器设计

如果舰船存在某种纵摇或横摇运动，通过比较角速度的测量值可以在相当短的时间内完成舰载机捷联惯导系统的初始对准。假设主惯导的角速度测量值为

$$\boldsymbol{Z}^m=\boldsymbol{\omega}_{im}^m \tag{5.33}$$

子惯导的角速度测量值为

$$\boldsymbol{Z}^s=\hat{\boldsymbol{\omega}}_{is}^s \tag{5.34}$$

子惯导陀螺仪的输出可以表示真实角速度和挠曲变形角速度以及陀螺测量误差之和，当认为主惯导没有误差时，真实角速度又可以用主惯导测量值在子惯导坐标系内的投影值来表示，则

$$\begin{aligned}\boldsymbol{Z}^s&=\hat{\boldsymbol{\omega}}_{is}^s\\&=\boldsymbol{\omega}_{im}^s+\boldsymbol{\omega}_f^s+\boldsymbol{\varepsilon}^s\\&=\boldsymbol{C}_m^{sr}\boldsymbol{\omega}_{im}^m+\boldsymbol{\omega}_f^s+\boldsymbol{\varepsilon}^s\end{aligned} \tag{5.35}$$

其中，$\boldsymbol{C}_m^{sr}$ 为主惯导、子惯导坐标系间的坐标变换矩阵，当相关角度为小量时可以表示为

$$\boldsymbol{C}_m^{sr}=\boldsymbol{I}-(\boldsymbol{\psi}_a\times) \tag{5.36}$$

所以量测差值可以写为

$$\begin{aligned}\delta\boldsymbol{Z}_\omega&=\boldsymbol{Z}^s-\boldsymbol{Z}^m\\&=[\boldsymbol{I}-(\boldsymbol{\psi}_a\times)]\boldsymbol{\omega}_{im}^m+\boldsymbol{\omega}_f^s+\boldsymbol{\varepsilon}^s-\boldsymbol{\omega}_{im}^m\\&=-\boldsymbol{\psi}_a\times\boldsymbol{\omega}_{im}^m+\boldsymbol{\omega}_f^s+\boldsymbol{\varepsilon}^s\\&=\boldsymbol{\omega}_{im}^m\times\boldsymbol{\psi}_a+\boldsymbol{\omega}_f^s+\boldsymbol{\varepsilon}^s\end{aligned} \tag{5.37}$$

可以用状态向量表示 $\delta\boldsymbol{Z}_\omega=\boldsymbol{H}_\omega\boldsymbol{X}+\boldsymbol{v}_\omega$，其中

$$\boldsymbol{H}_\omega=\begin{bmatrix}\boldsymbol{0}_{3\times3} & \boldsymbol{0}_{3\times3} & (\boldsymbol{\omega}_{im}^m\times)\end{bmatrix} \tag{5.38}$$

其中，$(\boldsymbol{\omega}_{im}^m\times)=\begin{bmatrix}0 & -\omega_{imz}^m & \omega_{imy}^m\\ \omega_{imz}^m & 0 & -\omega_{imx}^m\\ -\omega_{imy}^m & \omega_{imx}^m & 0\end{bmatrix}$。

速度量测和 5.2 节相同，由子惯导解算出的速度与经过杆臂误差补偿的主惯导速度之差得到；状态变量以及状态方程也和 5.2 节相同，所以“速度+角速度”匹配快速传递对准的量测模型为

$$\delta \boldsymbol{Z} = \boldsymbol{H}\boldsymbol{X} + \boldsymbol{v} \tag{5.39}$$

其中，$\delta \boldsymbol{Z} = [\delta \boldsymbol{Z}_V, \delta \boldsymbol{Z}_\omega]$，$\boldsymbol{H} = \begin{bmatrix} \boldsymbol{I}_{3\times3} & \boldsymbol{0}_{3\times3} & \boldsymbol{0}_{3\times3} \\ \boldsymbol{0}_{3\times3} & \boldsymbol{0}_{3\times3} & (\boldsymbol{\omega}_{im}^m \times) \end{bmatrix}$，状态方程和“速度+姿态”匹配快速传递对准相同。

5.3.2　系统可观测性分析及可观测度计算

这里取与前面“速度+姿态”匹配同样的计算方法和计算条件，对“速度+角速度”匹配快速传递对准模型进行可观测性分析，结果如图 5.6 和图 5.7 所示。图 5.6 为某个时间段各个状态的可观测度，图 5.7 为整个对准过程中各个状态的可观测度随时间的变化曲线。

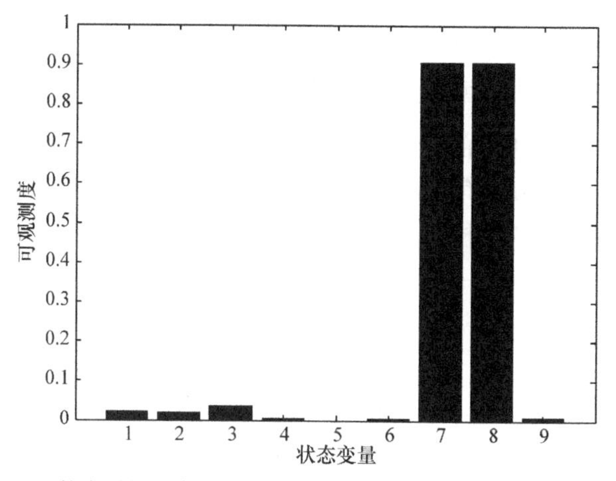

图 5.6　某个时间段各个状态的可观测度(“速度+角速度”匹配)

对比图 5.6 和图 5.7 可以发现，第 1、2、3 这三个状态的可观测度基本没有变化，这是与实际相符合的，因为两个对准方案中采用了同样的误差状态方程，同样以速度误差作为外部观测，在图 5.2、图 5.3 中可观测度最高的是第 4、5、6 这三个状态，也就是计算姿态误差；而在图 5.6、图 5.7 中可观测度最高是第 7、8、9 这三个状态，也就是真实姿态误差，而真实姿态误差正是需要估计的状态。所以通过可观测度的分析计算可以得出本节所提出的基于 Kain 误差模型的“速度+角速度”匹配快速传递对准方法可以获得更好的对准效果。

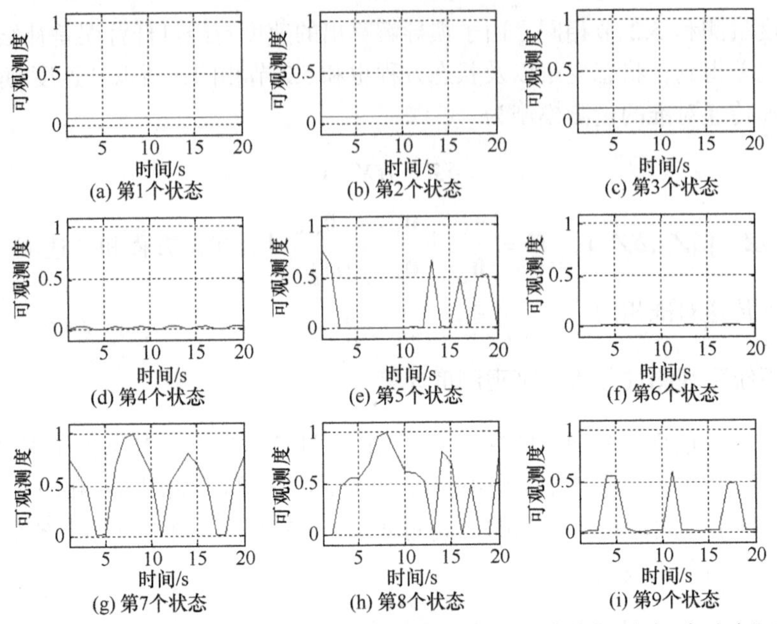

图 5.7　整个对准过程中各个状态的可观测度随时间的变化曲线(“速度+角速度”匹配)

5.3.3　“速度+角速度”匹配快速传递对准仿真分析

同样根据参考文献[34]的仿真验证方法，利用第 2 章设计的初始对准仿真平台，对本节介绍的“速度+角速度”匹配快速传递对准误差模型进行了仿真实验，具体的仿真条件和 5.2.3 节相同。仿真结果如图 5.8 和图 5.9 所示，图 5.8 是实际

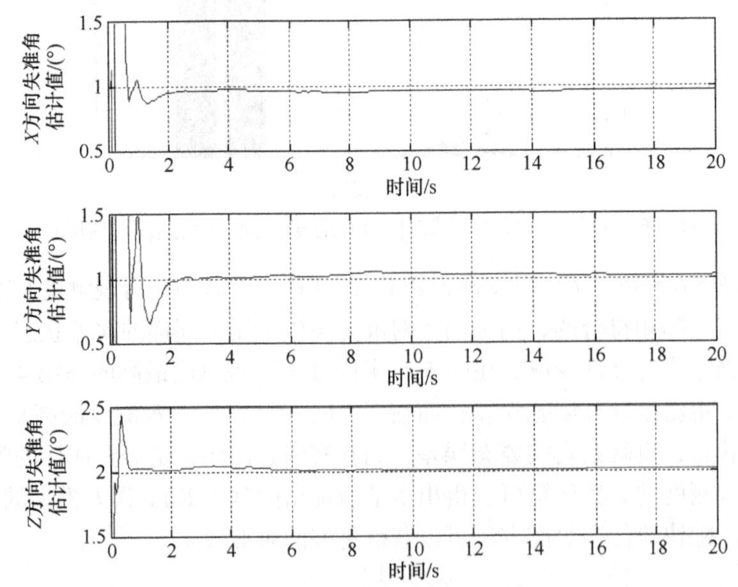

图 5.8　实际失准角的卡尔曼滤波估计值随时间的变化曲线(“速度+角速度”匹配)

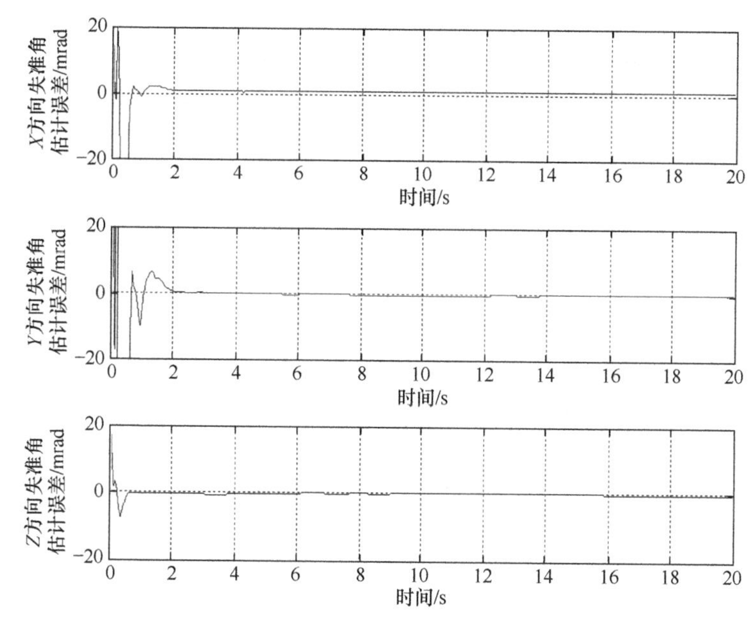

图 5.9　失准角估计误差值随时间的变化曲线(“速度+角速度”匹配)

失准角的卡尔曼滤波估计值随时间的变化曲线，图 5.9 是失准角估计误差值随时间的变化曲线。

从仿真结果可以看出，本节所提出的基于 Kain 的误差模型的“速度+角速度”匹配快速传递对准方法，也能够在 10s 内收敛，并达到所要求的精度，估计误差的具体值为$[0.172, -0.256, -0.602]$mrad，比“速度+姿态”匹配快速传递对准的精度略高，达到了期望的估计速度和精度。

为了更好地比较两种快速传递对准方法的性能，分别进行了 20 次蒙特卡罗仿真，仿真条件和前面相同，最后的统计结果如表 5.1 所示。

表 5.1　两种快速传递对准方法失准角估计误差　(单位：mrad)

仿真次数	“速度+姿态”匹配			“速度+角速度”匹配		
	X	*Y*	*Z*	*X*	*Y*	*Z*
1	−2.3116	−0.1402	−5.4758	1.6469	−1.0471	0.6364
2	−0.0290	0.35445	−0.7309	0.8414	−0.3662	0.2436
3	−0.0062	−0.1810	−1.9983	0.0687	−1.4951	−0.7168
4	1.6637	−0.5315	2.1107	0.4594	0.0149	0.7919
5	0.3889	0.0902	−0.5296	0.3354	1.2521	−0.1965
6	2.2724	−0.5088	3.0060	0.4303	1.8382	−0.7934
7	−0.0710	−0.3513	−1.4465	1.8113	−0.06868	0.0142
8	0.3378	−0.0828	0.7206	0.5063	0.22925	−0.2157
9	1.0355	−0.1614	0.3823	1.1795	−0.7568	−0.1872

续表

仿真次数	“速度+姿态”匹配			“速度+角速度”匹配		
	X	Y	Z	X	Y	Z
10	–0.0095	0.2179	–3.0706	0.3848	–1.1660	–1.0473
11	1.1146	0.3064	1.7281	1.5139	0.2581	–0.4488
12	0.6128	–0.3981	–0.5493	0.5515	–0.3439	–1.0908
13	0.7338	–0.3762	–0.2320	–0.1193	1.6092	–0.3451
14	0.3781	–0.1189	–0.4905	0.8352	–2.01693	0.4654
15	0.8611	–0.2621	0.0205	0.3744	0.79347	–0.0942
16	–0.2281	–0.1327	–0.7255	0.2869	–0.7607	–0.7521
17	–0.5011	0.6264	–2.1981	–0.0038	0.0874	–0.6837
18	1.8706	1.1445	2.4039	0.6295	1.0777	1.3444
19	1.3362	–0.7454	1.2831	0.3772	–0.1988	–1.4495
20	–0.3931	–1.2681	–1.3913	0.5826	–0.7086	–1.40321
均值	0.8078	0.3999	1.5247	0.6469	0.8044	0.6460
方差	0.7195	0.3235	1.2704	0.5024	0.6008	0.4331

需要说明的是，表 5.1 中求均值和方差时，每一个失准角估计误差都取了绝对值，从数值可以看出，“速度+角速度”匹配比“速度+姿态”匹配精度稍高，特别是方位失准角的估计精度提高最显著，这和可观测度分析的结果相一致。

5.4　“速度+部分角速度”匹配快速传递对准研究

相关研究表明，舰船沿横滚轴方向的挠曲变形是最严重的[104,146]，也就是说在这个方向上由挠曲变形引入的误差最大。所以这里在“速度+角速度”匹配快速传递对准的基础上，考虑去掉受挠曲变形影响最大的横滚轴方向的角速度，研究基于“速度+部分角速度”匹配的快速传递对准方法。

5.4.1　舰船挠曲变形对失准角估计精度的影响分析

通过分析研究舰船在海上航行，以及在各种海况下对舰船弯曲或挠曲变形的例行实验结果，可以发现即使在造船时设备的校准精度很高，舰船一旦下水，校准精度就会下降。这些误差源主要分为以下几类：一是长期变形，由于老化和阳光暴晒的共同作用，以及加载状态的变化，船体结构会逐渐发生变化，在阳光照射下，可以观察到船体结构的显著弯曲，能达到 1 度数量级的角度变化；二是舰船弯曲，恶劣海况下舰船随波浪发生摇荡运动。相关研究表明，在 0.1～0.3Hz 的典型运动时，舰船会发生显著的弯曲变形，主要是舰船壳体绕横滚轴的挠曲变形[104]。

尽管从理论上说一方面在卡尔曼滤波器中能建立明确的舰船挠曲变形模型，进而估计该挠曲变形角速度，然而在实际应用中不可能建立足够精确的模型，另一方面，基于这种模型设计的滤波器对参数变化非常敏感。所以对挠曲变形精确建模的方法在实际使用中受到了很大的限制，通常采用次优滤波器，将挠曲变形表示成一个噪声过程[104]。这里将分析各个轴向等效舰船变形对对准精度的影响。

图 5.10 中左边 O_mXYZ 为主系统轴系，右边 O_sXYZ 为子系统轴系，$\dot{\phi}_p$、$\dot{\phi}_r$、$\dot{\phi}_y$ 分别是主系统所敏感的舰船纵摇角速度、横摇角速度、艏摇角速度，子系统所敏感的角速度分别是 $\dot{\phi}_p+\delta\dot{\phi}_p$、$\dot{\phi}_r+\delta\dot{\phi}_r$、$\dot{\phi}_y+\delta\dot{\phi}_y$，其中 $\delta\dot{\phi}_p$、$\delta\dot{\phi}_r$、$\delta\dot{\phi}_y$ 分别是各个轴系的挠曲变形角速度。

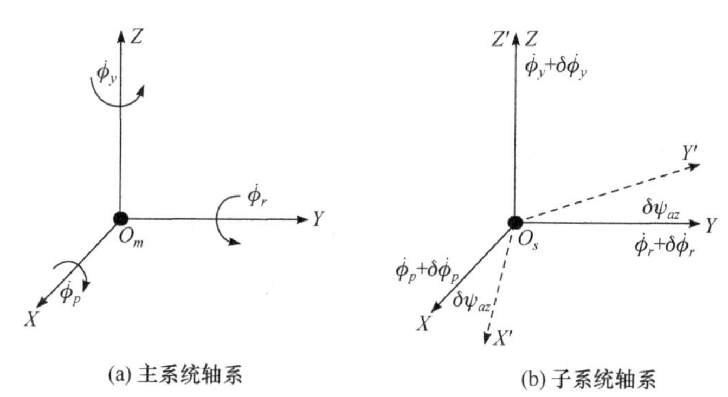

图 5.10　舰船挠曲对对准精度的影响

X 代表纵摇轴；Y 代表横摇轴；Z 代表艏摇轴；ϕ_r 代表横摇角；ϕ_p 代表纵摇角；ϕ_y 代表艏摇角

这里研究不同匹配量对各个失准角估计精度的影响。首先研究纵摇角速度匹配对 Z 轴向失准角 $\delta\psi_{az}$ 估计精度的影响。使用纵摇角速度匹配时，主系统所测角速度为 $\dot{\phi}_p$，子系统所测角速度为 $(\dot{\phi}_p+\delta\dot{\phi}_p)\cos\delta\psi_{az}-(\dot{\phi}_r+\delta\dot{\phi}_r)\sin\delta\psi_{az}$，此时纵摇角速度匹配量为

$$\begin{aligned}\delta Z&=(\dot{\phi}_p+\delta\dot{\phi}_p)\cos\delta\psi_{az}-(\dot{\phi}_r+\delta\dot{\phi}_r)\sin\delta\psi_{az}-\dot{\phi}_p\\&=\dot{\phi}_p(\cos\delta\psi_{az}-1)-\dot{\phi}_r\sin\delta\psi_{az}+\delta\dot{\phi}_p\cos\delta\psi_{az}-\delta\dot{\phi}_r\sin\delta\psi_{az}\end{aligned}\tag{5.40}$$

取 $\delta\psi_{az}$ 的一次项得

$$\delta Z=-(\dot{\phi}_r+\delta\dot{\phi}_r)\delta\psi_{az}+\delta\dot{\phi}_p\tag{5.41}$$

要使测量值的差为零只有当

$$\delta\psi_{az}=\delta\dot{\phi}_p/(\dot{\phi}_r+\delta\dot{\phi}_r)\tag{5.42}$$

由此结果可知，残余的方位失准角的幅值将随着舰船横摇角速度的增大而减

小，随着绕纵摇轴(测量轴)挠曲变形的减小而减小。同理，可以得到当以横摇角速度为量测时，对方位失准角估计精度的影响为

$$\delta\psi_{az} = \delta\dot{\phi}_r / (\dot{\phi}_p + \delta\dot{\phi}_p) \tag{5.43}$$

也就是说，利用横摇角速度匹配时残余方位失准角的幅值将随舰船横摇挠曲变形的增大而增大，随着船体纵摇角速度的增加而减小。通常认为沿舰船的横摇轴的挠曲角速度大于沿纵摇轴的挠曲角速度，而舰船的横摇比纵摇更快，所以对比式(5.42)和式(5.43)可知，纵摇角速度匹配更有利于提高 Z 轴向失准角的估计精度。

同理，对于 X 轴向失准角的估计精度，当使用艏摇角速度匹配时，有

$$\delta\psi_{ax} = \delta\dot{\phi}_y / (\dot{\phi}_r + \delta\dot{\phi}_r) \tag{5.44}$$

当使用横摇角速度匹配时，有

$$\delta\psi_{ax} = \delta\dot{\phi}_r / (\dot{\phi}_y + \delta\dot{\phi}_y) \tag{5.45}$$

通常认为沿舰船的横摇轴的挠曲角速度大于沿艏摇轴的挠曲角速度，而舰船的横摇比艏摇更快，所以对比式(5.44)和式(5.45)可知，艏摇角速度匹配更有利于提高 X 轴向失准角的估计精度。在前面的讨论中，由于从提高 Z 轴向失准角和 X 轴向失准角精度的角度出发，分别选择了纵摇角速度匹配和艏摇角速度匹配，而同时放弃了受挠曲变形影响最大的横摇角速度匹配，在这里提出了部分角速度匹配方法，在通常的角速度匹配中去掉横摇角速度匹配值。

为了完整起见，再看看 Y 轴向的失准角估计精度和量测匹配信息间的关系，和前面的分析方法一样，当以纵摇角速度为匹配量时有

$$\delta\psi_{ay} = \delta\dot{\phi}_p / (\dot{\phi}_y + \delta\dot{\phi}_y) \tag{5.46}$$

当以艏摇角速度匹配时，有

$$\delta\psi_{ay} = \delta\dot{\phi}_y / (\dot{\phi}_p + \delta\dot{\phi}_p) \tag{5.47}$$

也就是说，Y 轴向的失准角估计精度受纵摇和艏摇轴上的角速度和挠曲变形角速度变形的限制，而这两个轴上的角速度都在一个数量级，所以，Y 轴向的失准角估计精度会比另外两个轴向的失准角估计精度稍低。

5.4.2 “速度+部分角速度”匹配模型及可观测性分析

由 5.4.1 节的分析可知，“速度+部分角速度”匹配的量测模型在前面“速度+角速度”匹配的量测模型(5.39)的基础上去掉横摇角速度信息得到。

这里取与前面“速度+姿态”匹配以及“速度+角速度”匹配同样的计算方法和计算条件，对“速度+部分角速度”匹配快速传递对准模型的可观测性进行分

析，结果如图 5.11 和图 5.12 所示。图 5.11 为某个时间段各个状态的可观测度，图 5.12 为整个对准过程中各个状态的可观测度随时间的变化曲线。

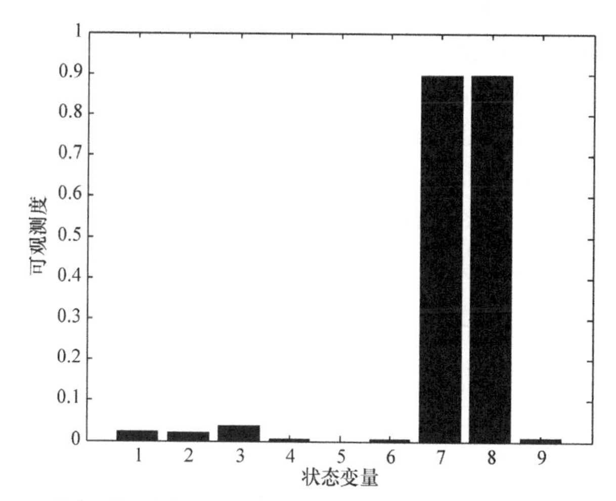

图 5.11 某个时间段各个状态的可观测度(“速度+部分角速度”匹配)

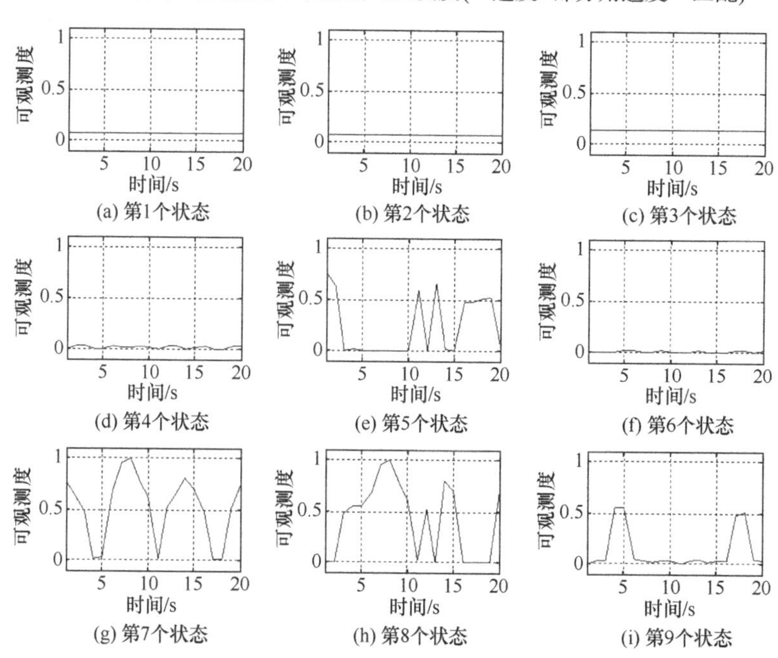

图 5.12 整个对准过程中各个状态的可观测度随时间的变化曲线(“速度+部分角速度”匹配)

图 5.11 和图 5.12 与图 5.6 和图 5.7 对比可以看出，“速度+部分角速度”匹配与“速度+角速度”匹配方法相比，可观测性几乎没有什么变化，只是 Z 轴向失准角的可观测度有所降低。

5.4.3 “速度+部分角速度”匹配快速传递对准仿真分析

同样根据参考文献[34]的仿真验证方法，利用第 2 章设计的初始对准仿真平台，对本节提出的“速度+部分角速度”匹配快速传递对准方法进行了仿真实验，具体的仿真条件和 5.3.3 节一样。为了突出部分角速度匹配对横摇轴方向上挠曲变形的屏蔽作用，选取挠曲变形角均方差为[0.01,0.3,0.01]°，主惯导、子惯导间的固定安装误差仍然为[1,1,2]°。

仿真结果如图 5.13 和图 5.14 所示，图 5.13 是实际失准角的卡尔曼滤波估计值，图 5.14 是估计的误差值。

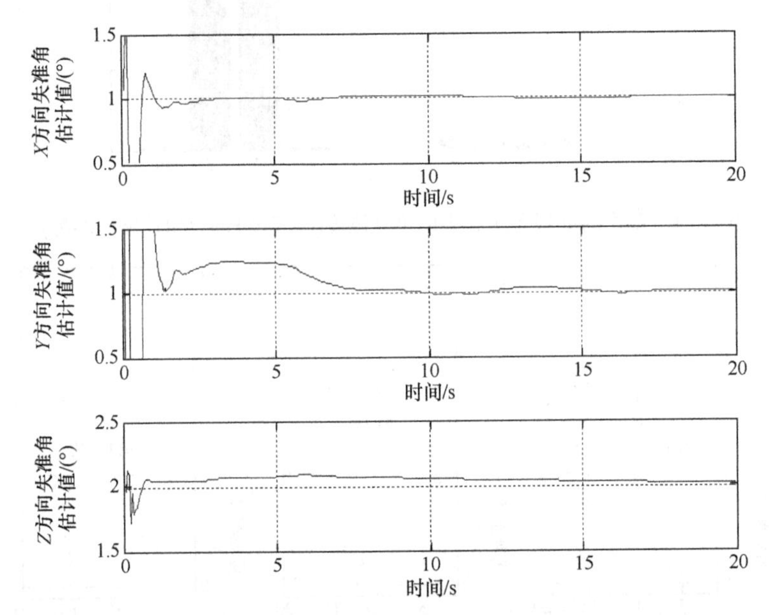

图 5.13　实际失准角的卡尔曼滤波估计值(“速度+部分角速度”匹配)

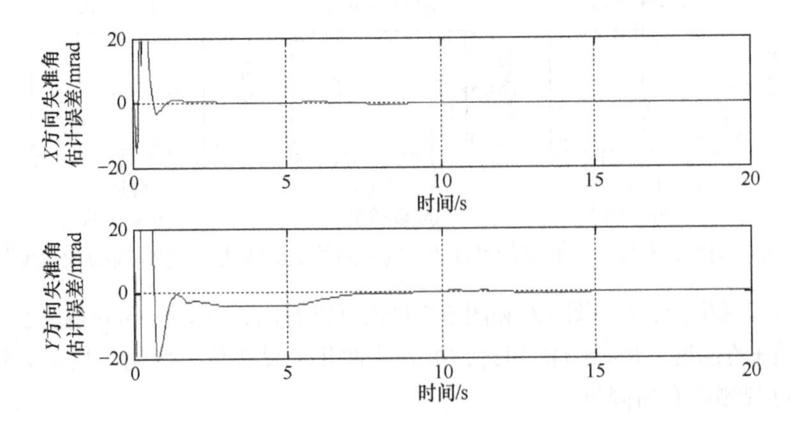

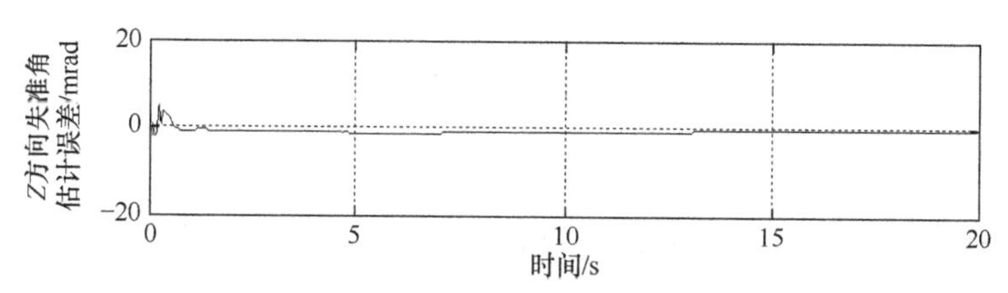

图 5.14　失准角估计误差(“速度+部分角速度”匹配)

从仿真结果可以看出，本节所提出的基于 Kain 的误差模型的“速度+部分角速度”匹配快速传递对准方法，也能够较快收敛，并达到所要求的精度，估计误差的具体值为[0.238, −1.599, −0.137] mrad。

为了更好地比较本章所提出的三种快速传递对准方法的性能，分别进行了 20 次蒙特卡罗仿真，仿真条件与本节介绍的相同，最后的统计结果如表 5.2 所示，为了节省篇幅，此处只给出了最后的统计结果，没有给出每次仿真的结果。

表 5.2　三种快速传递对准方法失准角估计误差统计结果　(单位：mrad)

方法	均值			方差		
	X	*Y*	*Z*	*X*	*Y*	*Z*
速度+姿态	2.5894	3.1602	5.3935	2.1499	1.9173	5.2395
速度+角速度	1.8105	3.0468	2.6947	1.3675	2.1625	1.7373
速度+部分角速度	0.7039	3.3424	0.4458	0.1786	0.9193	0.1269

从统计结果可以看出，当横摇轴方向的挠曲变形较严重时，在相同的仿真条件下，“速度+部分角速度”匹配具有最好的估计精度。同时可以发现，在第三种匹配方法中，*Y* 轴方向的失准角估计精度相对较低，这也和 5.3.1 节理论分析的结果一致。

5.5　小　　结

四元数是一个有力的数学工具，本章首先用四元数推导证明了美国学者 Kain 等提出的基于载体坐标系误差角的快速传递对准误差模型，并对基于该误差模型的“速度+姿态”匹配快速传递对准方法进行了仿真分析；然后提出了基于该误差模型的“速度+角速度”匹配快速传递对准方法，并从可观测度的角度对两种方法进行了分析比较，发现后一种方法能够提高真实姿态误差的可观测度，可以获得较高的对准精度，仿真结果也验证了理论分析的结论；最后提出了“速度+部分角速度”匹配快速传递对准方法，能够充分利用舰船的摇摆运动同时最大限度减小挠曲变形的影响，具有比“速度+角速度”匹配相当甚至更高的精度，但是计算量减少的优点。

第6章　快速传递对准精度影响因素分析

本章以“速度+姿态”快速传递对准为例，分析在子惯导系统动基座快速传递对准过程中各种误差因素对快速传递对准精度的影响，包括海浪、航行速度、杆臂误差和挠曲变形等对动基座快速传递对准的影响，并提出相应的解决方法。

6.1　海浪对快速传递对准的影响分析

海浪会引起舰船的摇摆，不同的海况会使舰船摇摆的幅值和周期发生变化，同时也会引起舰船的变形，这里只讨论海浪所引起的摇摆幅值及周期对传递对准的影响，挠曲变形的影响在6.4节单独讨论。

其他仿真条件和第5章相同，舰船摇摆的周期为[9,4,12]s，摇摆幅值分别为0.1×[8,10,6]°、0.5×[8,10,6]°、[8,10,6]°。传递对准失准角估计误差曲线分别如图6.1～图6.3所示。

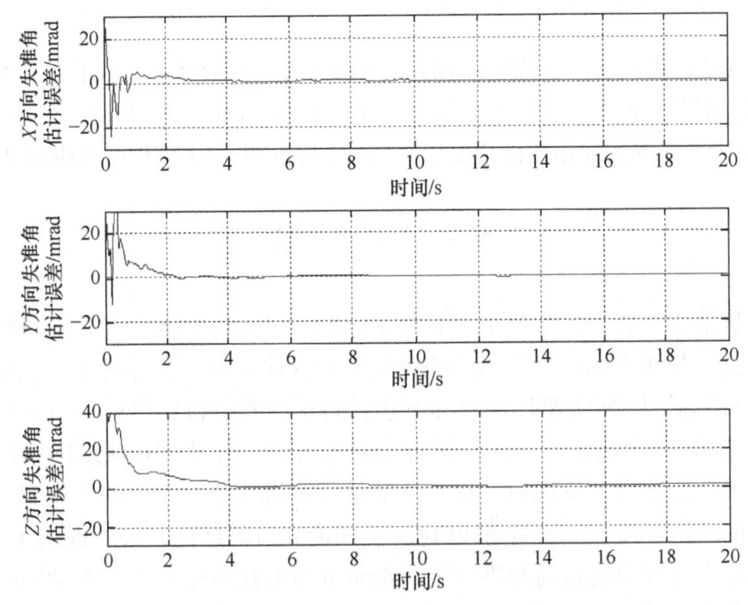

图6.1　舰船摇摆幅值为0.1×[8,10,6]°时失准角估计误差

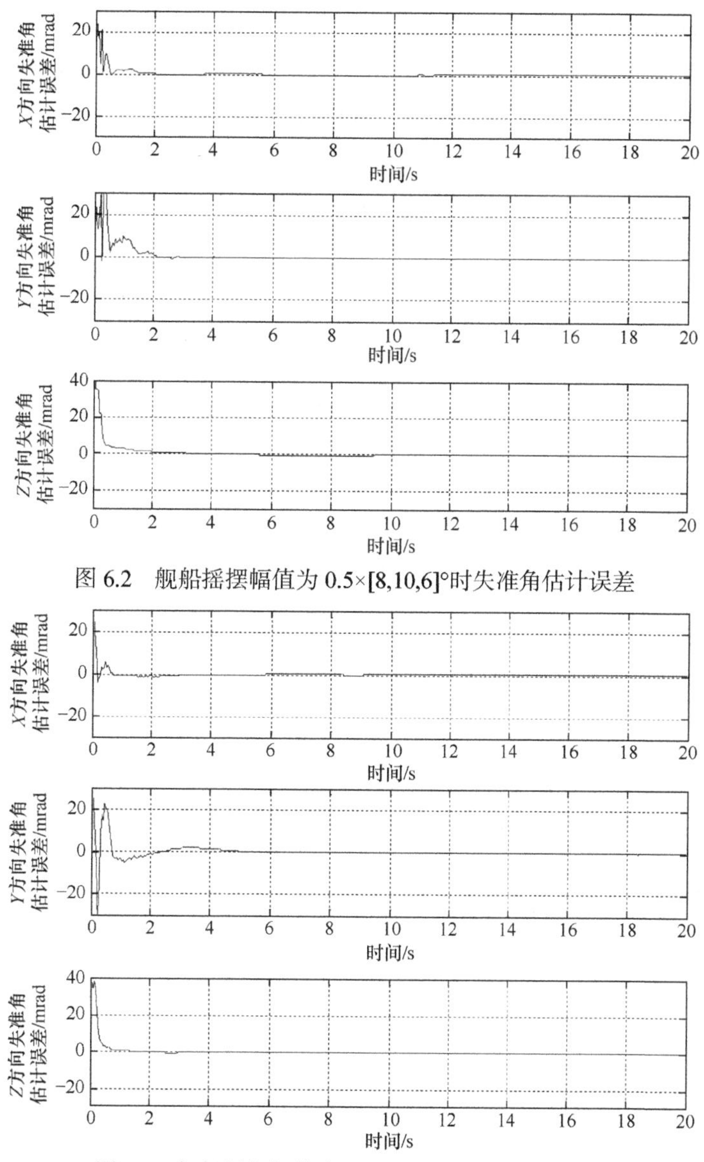

图 6.2　舰船摇摆幅值为 0.5×[8,10,6]°时失准角估计误差

图 6.3　舰船摇摆幅值为[8,10,6]°时失准角估计误差

上面三种舰船摇摆幅值条件下，最后时刻的失准角估计误差如表 6.1 所示。

表 6.1　三种舰船摇摆幅值条件下最后时刻的失准角估计误差

幅值条件	失准角估计误差/mrad		
	X 方向	*Y* 方向	*Z* 方向
0.1×[8,10,6]°	0.66207669	0.83154025	1.47887120
0.5×[8,10,6]°	0.30971461	−0.54385261	0.894373
[8,10,6]°	0.29406483	−0.32590972	−0.59967431

通过比较图 6.1～图 6.3 以及表 6.1，可以发现，舰船摇摆幅度的增加有利于“速度+姿态”匹配快速传递对准失准角误差估计精度的提高，滤波器快速收敛，但是，摇摆幅值提高到一定程度后，对性能改变的影响就降低了。

下面在图 6.3 的仿真条件下，改变舰船摇摆的周期，从原来的[9,4,12]s 改变为 0.5×[9,4,12]s 和 0.1×[9,4,12]s，仿真结果如图 6.4 和图 6.5 所示。

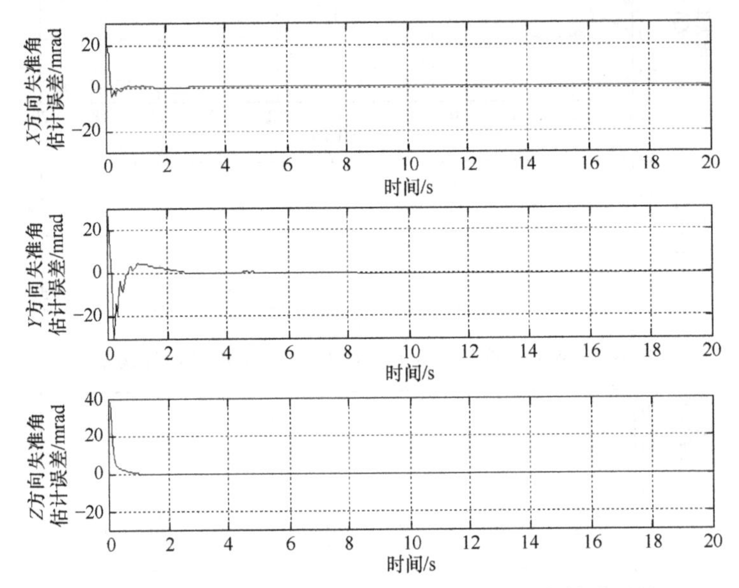

图 6.4　舰船摇摆周期为 0.5×[9,4,12]s 时失准角估计误差

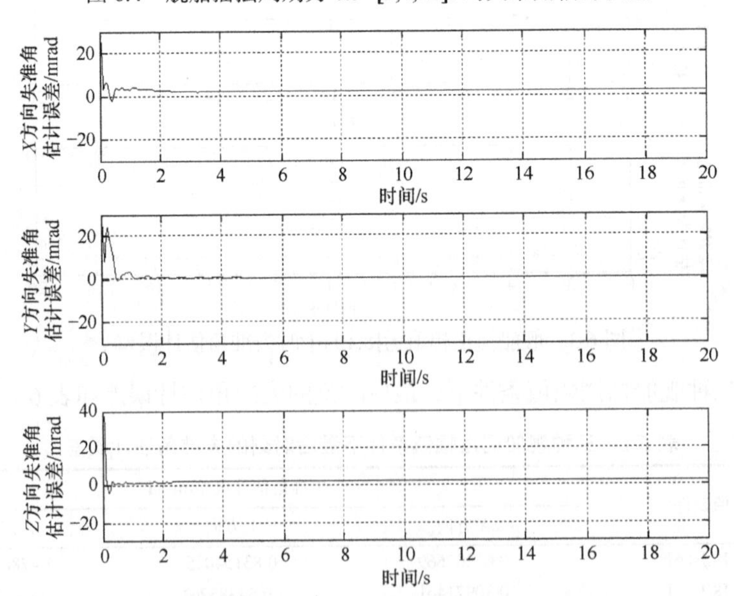

图 6.5　舰船摇摆周期为 0.1×[9,4,12]s 时失准角估计误差

在图 6.3～图 6.5 的三种舰船摇摆周期条件下，最后时刻的失准角估计误差见表 6.2。

表 6.2　三种舰船摇摆周期条件下最后时刻的失准角估计误差

周期条件	失准角估计误差/mrad		
	X方向	Y方向	Z方向
[9,4,12]s	0.29406483	−0.32590972	−0.59967431
0.5×[9,4,12]s	0.47105035	−0.40230928	−0.63135501
0.1×[9,4,12]s	1.61327450	0.9172189	1.89408939

从图 6.3～图 6.5 以及表 6.2 可以看出，当风浪增加时，随着舰船摇摆周期的减小，也就是摇摆频率的增加，传递对准的精度不断降低，特别是 X 轴和 Z 轴的估计精度下降很快。

所以当海上风浪较大、舰船摇摆很剧烈时，传递对准的精度会受到很大的影响。

6.2　航行速度对快速传递对准的影响分析

为了分析航行速度对动基座快速传递对准的影响，在其他条件不变的情况下，分别改变舰船北向和东向航行速度，研究传递对准的精度和快速性，图 6.6～图 6.9 分别是舰船有 6.1 节的摇摆运动同时北向速度为 0kn、5kn、10kn、20kn 时失准角估计误差曲线。

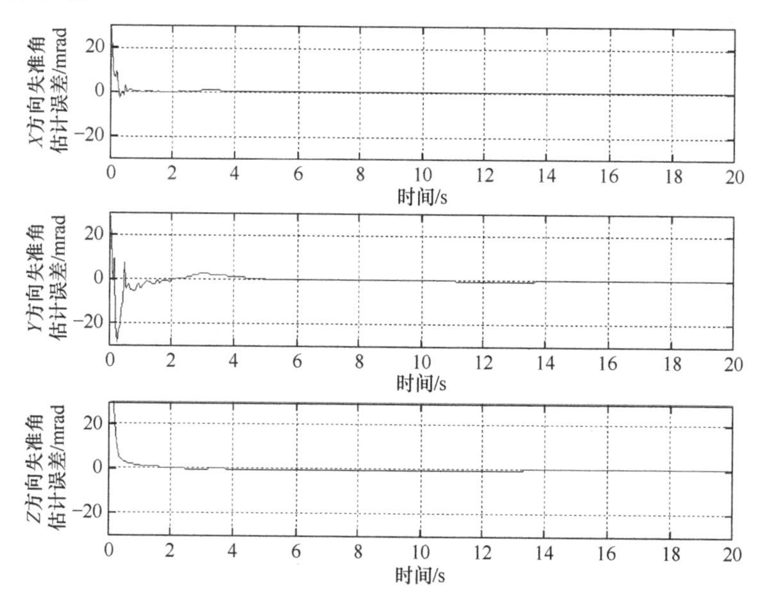

图 6.6　舰船北向速度为 0kn 时失准角估计误差

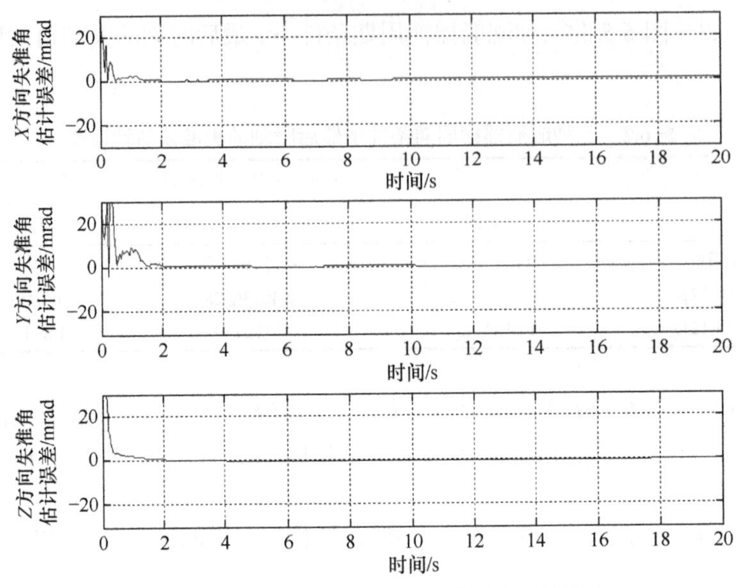

图 6.7　舰船北向速度为 5kn 时失准角估计误差

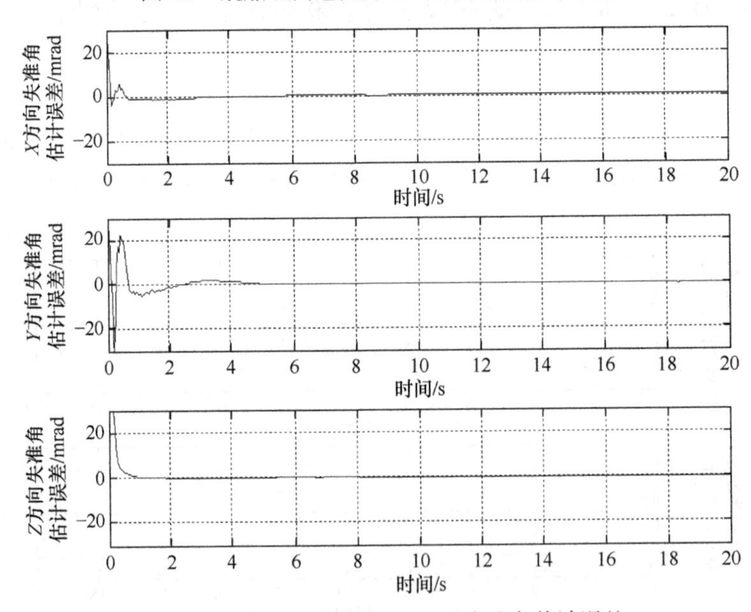

图 6.8　舰船北向速度为 10kn 时失准角估计误差

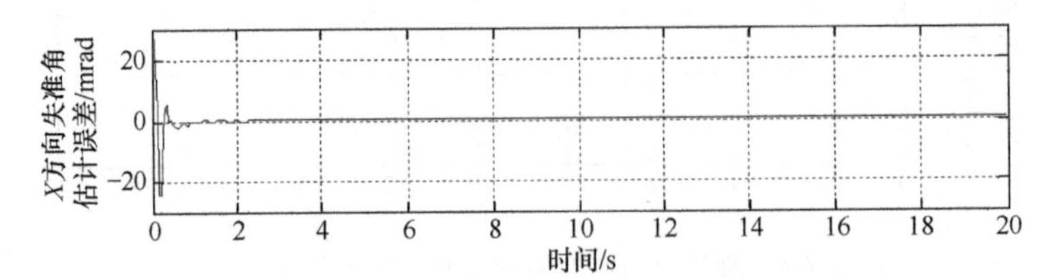

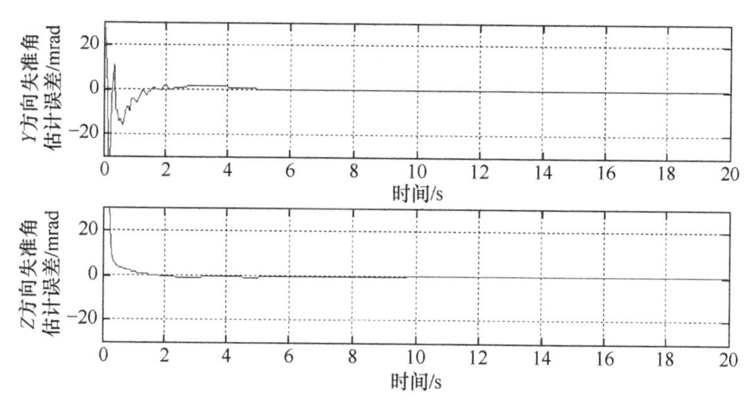

图 6.9　舰船北向速度为 20kn 时失准角估计误差

最后时刻的失准角估计误差的具体数值见表 6.3。

表 6.3　舰船不同北向速度时最后时刻的失准角估计误差

北向速度	失准角估计误差/mrad		
	X 方向	*Y* 方向	*Z* 方向
0kn	0.27010873	−0.26133376	−0.18044268
5kn	0.13796266	−0.26378479	−0.27923618
10kn	0.29391877	−0.32573628	−0.40001138
20kn	0.24178784	−0.30388994	0.208501576

从图 6.6～图 6.9 以及表 6.3 可以看出，舰船航行速度对传递对准的精度几乎没有影响，每次对准的精度略有差异，是因为在传递对准仿真系统中考虑了惯性器件随机误差、变形随机误差等误差因素。

6.3　杆臂误差对快速传递对准的影响分析

前面 6.1 节、6.2 节的仿真中，没有考虑杆臂误差对快速传递对准的影响，本节将讨论杆臂误差对动基座传递对准的影响。假设主、子惯导间有[2,3,1.5]m 的杆臂长度，杆臂误差采用式(2.42)进行补偿，图 6.10～图 6.12 分别为杆臂误差补偿准确，以及杆臂长度有 10%、20%误差时的失准角估计误差。

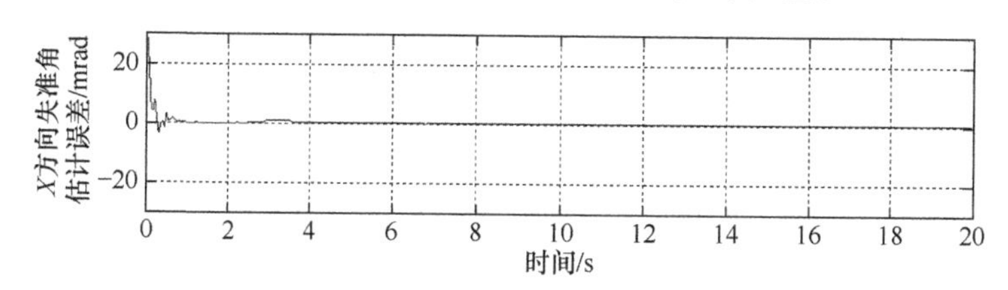

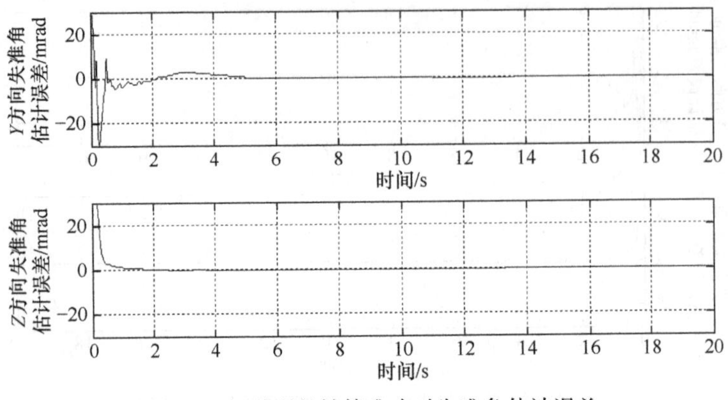

图 6.10　杆臂误差补偿准确时失准角估计误差

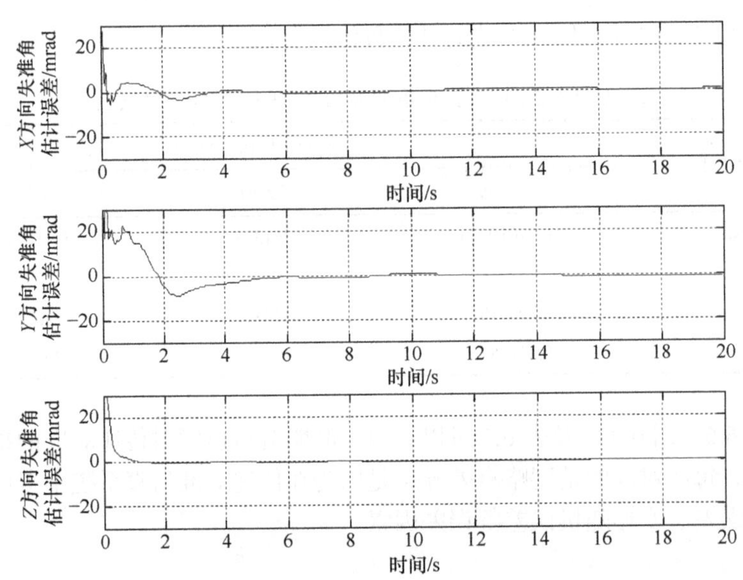

图 6.11　杆臂长度有 10%误差时失准角估计误差

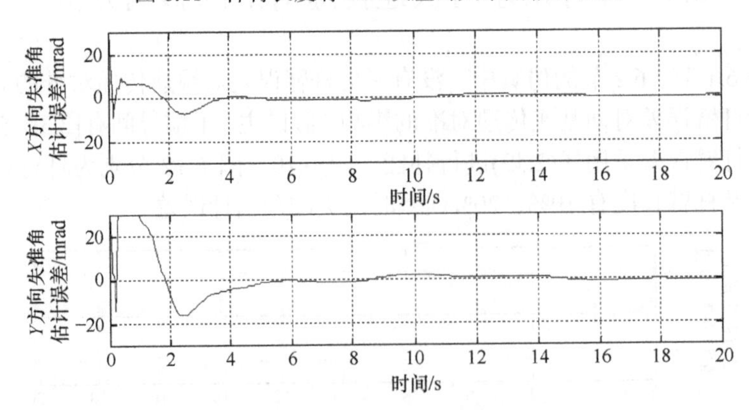

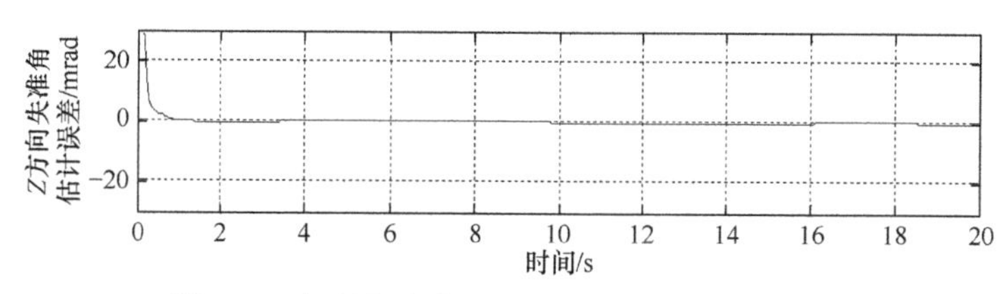

图 6.12　杆臂长度有 20%误差时失准角估计误差

从图 6.10～图 6.12 可以看出，杆臂误差会引起失准角估计速度的降低，在滤波估计的初始时刻，失准角估计精度较低。但是失准角估计卡尔曼滤波器都能够收敛。表 6.4 为最后时刻的失准角估计误差。

表 6.4　不同杆臂误差最后时刻的失准角估计误差

杆臂误差	失准角估计误差/mrad		
	X 方向	Y 方向	Z 方向
无	0.26422930	−0.25501796	−0.18232571
10%	0.30805093	−0.54354896	−0.34128314
20%	0.56215033	−0.74861712	−0.54320961

从表 6.4 可以看出，当杆臂误差补偿充分时，对失准角估计精度几乎没有影响，当杆臂误差补偿不充分时，失准角的估计精度略有降低，但都在 1mrad 以下。

6.4　挠曲变形对快速传递对准的影响分析

舰船受到海风、波浪的作用，以及载荷、温度和日照变化等因素的影响，会引起甲板的挠曲变形，该变形会影响传递对准精度。这里的挠曲变形用前面介绍的三阶马尔可夫过程来模拟，由于挠曲变形估计时参数的准确获取比较困难，这里只分析挠曲变形对动基座对准的影响，而没有对其进行估计和补偿。假设基本挠曲变形方差为 $F=[0.01,0.005,0.01]^\circ$，图 6.13～图 6.16 是三个方向上的挠曲变形方差分别为 $2F$、$5F$、$10F$ 和 $20F$ 时的失准角估计误差。

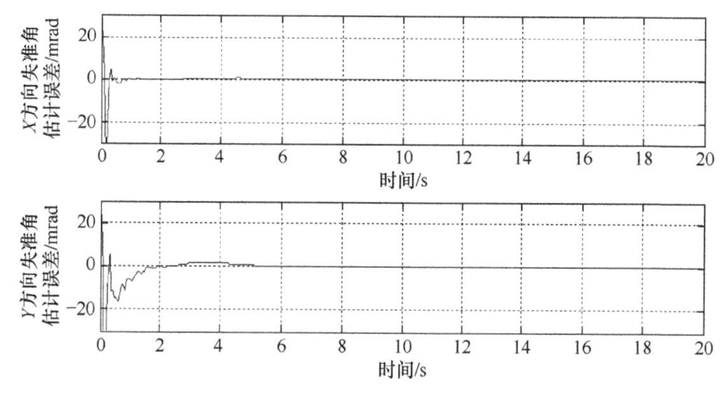

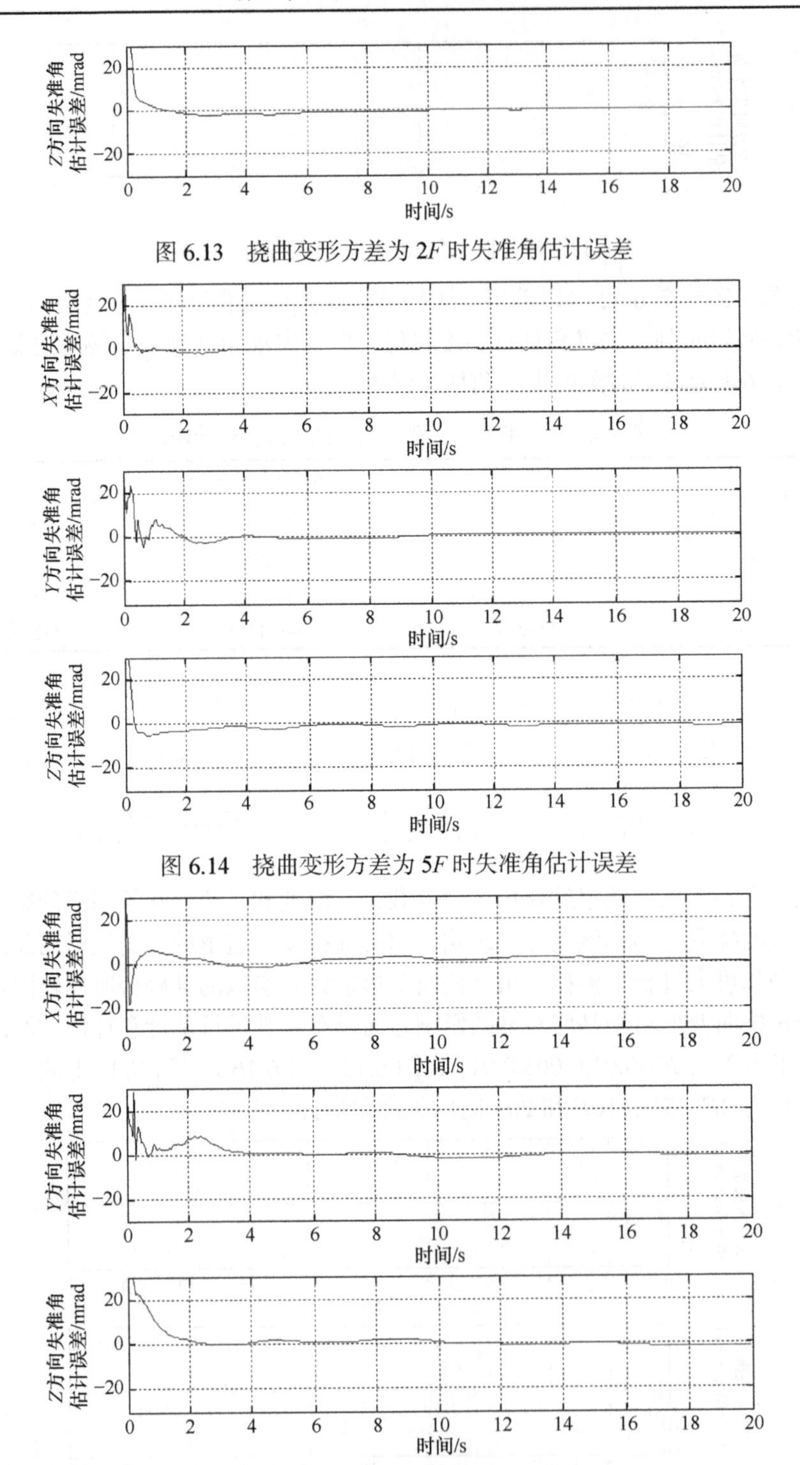

图 6.13　挠曲变形方差为 2*F* 时失准角估计误差

图 6.14　挠曲变形方差为 5*F* 时失准角估计误差

图 6.15　挠曲变形方差为 10*F* 时失准角估计误差

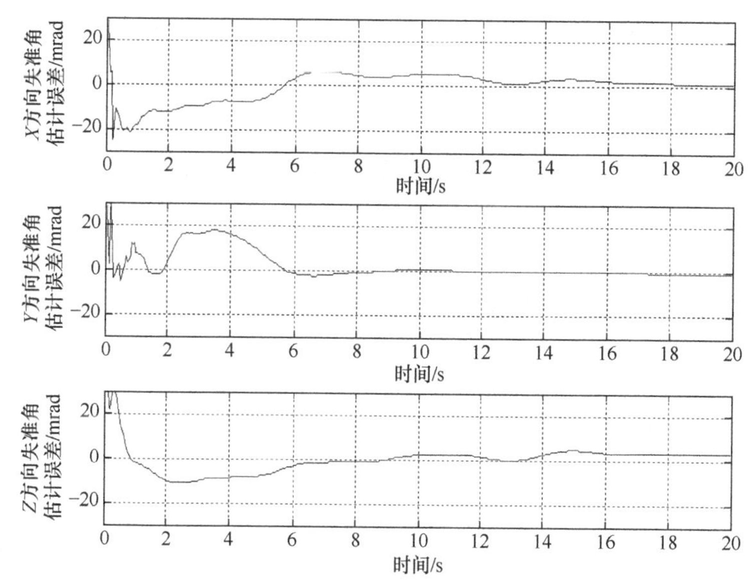

图 6.16　挠曲变形方差为 20F 时失准角估计误差

最后时刻的失准角估计误差见表 6.5。

表 6.5　不同挠曲变形时最后时刻的失准角估计误差

挠曲变形方差	失准角估计误差/mrad		
	X 方向	Y 方向	Z 方向
2F	0.20326155	−0.20741583	0.16312537
5F	−0.73318773	0.67141602	−1.41102657
10F	0.91035430	−0.72279291	−1.52069919
20F	1.04977910	−0.86027108	2.97785152

从图 6.13～图 6.16 以及表 6.5 可以看出，随着挠曲变形方差的增加，失准角估计的精度越来越低，滤波器收敛的速度也越来越慢，而挠曲变形误差又是很难精确补偿的。所以在使用时要尽量避免挠曲变形误差对动基座对准的影响。

6.5　小　结

本章在第 5 章的基础上，对影响快速传递对准精度的外部因素进行了介绍分析。快速传递对准精度受海浪的影响较大，尤其在海浪频率过大时，对准精度急剧下降；但是对准精度受舰船速度的影响很小，几乎不影响系统工作；舰船的杆臂效应对对准精度有所影响，但是杆臂误差可建模，从而可以通过杆臂误差补偿消减杆臂误差；舰船挠曲变形会影响快速传递对准的精度和速度，且挠曲变形误差参数难以估计，所以在快速传递对准时，应尽量避免挠曲变形。

第 7 章 非线性快速传递对准

第 5 章介绍了捷联惯导系统的快速传递对准，所采用的是假设失准角较小的线性误差模型。然而在实际情况中，常常满足不了这样的假设，因为线性误差模型不能准确地描述惯导系统的误差传播特性，如果仍然使用线性误差模型则得不到理想的初始对准速度和精度，所以本章研究了各个失准角都是大角度时基于四元数的舰上快速传递对准非线性误差模型，并采用了“速度+四元数”匹配作为量测的非线性快速传递对准方法[147]。

相关文献[148-150]从不同的角度研究了基于四元数的非线性误差模型及其在初始对准中的应用。本章首先在这些文献的基础上从新的角度定义了基于四元数的非线性误差模型，并证明了该模型与 Kain 所提出的线性误差模型的关系，说明 Kain 所提出的线性误差模型是本章所提出的非线性误差模型的一个特例；其次以速度误差和姿态四元数误差作为初始对准滤波器的量测值进行快速传递对准，在各个方向上的失准角都是大角度时，获得了较理想的初始对准精度和对准速度；最后研究了二次快速传递对准方法，在失准角较大时采用基于四元数非线性误差模型的快速传递对准，当失准角的估计达到一定精度后进行一次校准并切换到基于线性误差模型的快速传递对准，可以获得更高的初始对准精度、更快的初始对准速度和较少的计算量[151]。

7.1 捷联惯性导航系统快速传递对准的非线性误差模型

关于四元数的相关运算法则，这里直接给出了相关的结论，详细介绍可以查阅相关参考文献[102-104,152-155]。

7.1.1 基于四元数的真实姿态误差模型

定义真实的姿态误差为从主惯导坐标系 m 到实际子惯导坐标系 sr 的变换四元数为

$$\boldsymbol{Q}_m^{sr} = [q_{sr0}, q_{sr1}, q_{sr2}, q_{sr3}] \tag{7.1}$$

在不考虑挠曲变形的状况下，真实姿态误差是固定不变的，则

$$\dot{\boldsymbol{Q}}_m^{sr} = \boldsymbol{0}_{4\times1} \tag{7.2}$$

为了较准确地描述真实姿态误差，可以把真实姿态误差等效为白噪声过程，即

$$\dot{\boldsymbol{Q}}_m^{sr} = \boldsymbol{\eta}_{4\times1} \tag{7.3}$$

其中，$\boldsymbol{\eta}_{4\times1}$ 为白噪声过程。

7.1.2　基于四元数的计算姿态误差模型

定义计算姿态误差为从主惯导坐标系 m 到计算子惯导坐标系 sc 的变换四元数为

$$\boldsymbol{Q}_m^{sc} = \boldsymbol{Q}_m^n \otimes \boldsymbol{Q}_n^{sc} = [q_{sc0}, q_{sc1}, q_{sc2}, q_{sc3}] \tag{7.4}$$

其中，$\boldsymbol{Q}_n^{sc}$ 是从 n 系到 sc 系的旋转变换四元数，与 $\boldsymbol{Q}_{sc}^n$ 共轭。

式(7.4)两边微分得

$$\dot{\boldsymbol{Q}}_m^{sc} = \dot{\boldsymbol{Q}}_m^n \otimes \boldsymbol{Q}_n^{sc} + \boldsymbol{Q}_m^n \otimes \dot{\boldsymbol{Q}}_n^{sc} \tag{7.5}$$

由四元数的微分方程知[1,156]

$$\dot{\boldsymbol{Q}}_m^n = -\frac{1}{2}\boldsymbol{\omega}_{nm}^m \otimes \boldsymbol{Q}_m^n \tag{7.6}$$

$$\dot{\boldsymbol{Q}}_n^{sc} = \frac{1}{2}\boldsymbol{Q}_n^{sc} \otimes \boldsymbol{\omega}_{nsc}^{sc} \tag{7.7}$$

假设主惯导的输出没有误差，则子惯导陀螺仪输出 $\hat{\boldsymbol{\omega}}_{isr}^{sr}$ 与主惯导陀螺仪输出 $\boldsymbol{\omega}_{im}^m$ 存在如下关系：$\hat{\boldsymbol{\omega}}_{isr}^{sr} = \boldsymbol{C}_m^{sr}\boldsymbol{\omega}_{im}^m + \boldsymbol{\omega}_{fs}^{sr} + \boldsymbol{\varepsilon}^{sr} = \boldsymbol{C}_m^{sr}(\boldsymbol{\omega}_{in}^m + \boldsymbol{\omega}_{nm}^m) + \boldsymbol{\omega}_{fs}^{sr} + \boldsymbol{\varepsilon}^{sr}$，其中，$\boldsymbol{\omega}_{fs}^{sr}$ 为挠曲变形角速度，$\boldsymbol{\varepsilon}^{sr}$ 为子惯导陀螺漂移，所以 $\boldsymbol{\omega}_{nm}^m = \boldsymbol{Q}_m^{sr} \otimes (\hat{\boldsymbol{\omega}}_{isr}^{sr} - \boldsymbol{\omega}_{fs}^{sr} - \boldsymbol{\varepsilon}^{sr} - \boldsymbol{\omega}_{in}^{sr}) \otimes \boldsymbol{Q}_{sr}^m$，代入式(7.6)得

$$\dot{\boldsymbol{Q}}_m^n = -\frac{1}{2}\boldsymbol{Q}_m^{sr} \otimes (\hat{\boldsymbol{\omega}}_{isr}^{sr} - \boldsymbol{\omega}_{fs}^{sr} - \boldsymbol{\varepsilon}^{sr} - \boldsymbol{\omega}_{in}^{sr}) \otimes \boldsymbol{Q}_{sr}^m \otimes \boldsymbol{Q}_m^n \tag{7.8}$$

因为在导航解算中 $\boldsymbol{\omega}_{nsc}^{sc}$ 是根据子惯导陀螺仪的输出 $\hat{\boldsymbol{\omega}}_{isr}^{sr}$ 实际得到的，即 $\boldsymbol{\omega}_{nsc}^{sc} = \hat{\boldsymbol{\omega}}_{nsr}^{sr} = \hat{\boldsymbol{\omega}}_{isr}^{sr} - \boldsymbol{\omega}_{in}^{sc}$，代入式(7.7)得

$$\dot{\boldsymbol{Q}}_n^{sc} = \frac{1}{2}\boldsymbol{Q}_n^{sc} \otimes (\hat{\boldsymbol{\omega}}_{isr}^{sr} - \boldsymbol{\omega}_{in}^{sc}) \tag{7.9}$$

将式(7.8)和式(7.9)代入式(7.5)得

$$\begin{aligned}\dot{\boldsymbol{Q}}_m^{sc} &= -\frac{1}{2}\boldsymbol{Q}_m^{sr} \otimes (\hat{\boldsymbol{\omega}}_{isr}^{sr} - \boldsymbol{\omega}_{fs}^{sr} - \boldsymbol{\varepsilon}^{sr} - \boldsymbol{\omega}_{in}^{sr}) \otimes \boldsymbol{Q}_{sr}^m \otimes \boldsymbol{Q}_m^n \otimes \boldsymbol{Q}_n^{sc} \\ &\quad + \frac{1}{2}\boldsymbol{Q}_m^n \otimes \boldsymbol{Q}_n^{sc} \otimes (\hat{\boldsymbol{\omega}}_{isr}^{sr} - \boldsymbol{\omega}_{in}^{sc}) \\ &= \frac{1}{2}\boldsymbol{Q}_m^{sc} \otimes \hat{\boldsymbol{\omega}}_{nsr}^{sr} - \frac{1}{2}\boldsymbol{Q}_m^{sr} \otimes (\hat{\boldsymbol{\omega}}_{isr}^{sr} - \boldsymbol{\omega}_{fs}^{sr} - \boldsymbol{\varepsilon}^{sr} - \boldsymbol{\omega}_{in}^{sr}) \otimes \boldsymbol{Q}_{sr}^m \otimes \boldsymbol{Q}_m^{sc}\end{aligned} \tag{7.10}$$

7.1.3 基于四元数的速度误差模型

速度误差的定义见 5.1.4 节，即

$$\delta \boldsymbol{V} = \boldsymbol{V}_{sc}^{n} - \boldsymbol{V}_{m}^{n} - \boldsymbol{V}_{l}^{n} \tag{7.11}$$

对式(7.11)两边取导数得速度误差微分方程为

$$\delta \dot{\boldsymbol{V}} = \dot{\boldsymbol{V}}_{sc}^{n} - \dot{\boldsymbol{V}}_{m}^{n} - \dot{\boldsymbol{V}}_{l}^{n} \tag{7.12}$$

当以东北天地理坐标系为导航坐标系时，根据比力方程可以得到子惯导的加速度为

$$\begin{aligned} \dot{\boldsymbol{V}}_{sc}^{n} &= \boldsymbol{C}_{sc}^{n}\hat{\boldsymbol{f}}_{sr}^{sr} - (2\boldsymbol{\Omega}_{ie}^{n} + \boldsymbol{\Omega}_{en}^{n}) \times \boldsymbol{V}_{sc}^{n} + \boldsymbol{g}_{sc}^{n} \\ &= \boldsymbol{C}_{m}^{n}\boldsymbol{C}_{sc}^{m}\hat{\boldsymbol{f}}_{sr}^{sr} - (2\boldsymbol{\Omega}_{ie}^{n} + \boldsymbol{\Omega}_{en}^{n}) \times \boldsymbol{V}_{sc}^{n} + \boldsymbol{g}_{sc}^{n} \end{aligned} \tag{7.13}$$

同样，主惯导的加速度为

$$\begin{aligned} \dot{\boldsymbol{V}}_{m}^{n} &= \boldsymbol{C}_{m}^{n}\boldsymbol{f}_{m}^{m} - (2\boldsymbol{\Omega}_{ie}^{n} + \boldsymbol{\Omega}_{en}^{n}) \times \boldsymbol{V}_{m}^{n} + \boldsymbol{g}_{m}^{n} \\ &= \boldsymbol{C}_{m}^{n}\boldsymbol{C}_{sr}^{m}\boldsymbol{f}_{m}^{sr} - (2\boldsymbol{\Omega}_{ie}^{n} + \boldsymbol{\Omega}_{en}^{n}) \times \boldsymbol{V}_{m}^{n} + \boldsymbol{g}_{m}^{n} \end{aligned} \tag{7.14}$$

子惯导比力输出 $\hat{\boldsymbol{f}}_{sr}^{sr}$ 与主惯导比力输出 $\boldsymbol{f}_{m}^{sr}$ 的关系为 $\hat{\boldsymbol{f}}_{sr}^{sr} = \boldsymbol{f}_{m}^{sr} + \boldsymbol{f}_{l}^{sr} + \boldsymbol{f}_{f}^{sr} + \boldsymbol{\nabla}^{sr}$，所以 $\boldsymbol{f}_{m}^{sr} = \hat{\boldsymbol{f}}_{sr}^{sr} - \boldsymbol{f}_{l}^{sr} - \boldsymbol{f}_{f}^{sr} - \boldsymbol{\nabla}^{sr}$，$\boldsymbol{f}_{l}^{sr}$ 为杆臂加速度且 $\boldsymbol{f}_{l}^{sr} = \boldsymbol{\omega}_{im}^{sr} \times (\boldsymbol{\omega}_{im}^{sr} \times \boldsymbol{r}^{sr}) + \dot{\boldsymbol{\omega}}_{im}^{sr} \times \boldsymbol{r}^{sr}$，$\boldsymbol{f}_{f}^{sr}$ 为挠曲加速度，$\boldsymbol{\nabla}^{sr}$ 为加速度计测量误差，$\boldsymbol{V}_{l}^{n}$ 为杆臂速度，其微分为

$$\begin{aligned} \dot{\boldsymbol{V}}_{l}^{n} &= \boldsymbol{C}_{m}^{n}\boldsymbol{C}_{sr}^{m}\hat{\boldsymbol{f}}_{l}^{sr} - (2\boldsymbol{\Omega}_{ie}^{n} + \boldsymbol{\Omega}_{en}^{n}) \times \boldsymbol{V}_{l}^{n} \\ &\approx \boldsymbol{C}_{m}^{n}\boldsymbol{C}_{sr}^{m}\hat{\boldsymbol{f}}_{l}^{sr} - (2\boldsymbol{\Omega}_{ie}^{n} + \boldsymbol{\Omega}_{en}^{n}) \times (\boldsymbol{V}_{sr}^{n} - \boldsymbol{V}_{m}^{n}) \end{aligned} \tag{7.15}$$

将式(7.13)～式(7.15)代入式(7.12)得

$$\begin{aligned} \delta \dot{\boldsymbol{V}} &= \dot{\boldsymbol{V}}_{sc}^{n} - \dot{\boldsymbol{V}}_{m}^{n} - \dot{\boldsymbol{V}}_{l}^{n} \\ &= \boldsymbol{C}_{m}^{n}\boldsymbol{C}_{sc}^{m}\hat{\boldsymbol{f}}_{sr}^{sr} - (2\boldsymbol{\Omega}_{ie}^{n} + \boldsymbol{\Omega}_{en}^{n}) \times \boldsymbol{V}_{sc}^{n} + \boldsymbol{g}_{sc}^{n} \\ &\quad - \{\boldsymbol{C}_{m}^{n}[\boldsymbol{C}_{sr}^{m}(\hat{\boldsymbol{f}}_{sr}^{sr} - \boldsymbol{f}_{l}^{sr} - \boldsymbol{f}_{f}^{sr} - \boldsymbol{\nabla}^{sr})] - (2\boldsymbol{\Omega}_{ie}^{n} + \boldsymbol{\Omega}_{en}^{n}) \times \boldsymbol{V}_{m}^{n} + \boldsymbol{g}_{m}^{n}\} \\ &\quad - [\boldsymbol{C}_{m}^{n}\boldsymbol{C}_{sr}^{m}\hat{\boldsymbol{f}}_{l}^{sr} - (2\boldsymbol{\Omega}_{ie}^{n} + \boldsymbol{\Omega}_{en}^{n}) \times (\boldsymbol{V}_{sr}^{n} - \boldsymbol{V}_{m}^{n})] \\ &= \boldsymbol{C}_{m}^{n}\boldsymbol{C}_{sc}^{m}\hat{\boldsymbol{f}}_{sr}^{sr} - \boldsymbol{C}_{m}^{n}[\boldsymbol{C}_{sr}^{m}(\hat{\boldsymbol{f}}_{sr}^{sr} - \boldsymbol{f}_{f}^{sr} - \boldsymbol{\nabla}^{sr})] + \delta \boldsymbol{g} \\ &= \boldsymbol{C}_{sc}^{n}\hat{\boldsymbol{f}}_{sr}^{sr} - \boldsymbol{C}_{sc}^{n}\boldsymbol{C}_{m}^{sc}\boldsymbol{C}_{sr}^{m}(\hat{\boldsymbol{f}}_{sr}^{sr} - \boldsymbol{f}_{f}^{sr} - \boldsymbol{\nabla}^{sr}) + \delta \boldsymbol{g} \end{aligned} \tag{7.16}$$

当不考虑主惯导、子惯导间的重力加速度的微弱差别，即 $\delta \boldsymbol{g} = \boldsymbol{0}$ 时，将方向余弦矩阵用四元数表示，则式(7.16)变为

$$\delta \dot{\boldsymbol{V}} = \boldsymbol{C}(\boldsymbol{Q}_{sc}^{n})[\hat{\boldsymbol{f}}_{sr}^{sr} - \boldsymbol{C}(\boldsymbol{Q}_{m}^{sc})\boldsymbol{C}(\boldsymbol{Q}_{sr}^{m})(\hat{\boldsymbol{f}}_{sr}^{sr} - \boldsymbol{f}_{f}^{sr} - \boldsymbol{\nabla}^{sr})] \tag{7.17}$$

根据四元数和方向余弦之间的关系可以得到

$$
C(Q_{sc}^{n})=\begin{bmatrix} q_{s0}^2+q_{s1}^2-q_{s2}^2-q_{s3}^2 & 2(q_{s1}q_{s2}-q_{s0}q_{s3}) & 2(q_{s1}q_{s3}+q_{s0}q_{s2}) \\ 2(q_{s1}q_{s2}+q_{s0}q_{s3}) & q_{s0}^2-q_{s1}^2+q_{s2}^2-q_{s3}^2 & 2(q_{s2}q_{s3}-q_{s0}q_{s1}) \\ 2(q_{s0}q_{s2}-q_{s1}q_{s3}) & 2(q_{s2}q_{s3}+q_{s0}q_{s1}) & q_{s0}^2-q_{s1}^2-q_{s2}^2+q_{s3}^2 \end{bmatrix}
$$

同样可以写出四元数表示的 $C(Q_{sr}^{m})$ 及 $C(Q_{sc}^{m})$ 为

$$
C(Q_{sr}^{m})=\begin{bmatrix} q_{sr0}^2+q_{sr1}^2-q_{sr2}^2-q_{sr3}^2 & 2(q_{sr1}q_{sr2}-q_{sr0}q_{sr3}) & 2(q_{sr1}q_{sr3}+q_{sr0}q_{sr2}) \\ 2(q_{sr1}q_{sr2}+q_{sr0}q_{sr3}) & q_{sr0}^2-q_{sr1}^2+q_{sr2}^2-q_{sr3}^2 & 2(q_{sr2}q_{sr3}-q_{sr0}q_{sr1}) \\ 2(q_{sr1}q_{sr3}-q_{sr0}q_{sr2}) & 2(q_{sr2}q_{sr3}+q_{sr0}q_{sr1}) & q_{sr0}^2-q_{sr1}^2-q_{sr2}^2+q_{sr3}^2 \end{bmatrix}
$$

$$
C(Q_{m}^{sc})=\begin{bmatrix} q_{sc0}^2+q_{sc1}^2-q_{sc2}^2-q_{sc3}^2 & 2(q_{sc1}q_{sc2}+q_{sc0}q_{sc3}) & 2(q_{sc1}q_{sc3}-q_{sc0}q_{sc2}) \\ 2(q_{sc1}q_{sc2}-q_{sc0}q_{sc3}) & q_{sc0}^2-q_{sc1}^2+q_{sc2}^2-q_{sc3}^2 & 2(q_{sc2}q_{sc3}+q_{sc0}q_{sc1}) \\ 2(q_{sc0}q_{sc2}+q_{sc1}q_{sc3}) & 2(q_{sc2}q_{sc3}-q_{sc0}q_{sc1}) & q_{sc0}^2-q_{sc1}^2-q_{sc2}^2+q_{sc3}^2 \end{bmatrix}
$$

7.2　非线性模型与线性模型的关系

可以发现，7.1 节在推导过程中对失准角的大小没有做任何限制，也就是说失准角的大小是任意的，当失准角为小角度时，可以对上面的非线性模型进一步简化。

计算误差四元数 Q_{m}^{sc} 可以用三角形式表示为

$$
Q_{m}^{sc}=\cos\frac{\phi_m}{2}+\frac{\psi_m}{\phi_m}\sin\frac{\phi_m}{2} \tag{7.18}
$$

其中，$\phi_m=\|\psi_m\|$ 为四元数所对应的欧拉角 ψ_m 的范数，当 ψ_m 是小角度时有

$$
Q_{m}^{sc}=\cos\frac{\phi_m}{2}+\frac{\psi_m}{\phi_m}\sin\frac{\phi_m}{2}\approx 1+\frac{\psi_m}{2} \tag{7.19}
$$

其共轭四元数为

$$
Q_{sc}^{m}=1-\frac{\psi_m}{2} \tag{7.20}
$$

对式(7.19)两边求导得

$$
\dot{Q}_{m}^{sc}=0+\frac{\dot{\psi}_m}{2} \tag{7.21}
$$

同样可以得到此时主惯导坐标系与真实子惯导坐标系之间的旋转四元数及其导数为

$$\boldsymbol{Q}_m^{sr}=1+\frac{\boldsymbol{\psi}_a}{2},\quad \dot{\boldsymbol{Q}}_m^{sr}=0+\frac{\dot{\boldsymbol{\psi}}_a}{2} \tag{7.22}$$

对计算姿态误差模型式(7.10)，重新用四元数表示为

$$\dot{\boldsymbol{Q}}_m^{sc}=\frac{1}{2}\boldsymbol{Q}_m^{sc}\otimes\hat{\boldsymbol{\omega}}_{nsr}^{sr}-\frac{1}{2}\boldsymbol{Q}_m^{sr}\otimes(\hat{\boldsymbol{\omega}}_{isr}^{sr}-\boldsymbol{\omega}_{fs}^{sr}-\boldsymbol{\varepsilon}^{sr}-\boldsymbol{\omega}_{in}^{sr})\otimes\boldsymbol{Q}_{sr}^{m}\otimes\boldsymbol{Q}_m^{sc} \tag{7.23}$$

当失准角为小角度时，将式(7.20)～式(7.22)代入式(7.23)得

$$\frac{\dot{\boldsymbol{\psi}}_m}{2}=\frac{1}{2}\left[1+\left(\frac{\boldsymbol{\psi}_m}{2}\times\right)\right]\otimes\hat{\boldsymbol{\omega}}_{nsr}^{sr}-\frac{1}{2}\left[1+\left(\frac{\boldsymbol{\psi}_a}{2}\times\right)\right](\hat{\boldsymbol{\omega}}_{nsr}^{sr}-\boldsymbol{\omega}_{fs}^{sr}-\boldsymbol{\varepsilon}^{sr})\left[1-\left(\frac{\boldsymbol{\psi}_a}{2}\times\right)\right]\left[1+\left(\frac{\boldsymbol{\psi}_m}{2}\times\right)\right] \tag{7.24}$$

将式(7.24)展开并忽略误差间的二阶小量得

$$\dot{\boldsymbol{\psi}}_m=\hat{\boldsymbol{\omega}}_{nsr}^{sr}+\frac{\boldsymbol{\psi}_m}{2}\times\hat{\boldsymbol{\omega}}_{nsr}^{sr}-\hat{\boldsymbol{\omega}}_{nsr}^{sr}+\boldsymbol{\omega}_{fs}^{sr}+\boldsymbol{\varepsilon}^{sr}-\frac{\boldsymbol{\psi}_a}{2}\times\hat{\boldsymbol{\omega}}_{nsr}^{sr}+\frac{\boldsymbol{\psi}_m}{2}\times\hat{\boldsymbol{\omega}}_{nsr}^{sr}+\hat{\boldsymbol{\omega}}_{nsr}^{sr}\times\frac{\boldsymbol{\psi}_a}{2} \tag{7.25}$$

合并整理得

$$\dot{\boldsymbol{\psi}}_m=\boldsymbol{\omega}_{fs}^{sr}+\boldsymbol{\varepsilon}^{sr}+(\boldsymbol{\psi}_m-\boldsymbol{\psi}_a)\times\hat{\boldsymbol{\omega}}_{nsr}^{sr} \tag{7.26}$$

对于速度误差模型式(7.17)，重新用四元数表示为

$$\delta\dot{\boldsymbol{V}}=\boldsymbol{C}(\boldsymbol{Q}_{sc}^{n})[\hat{\boldsymbol{f}}_{sr}^{sr}-\boldsymbol{Q}_{sc}^{m}\otimes\boldsymbol{Q}_m^{sr}\otimes(\hat{\boldsymbol{f}}_{sr}^{sr}-\boldsymbol{f}_f^{sr}-\boldsymbol{\nabla}^{sr})\otimes\boldsymbol{Q}_{sr}^{m}\otimes\boldsymbol{Q}_m^{sc}] \tag{7.27}$$

当失准角为小角度时，将式(7.20)和式(7.22)代入式(7.27)得

$$\delta\dot{\boldsymbol{V}}=\boldsymbol{C}(\boldsymbol{Q}_{sc}^{n})\left[\hat{\boldsymbol{f}}_{sr}^{sr}-\left(1-\frac{\boldsymbol{\psi}_m}{2}\right)\left(1+\frac{\boldsymbol{\psi}_a}{2}\right)(\hat{\boldsymbol{f}}_{sr}^{sr}-\boldsymbol{f}_f^{sr}-\boldsymbol{\nabla}^{sr})\left(1-\frac{\boldsymbol{\psi}_a}{2}\right)\left(1+\frac{\boldsymbol{\psi}_m}{2}\right)\right] \tag{7.28}$$

将式(7.28)展开并忽略误差间的二阶小量得

$$\begin{aligned}\delta\dot{\boldsymbol{V}}&=\boldsymbol{C}_{sc}^{n}[\hat{\boldsymbol{f}}_{sr}^{sr}-\hat{\boldsymbol{f}}_{sr}^{sr}+\boldsymbol{f}_f^{sr}+\boldsymbol{\nabla}^{sr}+(\boldsymbol{\psi}_m-\boldsymbol{\psi}_a)\times\hat{\boldsymbol{f}}_{sr}^{sr}]\\&=\boldsymbol{C}_{sc}^{n}(\boldsymbol{\psi}_m-\boldsymbol{\psi}_a)\times\hat{\boldsymbol{f}}_{sr}^{sr}+\boldsymbol{C}_{sc}^{n}(\boldsymbol{f}_f^{sr}+\boldsymbol{\nabla}^{sr})\end{aligned} \tag{7.29}$$

式(7.26)和式(7.29)即为线性快速传递对准误差模型。所以本章提出的基于四元数的非线性误差模型是常规线性误差模型在大失准角时的推广，也可以说，常规线性误差模型是本章所介绍的非线性误差模型在小失准角时的特例。

7.3 “速度+四元数”匹配非线性快速传递对准滤波器设计及仿真分析

本节采用了和第5章同样的仿真方法来验证本章所提出的非线性模型的有效性。

7.3.1　系统状态、系统模型及量测模型

系统状态选取为

$$X(t)=[\delta V_x,\delta V_y,\delta V_z,q_{sc0},q_{sc1},q_{sc2},q_{sc3},q_{sr0},q_{sr1},q_{sr2},q_{sr3}] \tag{7.30}$$

其中，状态向量包括速度误差、计算姿态误差四元数、真实姿态误差四元数。

滤波器的系统模型满足如下的微分方程：

$$\dot{X}(t)=f(X,t)+w(t) \tag{7.31}$$

其中，$f(X,t)$ 是系统模型，由式(7.2)、式(7.10)、式(7.17)组成，可以表示为

$$f(X,t)=\begin{cases} C(Q_{sc}^n)\left[\hat{f}_{sr}^{sr}-C(Q_m^{sc})C(Q_{sr}^m)(\hat{f}_{sr}^{sr}-f_f^{sr}-\nabla^{sr})\right] \\ \dfrac{1}{2}Q_m^{sc}\otimes\left[C(Q_{sr}^m)(\hat{\omega}_{isr}^{sr}-\omega_{fs}^{sr}-\varepsilon^{sr}-\omega_{in}^{sr})\right]-\dfrac{1}{2}(\hat{\omega}_{isr}^{sr}-\omega_{in}^{sc})\otimes Q_m^{sc} \\ \mathbf{0}_{4\times1} \end{cases} \tag{7.32}$$

滤波器的观测模型满足：

$$Z(t)=HX(t)+v(t) \tag{7.33}$$

其中，$Z(t)$ 是观测向量，由速度和计算姿态误差四元数组成，根据式(7.11)和式(7.4)得

$$\begin{aligned} Z_v&=V_{sc}^n-V_m^n-V_l^n \\ Z_a&=Q_m^{sc}=Q_m^n\otimes Q_n^{sc}=[q_{sc0},q_{sc1},q_{sc2},q_{sc3}] \end{aligned} \tag{7.34}$$

所以观测矩阵 H 可以表示为

$$H=\begin{bmatrix} I_{3\times3} & \mathbf{0}_{3\times4} & \mathbf{0}_{3\times4} \\ \mathbf{0}_{4\times3} & I_{4\times4} & \mathbf{0}_{4\times4} \end{bmatrix} \tag{7.35}$$

滤波算法选用了第 3 章介绍的 UKF。

7.3.2　仿真分析

根据参考文献[34]的仿真验证方法，利用第 2 章设计的初始对准仿真平台，进行了基于上述所介绍的非线性快速传递对准误差模型的仿真分析，具体的仿真条件与 5.2.3 节相同。

首先研究当主惯导、子惯导间的失准角为小角度时本节所提非线性误差模型的对准性能，此时设初始失准角为[1,1,1]°。为了能够直观地分析失准角的估计性能，将基于式(7.31)～式(7.34)初始对准滤波器估计出的四元数形式的真实姿态误差转换为欧拉角的形式，仍然用 ψ_a 表示。仿真结果如图 7.1 所示。

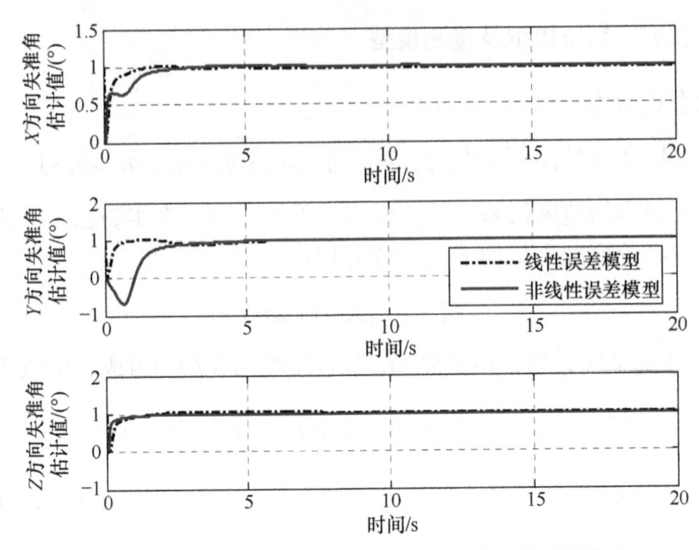

图 7.1　初始失准角为小角度时的滤波器估计效果

为了对比初始对准性能，进行了相同条件下基于线性误差模型的初始对准对比研究，图 7.1 中虚线为线性误差模型的失准角估计效果，实线为非线性误差模型的失准角估计效果。从图 7.1 中可以看出，当失准角为小角度时，两个模型有着几乎一样的对准性能，只是非线性误差模型的收敛速度稍慢于线性误差模型。

其次研究当主惯导、子惯导间的失准角为大角度时本节所提非线性误差模型的对准性能，此时设初始失准角为[20,20,40]°。其他条件与前面相同，仿真结果如图 7.2 所示。

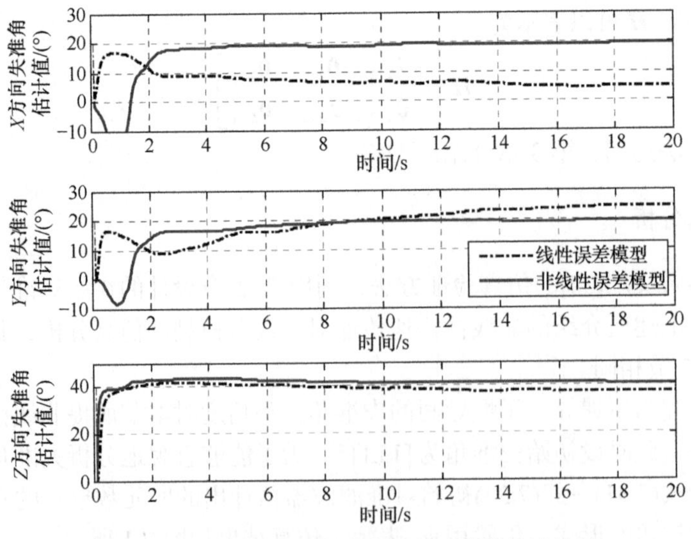

图 7.2　初始失准角为大角度时的滤波器估计效果

同样进行了相同条件下基于线性误差模型的初始对准对比分析，图 7.2 中虚线为线性误差模型的失准角估计效果，实线为非线性误差模型的失准角估计效果。从图 7.2 中可以看出，当失准角为大角度时，无论是在对准精度上还是在滤波器的收敛速度上，非线性误差模型的对准效果都比线性误差模型好，特别是在两个水平方向失准角的估计上，基于线性误差模型的对准滤波器几乎失去了对失准角的估计能力，而基于非线性误差模型的对准滤波器仍然能够比较准确地估计出失准角的大小，而且整个过程在 10s 内就可以完成，很好地满足了快速性的要求。失准角估计误差的最后结果如表 7.1 所示。

表 7.1　两种误差模型的失准角估计误差最后结果

初始失准角	误差模型	失准角估计误差/(°)		
		X 方向	*Y* 方向	*Z* 方向
[1,1,1]°	线性误差模型	0.0263	−0.0085	0.0066
	非线性误差模型	0.0174	−0.0093	0.0025
[20,20,40]°	线性误差模型	15.2852	−4.6099	3.1371
	非线性误差模型	0.1758	0.1095	−0.1424

从表 7.1 中可以看出，基于非线性误差模型的快速传递对准具有比线性误差模型更高的对准精度，特别是当失准角较大时，基于线性误差模型的初始对准方法几乎已经失去了对失准角的估计能力，而基于非线性误差模型的初始对准方法仍然可以获得比较满意的估计精度和快速性。

7.4　两种误差模型级联的二次快速传递对准

从表 7.1 可以发现当失准角为大角度时，基于非线性误差模型的快速传递对准估计精度高于基于线性误差模型的快速传递对准。为了进一步提高对准精度，研究了二次对准技术，即首先进行基于"速度+四元数"匹配的大失准角非线性误差模型快速传递对准，在失准角的估计达到一定精度后，进行一次校准，再切换到基于"速度+姿态"匹配的小失准角线性误差模型快速传递对准，可以在快速性和精度上得到进一步的提高。

7.4.1　二次快速传递对准方法设计

考虑到基于线性误差模型的快速传递对准滤波器的状态向量维数比基于非线性误差模型的快速传递对准滤波器的状态向量少两维，量测向量少一维，而且线性卡尔曼滤波比非线性卡尔曼滤波(EKF 或 UKF)计算量小，所以总体来讲线性快速传递对准比非线性快速传递对准计算量小。从对准精度上来看，当失准角为小角度时，两种对准方法的失准角估计精度相当。由于快速传递对准过程中仅仅进行了失准角的估计，没有对系统进行反馈校正，大的初始导航参数误差在一定程度上限制了初始对准精度的提高。所以研究一种二次快速传递对准方法，当非线性快速传递对准的失准角估计精度达到一定的精度，或快速传递对准进行了一定时间后，对系统的各项导航参数进行一次校准，此时，失准角变为小角度，再切换到线性快速传递对准。

具体的误差模型可以直接采用 7.3.1 节的“速度+四元数”匹配非线性快速传递对准误差模型和 5.2.1 节的“速度+姿态”匹配线性快速传递对准误差模型，通过对前面对准结果图 7.2 的分析可以发现，基于四元数非线性误差模型的快速传递对准方法在 5s 左右就基本收敛，所以选取非线性快速传递对准进行到第 5s 时进行切换。

7.4.2　二次快速传递对准仿真分析

具体的仿真条件和 7.3.2 节相同，初始失准角为[20,20,40]°。仿真结果如图 7.3 所示，这里给出的是失准角的估计误差。在相同的仿真条件下，同时进行了基于线性误差模型的快速传递对准和基于非线性误差模型的快速传递对准。

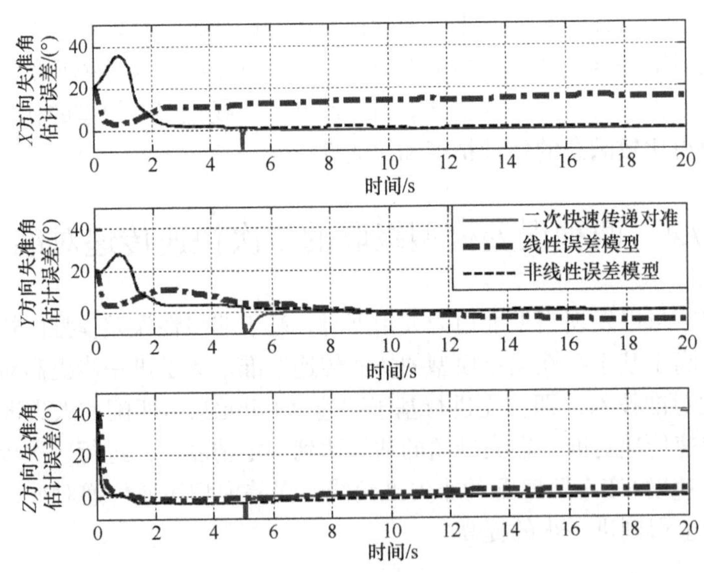

图 7.3　初始失准角为大角度时三种快速传递对准方法失准角估计误差

从图 7.3 中可以看出，基于线性误差模型的快速传递对准的失准角估计效果最差，特别是 X 轴向的失准角估计误差达到了近 20°，为了更清楚地比较三种快速传递对准方法的对准结果，图 7.4 把图 7.3 进行了局部放大。

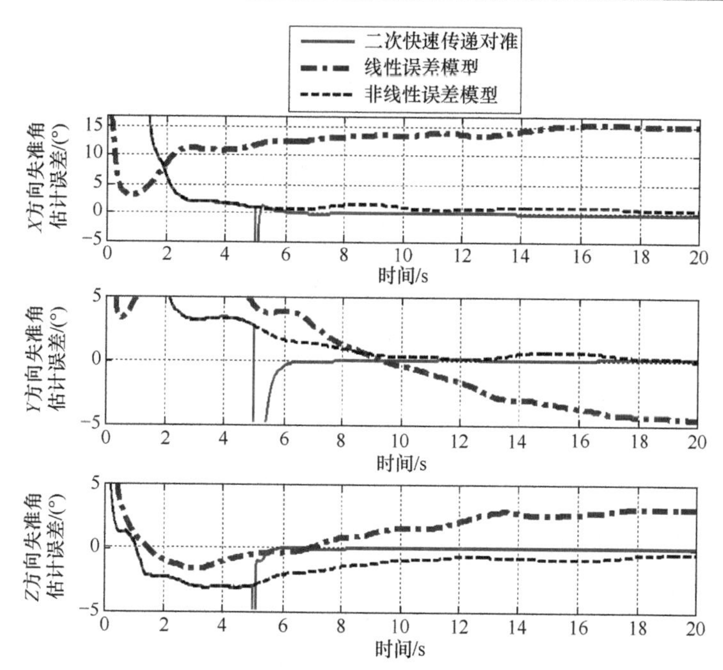

图 7.4　初始失准角为大角度时三种快速传递对准方法失准角估计误差(图 7.3 的局部放大)

从图 7.4 可以清楚地看出，二次快速传递对准在前 5s 和基于非线性误差模型的快速传递对准结果一样，在第 5s 进行系统校准和对准模型切换后，失准角估计精度迅速提高，在第 6s 就能收敛到满意的精度，最后的失准角估计误差具体数值如表 7.2 所示。

表 7.2　三种快速传递对准方法的失准角估计误差

对准方法	失准角估计误差/(°)		
	X 方向	*Y* 方向	*Z* 方向
线性误差模型	15.2836	−4.6090	3.0978
非线性误差模型	0.1757	0.1095	−0.1424
二次快速传递对准	0.1195	0.0502	−0.0131

二次快速传递对准方法在三种方法中具有最高的失准角估计精度和最快的估计速度，很好地兼顾了传递对准的快速性和准确性以及计算量。

7.5　基于伪量测的非线性快速传递对准

误差传递模型是快速传递对准的基础[31,139,157-160]，Kain 等建立的线性快速传递对准模型适用于失准角较小的情况[36]。基于 Kain 模型的快速传递对准研究都以速度为匹配参数，但速度匹配的缺点在于需要对杆臂误差进行精确的补偿[36,161-163]。Choukroun 等[164]提出一种新的四元数卡尔曼滤波器用于姿态确定，在该滤波器中，对量测方程进行变换，得到了线性的伪量测方程。基于 Choukroun 等的伪量测方程，采用经典线性卡尔曼滤波器进行状态估计，就可以不需要补偿杆臂误差，从而减少计算量，提升传递对准性能。

7.5.1 基于伪量测的非线性快速传递对准模型

假定 $\boldsymbol{r}^b$ 和 $\boldsymbol{r}^R$ 分别是向量 $\boldsymbol{r}$ 在载体坐标系和参考坐标系下的投影，向量 $\boldsymbol{r}^b$ 通常是载体传感器的输出。$\boldsymbol{r}^b$ 和 $\boldsymbol{r}^R$ 的关系为

$$\boldsymbol{r}^R = \boldsymbol{C}_b^R \boldsymbol{r}^b \tag{7.36}$$

其中，$\boldsymbol{C}_b^R$ 是方向余弦矩阵，为 b 到坐标系 R 的旋转，同样四元数 $\boldsymbol{q}_R^b = [q_0, q_1, q_2, q_3]^{\mathrm{T}} = [q_0, \boldsymbol{q}_{1\text{-}3}^{\mathrm{T}}]^{\mathrm{T}}$ 也可以表示这种旋转关系。其中 q_0 和 $\boldsymbol{q}_{1\text{-}3}$ 分别为姿态四元数的标量部分和向量部分。

四元数与方向余弦的关系通常可根据如下计算[165-167]：

$$\boldsymbol{C}_b^R = (q_0^2 - \boldsymbol{q}_{1\text{-}3}^{\mathrm{T}} \boldsymbol{q}_{1\text{-}3}) \boldsymbol{I}_3 + 2\boldsymbol{q}_{1\text{-}3} \boldsymbol{q}_{1\text{-}3}^{\mathrm{T}} - 2q_0 (\boldsymbol{q}_{1\text{-}3} \times) \tag{7.37}$$

其中，3×3 矩阵 $(\boldsymbol{q}_{1\text{-}3}\times)$ 为 $\boldsymbol{q}_{1\text{-}3}$ 的叉乘反对称矩阵，常用于表示两个向量的叉乘，如向量 $\boldsymbol{x}$ 和向量 $\boldsymbol{y}$ 叉乘的矩阵形式为 $\boldsymbol{x} \times \boldsymbol{y} = (\boldsymbol{x}\times)\boldsymbol{y}$ [167]。

1. 量测模型

主惯导的输出记为 $\boldsymbol{\omega}_{im}^m$，这是一个 3×1 的列向量 $[\omega_{imx}^m, \omega_{imy}^m, \omega_{imz}^m]^{\mathrm{T}}$，为主惯导坐标系中主惯导坐标系相对于惯性坐标系的旋转角速度。$\boldsymbol{\omega}_{is}^s$ 为子惯导的输出，表示子惯导坐标系下子惯导坐标系相对于惯性坐标系的旋转角速度。为使公式简洁，省略了时间下标。这两个 3×1 的列向量可以用 4×1 的四元数向量表示 $\boldsymbol{\omega}_{imq}^m$、$\boldsymbol{\omega}_{isq}^s$，其关系如下所示：

$$\boldsymbol{\omega}_{imq}^m = \begin{bmatrix} 0 \\ \boldsymbol{\omega}_{im}^m \end{bmatrix}, \quad \boldsymbol{\omega}_{isq}^s = \begin{bmatrix} 0 \\ \boldsymbol{\omega}_{is}^s \end{bmatrix} \tag{7.38}$$

向量 $\boldsymbol{\omega}_{imq}^m$ 和向量 $\boldsymbol{\omega}_{isq}^s$ 之间的关系可以用四元数 $\boldsymbol{Q}_m^s = [q_0, q_1, q_2, q_3]^{\mathrm{T}} = [q_0, \boldsymbol{q}_{1\text{-}3}^{\mathrm{T}}]^{\mathrm{T}}$ 来计算[103]：

$$\boldsymbol{\omega}_{isq}^s = \boldsymbol{Q}_s^m \otimes \boldsymbol{\omega}_{imq}^m \otimes \boldsymbol{Q}_m^s \tag{7.39}$$

其中，$\otimes$ 为四元数乘积，$\boldsymbol{Q}_s^m = (\boldsymbol{Q}_m^s)^{-1}$ 是 $\boldsymbol{Q}_m^s$ 的逆矩阵。方程两边同时左乘 $\boldsymbol{Q}_m^s$ 有

$$\boldsymbol{Q}_m^s \otimes \boldsymbol{\omega}_{isq}^s = \boldsymbol{Q}_m^s \otimes \boldsymbol{Q}_s^m \otimes \boldsymbol{\omega}_{imq}^m \otimes \boldsymbol{Q}_m^s \tag{7.40}$$

化简为

$$\boldsymbol{Q}_m^s \otimes \boldsymbol{\omega}_{isq}^s - \boldsymbol{\omega}_{imq}^m \otimes \boldsymbol{Q}_m^s = \boldsymbol{0}_{4\times1} \tag{7.41}$$

依据四元数的乘积定义可得

$$\boldsymbol{Q}_m^s \otimes \boldsymbol{\omega}_{isq}^s = \begin{bmatrix} \boldsymbol{0} & -(\boldsymbol{\omega}_{is}^s)^{\mathrm{T}} \\ \boldsymbol{\omega}_{is}^s & -(\boldsymbol{\omega}_{is}^s\times) \end{bmatrix} \begin{bmatrix} q_0 \\ q_1 \\ q_2 \\ q_3 \end{bmatrix} \tag{7.42}$$

$$\boldsymbol{\omega}_{imq}^m \otimes \boldsymbol{Q}_m^s = \begin{bmatrix} \boldsymbol{0} & -(\boldsymbol{\omega}_{im}^m)^{\mathrm{T}} \\ \boldsymbol{\omega}_{im}^m & (\boldsymbol{\omega}_{im}^m\times) \end{bmatrix} \begin{bmatrix} q_0 \\ q_1 \\ q_2 \\ q_3 \end{bmatrix} \tag{7.43}$$

将式(7.42)和式(7.43)代入式(7.41)可得

$$\begin{bmatrix} \boldsymbol{0} & -(\boldsymbol{\omega}_{is}^s - \boldsymbol{\omega}_{im}^m)^{\mathrm{T}} \\ \boldsymbol{\omega}_{is}^s - \boldsymbol{\omega}_{im}^m & -((\boldsymbol{\omega}_{is}^s + \boldsymbol{\omega}_{im}^m)\times) \end{bmatrix} \begin{bmatrix} q_0 \\ q_1 \\ q_2 \\ q_3 \end{bmatrix} = \boldsymbol{0}_{4\times1} \tag{7.44}$$

定义 4×4 的叉乘反对称矩阵 $\boldsymbol{H}$ 为

$$\boldsymbol{H} = \begin{bmatrix} \boldsymbol{0} & -(\boldsymbol{\omega}_{is}^s - \boldsymbol{\omega}_{im}^m)^{\mathrm{T}} \\ \boldsymbol{\omega}_{is}^s - \boldsymbol{\omega}_{im}^m & -((\boldsymbol{\omega}_{is}^s + \boldsymbol{\omega}_{im}^m)\times) \end{bmatrix} \tag{7.45}$$

式(7.44)可以写为

$$\boldsymbol{H} \begin{bmatrix} q_0 \\ q_1 \\ q_2 \\ q_3 \end{bmatrix} = \boldsymbol{0}_{4\times1} \tag{7.46}$$

可见，量测矩阵是一个 4×1 的零向量，即“伪量测”矩阵[164]。

2. 系统模型

实际姿态误差由 $\boldsymbol{Q}_m^s = [q_0, q_1, q_2, q_3]^{\mathrm{T}} = [q_0, \boldsymbol{q}_{1\text{-}3}^{\mathrm{T}}]^{\mathrm{T}}$ 表示，即用四元数表示主惯导和子惯导的实际失准角。忽略载体的形变，在初始对准过程中，该四元数可视为一个常量，即不随时间而变化：

$$\dot{\boldsymbol{Q}}_m^s = \boldsymbol{0}_{4\times1} \tag{7.47}$$

载体的形变可以看成是三阶马尔可夫过程[36, 38]，由于初始对准过程是一个随机过程，直接引入载体形变，会增加太多状态变量，使动态模型变得复杂。因此，需要对实际的对准模型进行简化。

$$\dot{\boldsymbol{Q}}_m^s = \boldsymbol{\eta}_a \tag{7.48}$$

其中，$\boldsymbol{\eta}_a$ 是白噪声过程，强度由对角阵 $\boldsymbol{Q}_a$ 设定，对角阵 $\boldsymbol{Q}_a$ 的对角元素通过分析实际工程的处理过程确定。

下面介绍卡尔曼滤波器方程，它由滤波器状态向量、滤波过程模型、滤波器观测模型组成。

3. 滤波器的状态向量

滤波器的状态向量定义为

$$\boldsymbol{X}(t) = \boldsymbol{Q}_m^s = [q_0, q_1, q_2, q_3]^{\mathrm{T}} \tag{7.49}$$

滤波器的状态选取的是用四元数表示的从主惯导到子惯导的实时姿态误差。

4. 滤波器系统方程

滤波器的系统方程描述了滤波器随时间的递推性，状态向量的递推需满足如下微分方程：

$$\dot{\boldsymbol{X}}(t) = \boldsymbol{A}(t)\boldsymbol{X}(t) + \boldsymbol{w}(t) \tag{7.50}$$

其中，$\boldsymbol{A}(t)$ 为系统矩阵；$\boldsymbol{w}(t)$ 为状态过程噪声。

递推模型可以由误差模型式(7.48)得出。

5. 滤波器的量测方程

滤波器的量测方程需满足如下方程：

$$\boldsymbol{Z}(t) = \boldsymbol{H}(t)\boldsymbol{X}(t) + \boldsymbol{v}(t) \tag{7.51}$$

其中，$\boldsymbol{Z}(t)$ 是观测向量，此处为 4×1 的 $\boldsymbol{0}$ 向量；观测矩阵 $\boldsymbol{H}(t)$ 由式(7.45)给出，描述了观测向量与状态向量间的转换关系；$\boldsymbol{v}(t)$ 是观测噪声。

7.5.2　可观测性分析

系统状态可观测是指可以根据有限的系统输出唯一确定系统的状态。也就是可以根据系统的量测值有效估计系统状态[156]。基于可观测性分析的方法，Goshen-Meskin 等[168, 169]提出了 PWCS，该系统得到广泛研究。此外，可观测性矩阵的秩也可以用于判断线性系统的可观测性[170]。本节采用 PWCS 方法分析上述传递对准方法的可观测性。

1. 基于可观测性分析的 PWCS

在传递对准中，通过可观测性分析可以估计卡尔曼滤波器的性能。从上面可以看出，虽然系统模型保持不变，但是传递对准的量测模型却随时间而改变。基于 Goshen-Meskin 等提出的可观测性分析方法，在传递对准系统中采用 PWCS 方法进行计算。传递系统模型和量测模型如式(7.50)和式(7.51)所示。在对分段 1,2,⋯, $j-1$ 可观测性分析后，取分段 j 进行可观测性分析，则 TOM $\tilde{\boldsymbol{Q}}(j)$ 为

$$\tilde{\boldsymbol{Q}}(j)=\begin{bmatrix}\tilde{\boldsymbol{Q}}_1\\ \tilde{\boldsymbol{Q}}_2\mathrm{e}^{\boldsymbol{A}_1\Delta t_1}\\ \vdots\\ \tilde{\boldsymbol{Q}}_j\mathrm{e}^{\boldsymbol{A}_{j-1}\Delta t_{j-1}\cdots\boldsymbol{A}_1\Delta t_1}\end{bmatrix}\tag{7.52}$$

其中，$\tilde{\boldsymbol{Q}}_j=\begin{bmatrix}\boldsymbol{H}_j & \boldsymbol{H}_j\boldsymbol{A}_j & \cdots & \boldsymbol{H}_j\boldsymbol{A}_j^{n-1}\end{bmatrix}^{\mathrm{T}}$；$\Delta t_j$ 是分段 j 的持续时间。

在实际应用中，TOM 可以用 SOM 代替，以简化可观测性分析。SOM $\tilde{\boldsymbol{Q}}_s(j)$ 为

$$\tilde{\boldsymbol{Q}}_s(j)=\begin{bmatrix}\tilde{\boldsymbol{Q}}_1\\ \tilde{\boldsymbol{Q}}_2\\ \vdots\\ \tilde{\boldsymbol{Q}}_j\end{bmatrix}\tag{7.53}$$

将式(7.53)定义为可观测性矩阵，通过分析可观测性矩阵的奇异值，就可以得到系统的可观测性。可观测性矩阵的奇异值越大，系统状态的可观测性就越好，奇异值为 0，则系统状态不可观测。

2. 可观测性仿真

对基于 PWCS 的传递对准模型的可观测性进行仿真计算，结果如图 7.5 所示。传递对准模型的 SOM 的秩可根据式(7.53)获得，结果显示，在传递对准的过程中，秩与状态的维数始终相等。从仿真结果可以看出，上述传递对准模型是可观测的。

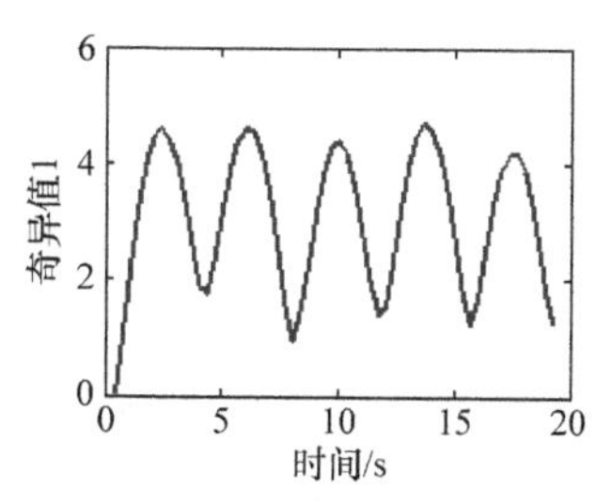

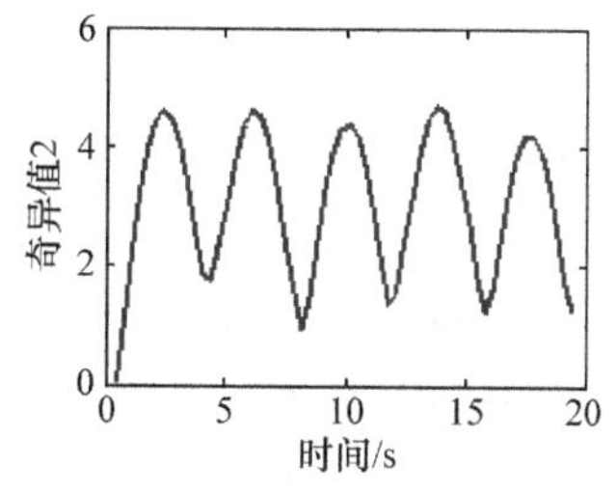

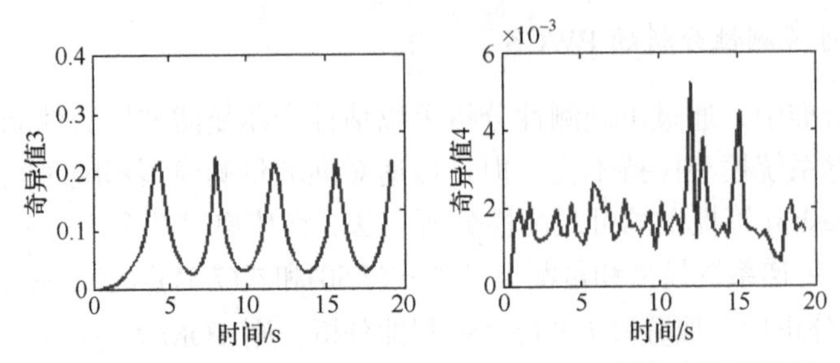

图 7.5 基于 PWCS 的传递对准模型的可观测性仿真计算结果

7.5.3 仿真分析

采用第 2 章设计的仿真系统。仿真计算采用的初始位置为纬度 30°、经度 108°，初始速度 $V_x = V_y = 25\text{m/s}$，载体的初始姿态为[5,–5,30]°，捷联惯导系统的数据更新周期为 10ms，对准滤波器的周期是 50ms。主惯导和子惯导的初始失准角是[1,1,2]°，采用经典卡尔曼滤波器估计失准角。仿真结果如图 7.6 和图 7.7 所示。

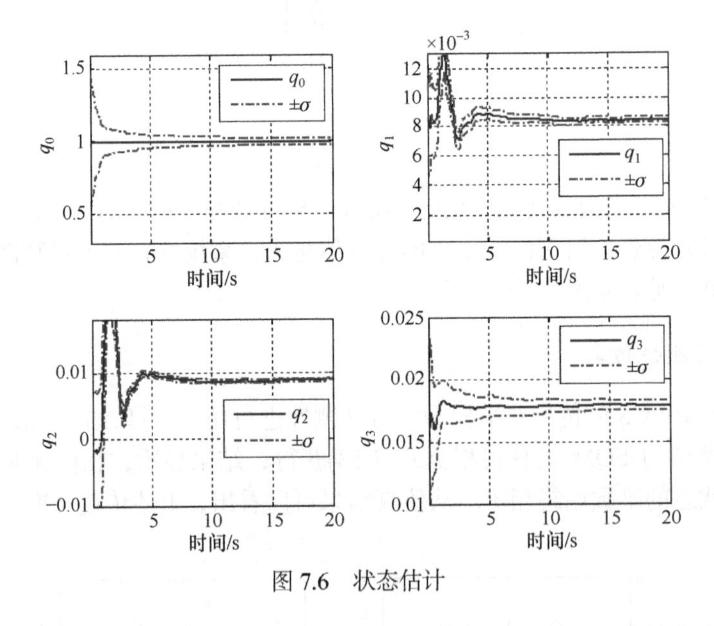

图 7.6 状态估计

图 7.6 所示的是估计状态 $\boldsymbol{Q}_m^s = [q_0, q_1, q_2, q_3]^{\mathrm{T}}$，如前所述，该状态表示的是由主惯导到子惯导的姿态四元数。由图中可以看出，四元数状态估计可以在 10s 内完成转换。对比四元数四个元素的估计误差与估计误差的 σ 界(σ是随机变量的方差，随机变量最优估计是均值，外侧是方差，两侧给定方差的界)，可以看出，四元数元素的估计误差始终在 σ 界内。四元数的状态估计可以转换为欧拉角估计[8,22]，

图 7.7 所示为欧拉角形式的估计误差。从图 7.7 可以看出，稳态误差为[0.846, −0.655, −0.891]mrad，可见，上述算法可以快速估计出主惯导与子惯导的失准角。

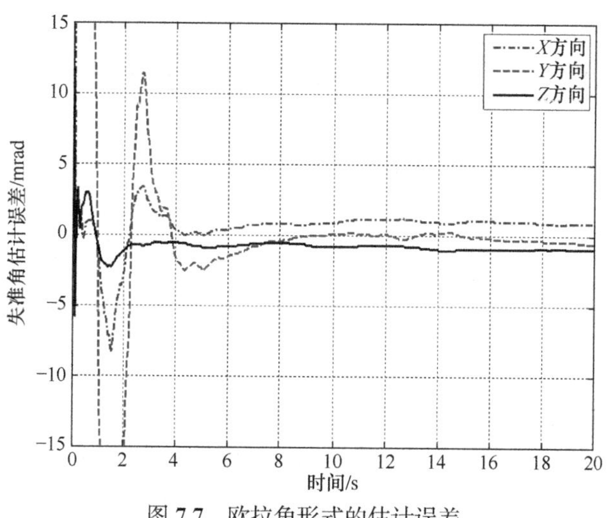

图 7.7　欧拉角形式的估计误差

在 Choukroun 等的研究基础上提出的快速传递对准方法，将量测方程以特殊方式展开，得到线性伪量测方程和线性状态方程。以此为基础，采用卡尔曼滤波器进行估计，避免了扩展卡尔曼滤波的复杂线性化。基于 PWCS 方法对该对准方法进行可观测性分析，仿真结果表明，可观测性矩阵的秩与状态数量相等。通过该对准方法的仿真结果可以看出，基于伪量测的四元数快速对准技术可以快速完成初始对准任务。

7.6　小　　结

针对实际应用环境恶劣时，主惯导、子惯导间的失准角为大角度的快速传递对准问题，本章提出了基于四元数的非线性误差模型，并采用主惯导、子惯导间的速度误差信息和姿态四元数误差信息作为观测值的快速传递对准方法，通过与线性误差模型的对比实验发现本章所提出的非线性误差模型在大失准角时仍然能够较准确地估计出失准角。而线性误差模型不能准确地描述惯导系统的误差传播特性，在大失准角时，失去了对失准角的估计能力。为了进一步提高快速传递对准的精度和快速性，本章提出了二次快速传递对准方法，首先进行基于“速度+四元数”匹配的非线性快速传递对准，当失准角估计达到一定精度后进行一次校正，再采用基于“速度+姿态”匹配的线性快速传递对准，不仅减少了计算量，而且提高了失准角估计精度。最后，本章介绍了基于伪量测的快速传递对准方法，并进行了可观测性分析和仿真分析，取得了较好的对准效果。

第 8 章　传递信息不确定时的快速传递对准

Lim 等[31,32]针对舰载导弹的传递对准分析了传递对准时间延迟对速度量测和姿态量测的影响，认为传递对准时间延迟对姿态测量的影响较大。在此基础上将时间延迟变量纳入卡尔曼滤波器的状态变量中，建立了包括时间延迟误差在内的传递对准模型。北京航空航天大学的扈光锋等[171]将测量延迟时间扩展为卡尔曼滤波器的一个状态变量，同时考虑测量延迟时间对速度和姿态测量的影响，推导了存在测量延迟时的速度、姿态测量方程。西北工业大学的杨尧等[172]利用从火控计算机得到的主惯导数据以及这些数据的延迟时间，进行四元数一步估计，来对主惯导数据进行补偿。本章以“速度+姿态”匹配快速传递对准为例，研究了时间延迟误差的补偿方法，为了不增加滤波器状态的维数，参照杨尧等[172]的方法，以火控系统传递的主惯导数据以及延迟时间数据对时间延迟误差进行补偿，因为姿态量测是通过主惯导、子惯导的姿态矩阵获得的[173]，所以研究方案直接对主惯导的姿态矩阵进行时间延迟误差补偿。当延迟时间达到一定数量级时，就等同于量测信息丢失，也就是通常所说的丢包。丢包往往是以某个概率随机发生的，本章研究了随机丢包发生时的快速传递对准方法，有效解决了随机丢包发生时的快速传递对准问题。

8.1　时间延迟时的快速传递对准

为了不增加滤波器状态的维数，以“速度+姿态”匹配快速传递对准为例，研究时间延迟误差的补偿方法，并参照杨尧等[172]的方法，以火控系统传递的主惯导数据以及延迟时间数据对时间延迟误差进行补偿。因为姿态量测是通过主惯导、子惯导的姿态矩阵获得的，所以直接对主惯导的姿态矩阵进行时间延迟误差补偿。

8.1.1　传递对准中时间延迟分析

根据 5.1.1 节的分析及式(5.1)，有

$$\boldsymbol{C}_n^{sc}(t)\boldsymbol{C}_m^n(t)=\begin{bmatrix}1 & \psi_{mz}(t) & -\psi_{my}(t)\\ -\psi_{mz}(t) & 1 & \psi_{mx}(t)\\ \psi_{my}(t) & -\psi_{mx}(t) & 1\end{bmatrix}=\boldsymbol{I}-(\boldsymbol{\psi}_m(t)\times) \tag{8.1}$$

因为在传递对准的开始时刻,用主惯导的数据对子惯导进行一次装订完成粗对准,所以有 $\boldsymbol{C}_{sc}^{n}(0)=\boldsymbol{C}_{m}^{n}(0)$，即在初始时刻，子惯导的方向余弦矩阵与主惯导的方向余弦矩阵相等，因此 $\boldsymbol{\psi}_{m}(0)=\mathbf{0}$。

由于时间延迟的存在，在 t 时刻子惯导只能获得主惯导在 $t-\Delta t$ 时刻的数据，如图 8.1 所示。

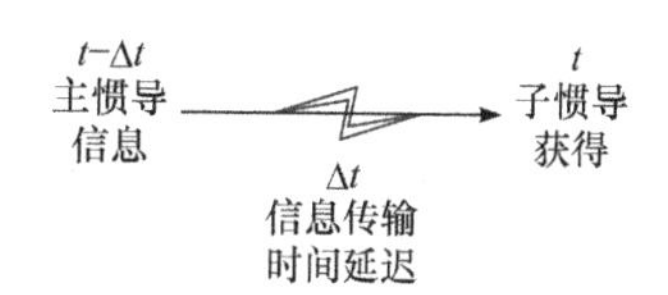

图 8.1　主子惯导间时间延迟误差示意图

8.1.2　基于姿态矩阵预测的时间延迟误差补偿方案

Lim 等[32]的研究表明，时间延迟对姿态的影响较大，而一般情况下对速度的影响则可以忽略。所以这里只研究了时间延迟对姿态误差的影响以及补偿方法。在“速度+姿态”匹配中，姿态量测是通过主、子惯导姿态矩阵相乘来获得的，所以最简单的思路就是根据能够得到的 $t-\Delta t$ 时刻的主惯导姿态矩阵，估计出主惯导在 t 时刻的姿态矩阵。根据微积分知识，当延迟时间 Δt 足够小时有

$$\dot{\boldsymbol{C}}_{m}^{n}(t-\Delta t)=\frac{\boldsymbol{C}_{m}^{n}(t)-\boldsymbol{C}_{m}^{n}(t-\Delta t)}{\Delta t} \tag{8.2}$$

所以有

$$\boldsymbol{C}_{m}^{n}(t)=\boldsymbol{C}_{m}^{n}(t-\Delta t)+\dot{\boldsymbol{C}}_{m}^{n}(t-\Delta t)\Delta t \tag{8.3}$$

根据方向余弦矩阵的微分方程有[104]

$$\dot{\boldsymbol{C}}_{m}^{n}(t-\Delta t)=\boldsymbol{C}_{m}^{n}(t-\Delta t)(\boldsymbol{\omega}_{nm}^{m}(t-\Delta t)\times) \tag{8.4}$$

将式(8.4)代入式(8.3)得

$$\boldsymbol{C}_{m}^{n}(t)=\boldsymbol{C}_{m}^{n}(t-\Delta t)+\boldsymbol{C}_{m}^{n}(t-\Delta t)(\boldsymbol{\omega}_{nm}^{m}(t-\Delta t)\times)\Delta t \tag{8.5}$$

又因为

$$\begin{aligned}(\boldsymbol{\omega}_{nm}^{m}(t-\Delta t)\times)&=(\boldsymbol{C}_{n}^{m}(t-\Delta t)\boldsymbol{\omega}_{nm}^{n}(t-\Delta t))\times\\&=\boldsymbol{C}_{n}^{m}(t-\Delta t)(\boldsymbol{\omega}_{nm}^{n}(t-\Delta t)\times)\boldsymbol{C}_{m}^{n}(t-\Delta t)\end{aligned} \tag{8.6}$$

将式(8.6)代入式(8.5)得

$$\begin{aligned}\boldsymbol{C}_{m}^{n}(t)&=\boldsymbol{C}_{m}^{n}(t-\Delta t)+\boldsymbol{C}_{m}^{n}(t-\Delta t)\boldsymbol{C}_{n}^{m}(t-\Delta t)(\boldsymbol{\omega}_{nm}^{n}(t-\Delta t)\times)\boldsymbol{C}_{m}^{n}(t-\Delta t)\Delta t\\&=\boldsymbol{C}_{m}^{n}(t-\Delta t)+(\boldsymbol{\omega}_{nm}^{n}(t-\Delta t)\times)\boldsymbol{C}_{m}^{n}(t-\Delta t)\Delta t\end{aligned} \tag{8.7}$$

为了减少数据传输量，角速度采用了子惯导的角速度值，并且忽略在延迟时

间内角速度的变化，得

$$\boldsymbol{\omega}_{nm}^{n}(t-\Delta t)\approx\boldsymbol{\omega}_{nm}^{n}(t)\approx\boldsymbol{\omega}_{ns}^{n}(t) \tag{8.8}$$

其中，$\boldsymbol{\omega}_{ns}^{n}(t)$是子惯导可以得到的姿态角速度。这样就可以在运用式(8.1)计算姿态误差量测之前运用式(8.7)对主惯导的姿态矩阵时间延迟误差进行补偿。

8.1.3 时间延迟误差补偿方案仿真分析

1. 仿真条件

传递对准模型参照 5.1 节，如下所述。

计算姿态误差模型为

$$\dot{\boldsymbol{\psi}}_m=\boldsymbol{\omega}_{fs}^{sr}+\boldsymbol{\varepsilon}^{sr}+(\boldsymbol{\psi}_m-\boldsymbol{\psi}_a)\times\hat{\boldsymbol{\omega}}_{nsr}^{sr}$$

真实姿态误差模型为

$$\dot{\boldsymbol{\psi}}_a=\boldsymbol{\eta}_a$$

定义速度误差为子惯导解算出的速度与经过杆臂误差补偿的主惯导速度之差为

$$\delta\boldsymbol{V}=\boldsymbol{V}_{sc}^{n}-\boldsymbol{V}_{m}^{n}-\boldsymbol{V}_{l}^{n}$$

速度误差模型为

$$\delta\dot{\boldsymbol{V}}=\boldsymbol{C}_{sc}^{n}(\boldsymbol{\psi}_m-\boldsymbol{\psi}_a)\times\hat{\boldsymbol{f}}_{sr}^{sr}+\boldsymbol{C}_{sc}^{n}(\boldsymbol{f}_f^{sr}+\boldsymbol{\nabla}^{sr})$$

本节的仿真条件如下：导航解算周期为 15ms，初始对准滤波周期为 75ms，仿真总时间为 20s，子惯导的陀螺仪常值漂移为 0.2(°)/h，随机漂移为 0.01(°)/h，刻度系数误差为 2×10^{-4}，初始安装误差为 200μrad，加速度计常值偏置为 200μg，随机偏置为 50μg，刻度系数误差为 2×10^{-4}，初始安装误差为 200μrad。初始时刻载体所在纬度为 34°、经度为 108°，载体的运动为中等海况下的典型运动，主惯导、子惯导间的固定安装误差为[1,1,2]°，延迟时间为 20～30ms 的随机数。

2. 仿真结果

图 8.2 和图 8.3 分别是有时间延迟没有补偿时的失准角估计值和估计误差；图 8.4 和图 8.5 分别是对时间延迟误差补偿后的失准角估计值和估计误差。

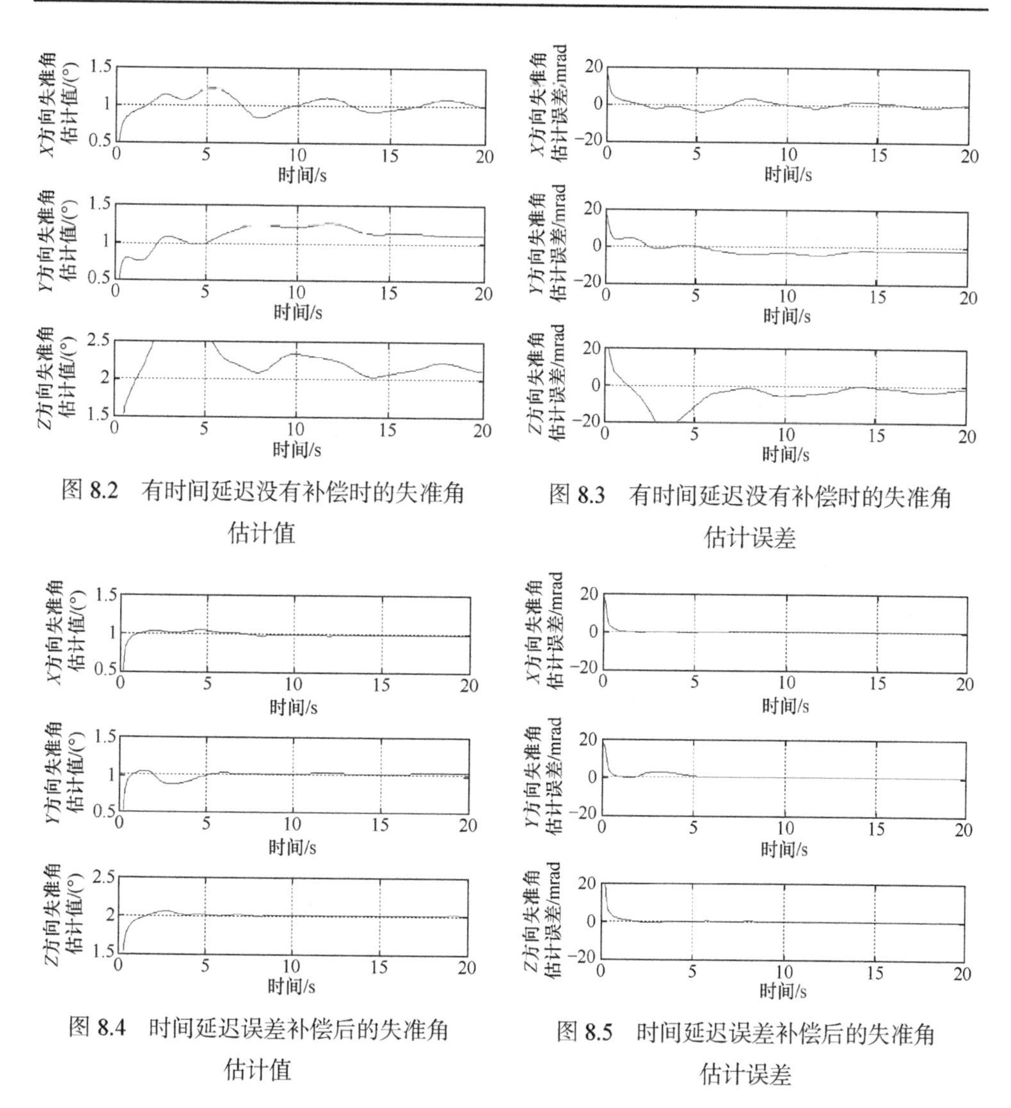

图 8.2　有时间延迟没有补偿时的失准角估计值

图 8.3　有时间延迟没有补偿时的失准角估计误差

图 8.4　时间延迟误差补偿后的失准角估计值

图 8.5　时间延迟误差补偿后的失准角估计误差

时间延迟误差补偿前后的估计误差如表 8.1 所示。

表 8.1　时间延迟误差补偿前后的失准角估计误差

条件	失准角估计误差/(°)		
	X 方向	*Y* 方向	*Z* 方向
没有补偿	1.61554300	−6.56551976	−1.70185367
补偿后	0.25630698	0.12174708	0.27963781

从仿真结果可以看出，时间延迟对失准角估计的影响很大，对时间延迟进行补偿后，可以很有效地提高初始对准的精度。

8.2　随机丢包时的快速传递对准

采用快速非线性传递对准模型后，快速传递对准已可以在大失准角的情况下实现快速、准确的对准。但是在初始对准时，很少考虑量测数据从主捷联惯导传递到子捷联惯导的延迟时间和丢包问题。Lim 等[31]首先对此问题进行了研究，并基于延迟状态张量推导了误差补偿方法，分析了时间延迟对速度匹配传递对准的影响[174]，得出在连续大机动时时间延迟会严重影响速度匹配传递对准的精度。在采用速度姿态匹配传递对准时，通过对姿态矩阵的预估以消除主惯导量测参数的时间延迟，可显著提升传递对准的精度[175]。另一种方法是，对主惯导设置时间标志位，然后利用多项式插入拟合的方法计算并校正子惯导的参数[176]。在姿态匹配传递对准时，可延迟子惯导的输出信息以补偿主惯导的传输时延，并可利用时间状态张量的办法补偿时延的随机性[177]。在传递对准中，也可采用加入了延迟补偿的 H_∞滤波技术解决时间延迟问题[90]。带有延迟补偿的自适应 H_∞滤波器根据外部动态环境自适应地调整鲁棒因子，从而极大提高了传递对准的精度以及纯惯导系统的精度。

从控制理论的角度来看，显著的延迟使数据不能及时用于控制解算，因此大延迟相当于数据丢失[178,179]。主惯导量测参数丢失，会使传递对准的性能降低[31, 90]。尽管如此，量测参数丢失情况下的传递对准并未得到广泛的研究，而研究量测数据丢包对传递对准估计器性能的影响是很有必要的。

在研究量测数据丢包的估计器时，可将子惯导接收到的量测参数视为有界的随机变量序列独立同分布，推导出最小均方差(minimum mean square error，MMSE)估计器[180]，其回归特性与标准卡尔曼滤波器在采用不可观测的边界不确定序列时的统计特性相同。从离散卡尔曼滤波方程考虑量测参数丢包问题，可将量测数据的接收看成一个随机过程，通过研究估计器误差协方差的统计收敛特性，可以发现存在一个关键的数据接收率[179]。在新的性能指标下，提出了一种次优估计器(sub-optimal estimation，SOE)以解决量测参数丢包的估计问题，该估计器可提高最小均方差估计器和标准卡尔曼滤波器的性能[181]。

基于以上研究成果，在解决量测参数丢包的传递对准问题时，将对主捷联惯导系统量测参数的接收建模为一个随机过程，并代入到传递对准的量测模型中。从而通过次优估计器得到传递对准的失准角估计[182]，并将其性能与卡尔曼滤波器和最小均方差估计器相对比。

8.2.1　量测参数丢包问题模型

为便于理解，再次从传递对准的模型开始推导量测参数丢包的模型。传递对准最简单的实现过程就是将主惯导的位置、速度和姿态等导航参数直接复制到子惯导中，即“一次装订”对准[104]。显然，主惯导到子惯导之间的角位移即为两者之间的失准角。而主惯导与子惯导之间相隔较远，一旦载体进行转弯等机动动作，两者之间就会产生相对运动，在传递对准时引入额外的误差。因此，基于参数匹配的传递对准方法得到了广泛的研究[64,66,68,83,90,183-191]。传递对准的过程简图如图 8.6 所示。

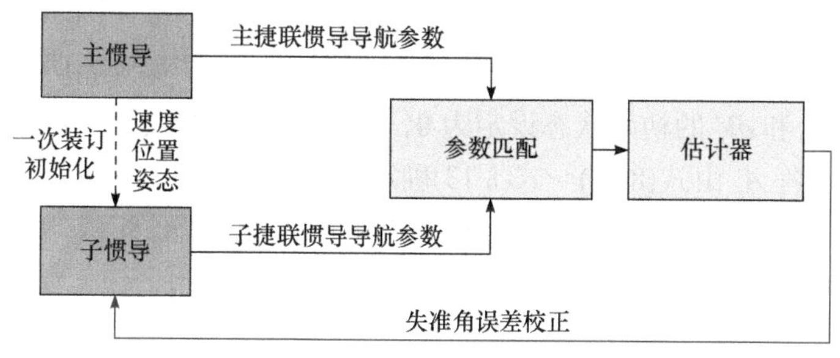

图 8.6　量测参数匹配传递对准过程简图

在讨论传递对准估计器之前，先给出离散的系统模型和量测模型，这是设计估计器的基础[192]：

$$\boldsymbol{X}_{k+1} = \boldsymbol{A}_k \boldsymbol{X}_k + \boldsymbol{W}_k \tag{8.9}$$

$$\boldsymbol{Y}_k = \boldsymbol{H}_k \boldsymbol{X}_k + \boldsymbol{V}_k \tag{8.10}$$

其中，$\boldsymbol{X}_k$ 为系统在 k 时刻的系统状态向量；$\boldsymbol{A}_k$ 为系统动态矩阵；$\boldsymbol{Y}_k$ 为量测向量；$\boldsymbol{H}_k$ 为量测矩阵，表示状态向量与量测向量的关系；$\boldsymbol{W}_k$ 和 $\boldsymbol{V}_k$ 都是不相关的零均值白噪声过程，其协方差矩阵分别为 $\boldsymbol{Q}_k$ 和 $\boldsymbol{R}_k$。

对于标准的卡尔曼滤波器，过程噪声向量的维数低于状态向量的维数，但此处将陀螺漂移、加速度零偏和挠曲误差考虑为过程噪声。

系统模型描述的是系统的动态过程，与传统的系统模型不同，传递对准的模型重点考虑的是失准角，快速传递对准的系统模型如下：

$$\dot{\boldsymbol{\psi}}_a = \boldsymbol{\eta}_a \tag{8.11}$$

其中，$\boldsymbol{\psi}_a$ 为主惯导与子惯导之间的实际失准角；$\boldsymbol{\eta}_a$ 为白噪声过程，其强度取决于对角阵 $\boldsymbol{Q}_a$，$\boldsymbol{Q}_a$ 对角线的值通过分析实际工程过程确定。

$$\dot{\boldsymbol{\psi}}_m = (\boldsymbol{\psi}_m - \boldsymbol{\psi}_a) \times \hat{\boldsymbol{\omega}}_{nsr}^{sr} + \boldsymbol{\omega}_{fs}^{sr} + \boldsymbol{\varepsilon}^{sr} \tag{8.12}$$

其中，$\boldsymbol{\psi}_m$ 为主惯导与子惯导之间的计算失准角；$\hat{\boldsymbol{\omega}}_{nsr}^{sr}$ 为捷联惯导真实坐标系相对导航系的转动角速度，由子惯导的陀螺测得；$\boldsymbol{\omega}_{fs}^{sr}$ 为载体挠曲变形角速度；$\boldsymbol{\varepsilon}^{sr}$ 为陀螺漂移计零偏。

$$\delta\dot{\boldsymbol{V}}=\boldsymbol{C}_{sc}^{n}(\boldsymbol{\psi}_m-\boldsymbol{\psi}_a)\times\hat{\boldsymbol{f}}_{sr}^{sr}+\boldsymbol{C}_{sc}^{n}(\boldsymbol{f}_f^{sr}+\boldsymbol{\nabla}^{sr}) \tag{8.13}$$

其中，$\delta\boldsymbol{V}$ 为主惯导与子惯导之间速度的计算差值；$\boldsymbol{C}_{sc}^{n}$ 为载体到导航坐标系的方向余弦矩阵；$\hat{\boldsymbol{f}}_{sr}^{sr}$ 为子惯导加速度计测量的比力在子惯导载体轴上的投影；$\boldsymbol{f}_f^{sr}$ 为挠曲加速度；$\boldsymbol{\nabla}^{sr}$ 为加速度计零偏。

对于捷联惯导的动基座快速传递对准，系统模型式(8.9)中的状态向量取为 $\boldsymbol{X}=[\psi_{mx},\psi_{my},\psi_{mz},\delta V_x,\delta V_y,\delta V_z,\psi_{ax},\psi_{ay},\psi_{az}]$。由于子惯导是用主惯导的数据进行初始化的，$\boldsymbol{\psi}_m$ 和 $\delta\boldsymbol{V}$ 的初始状态设定为 $\mathbf{0}$，$\boldsymbol{\psi}_a$ 的初始值取决于实际失准角的不确定性，系统矩阵 $\boldsymbol{A}_k$ 由式(8.11)～式(8.13)确定。

量测状态由主惯导与子惯导之间的速度差值和姿态差值组成，计算姿态误差的量测向量 $\boldsymbol{\psi}_m$ 可由式(8.14)得到：

$$\left(\boldsymbol{C}_{sc}^{n}\right)^{\mathrm{T}}\boldsymbol{C}_{m}^{n}=\boldsymbol{I}-(\boldsymbol{\psi}_m\times) \tag{8.14}$$

速度误差的量测向量 $\delta\boldsymbol{V}$ 可由式(8.15)得到：

$$\delta\boldsymbol{V}=\boldsymbol{V}_{sc}^{n}-\boldsymbol{V}_{m}^{n} \tag{8.15}$$

根据式(8.14)和式(8.15)，式(8.10)中的量测矩阵可表示为

$$\boldsymbol{H}=\begin{bmatrix}\boldsymbol{I}_{3\times3} & \mathbf{0}_{3\times3} & \mathbf{0}_{3\times3}\\ \mathbf{0}_{3\times3} & \boldsymbol{I}_{3\times3} & \mathbf{0}_{3\times3}\end{bmatrix} \tag{8.16}$$

在参数匹配阶段，量测参数可能会因为传输连接的不可靠而丢失。此时，量测方程可定义为

$$\begin{cases}\boldsymbol{Y}_k=\boldsymbol{H}_k\boldsymbol{X}_k+\boldsymbol{V}_k, & \text{概率为 } p \text{ 时}\\ \boldsymbol{Y}_k=\boldsymbol{V}_k, & \text{概率为 } 1-p \text{ 时}\end{cases} \tag{8.17}$$

其中，$1-p$ 是量测向量未包含状态信息的概率，量测向量包含了状态信息的概率是 p，该量测方程可等价综合为

$$\boldsymbol{Y}_k=\gamma_k\boldsymbol{H}_k\boldsymbol{X}_k+\boldsymbol{V}_k \tag{8.18}$$

对量测参数的接收可看成伯努利过程，用 γ_k 描述对量测参数的接收，其取值为 0～1：

$$\begin{aligned}&P\{\gamma_k=1\}=p\\ &P\{\gamma_k=0\}=1-p\end{aligned} \tag{8.19}$$

其中，$0<p<1$，并假定通过标签技术，γ_k 是时时可测的，即 γ_k 和量测参数都可传递给估计器。传递对准的原理图可变为如图 8.7 所示。

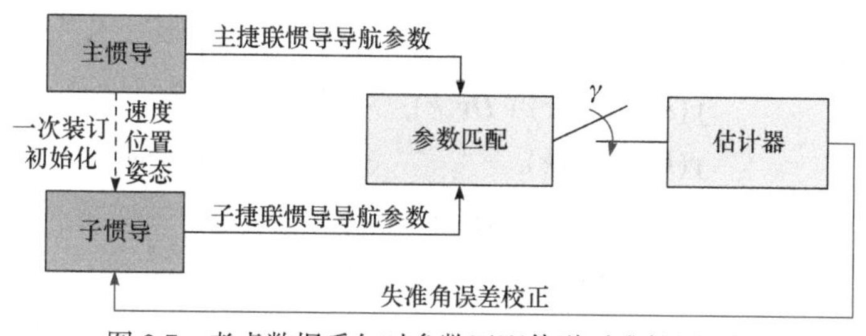

图 8.7　考虑数据丢包时参数匹配传递对准的原理图

8.2.2　量测丢包的估计算法

量测数据延迟或丢失的问题一直以来就受到研究人员的重视，Nahi[180]最早于 1969 年就针对丢包问题提出一种线性最小均方差估计，将数据丢包的不确定性看成有界 i.i.d 序列，利用其统计特性，通过递归式估计出系统状态，但需求解 Riccati 和 Lyapunov 方程，计算量较大。Sinopoli 等[179]于 2004 年做出改进，提出另一种断续卡尔曼滤波器，将丢包问题看成有界独立同分布伯努利过程，确定接收率上下边界对估计收敛性的影响，虽然采用卡尔曼滤波器进行估计，但很难分析随机 Riccati 方程的收敛性和估计误差方差的稳定性[193,194]。Zhang 等[181]则于 2012 年提出次优估计器，通过平衡线性最小均方差估计器与断续卡尔曼滤波器的性能，在提升滤波器性能的同时，提高稳定性和收敛性。

1. 线性最小均方差估计[184]

丢包时量测数据只包含噪声，估计器可据此得到数据丢失的概率，因此将系统丢包的不确定性视为独立同分布二值随机变量，利用其随机变量序列的统计特性，推导出一种类似卡尔曼滤波的递推算法。最小均方差估计器是通过最小化常规二次损失函数推导的最优线性递推估计器，当丢包概率为 0 时，该估计器就变成了卡尔曼滤波器。

1) 线性最小均方差估计器的设计

对于离散马尔可夫过程 $\boldsymbol{x}(k)$，其系统模型可由如下定义：

$$\boldsymbol{x}(k+1)=\boldsymbol{A}\boldsymbol{x}(k)+\boldsymbol{B}\boldsymbol{w}(k) \tag{8.20}$$

其中，$\boldsymbol{A}$ 和 $\boldsymbol{B}$ 分别为 $n\times n$ 的转移矩阵和 $n\times r$ 的噪声矩阵；$\boldsymbol{x}(k)\in\mathbf{R}^n$ 为系统状态向量；$\boldsymbol{w}(k)$ 为系统噪声，其均值均为 $\mathbf{0}$，协方差分别为 $E\left\{\boldsymbol{w}(k)\boldsymbol{w}^{\mathrm{T}}(j)\right\}=\boldsymbol{Q}\delta_{k,j}$，$\delta_{k,j}$ 为 Kronecker 函数。初始状态 $\boldsymbol{x}(0)$ 是一个随机向量，均值为 $\boldsymbol{\mu}_0$，协方差为 $E\left\{\left[\boldsymbol{x}(0)-\boldsymbol{\mu}_0\right]\left[\boldsymbol{x}(0)-\boldsymbol{\mu}_0\right]^{\mathrm{T}}\right\}=\boldsymbol{P}_0$。

对于系统的量测向量 $\boldsymbol{y}(k)$，根据丢包概率模型的不同，从两个情形考虑，分别如下：

$$\begin{cases} \boldsymbol{y}(k)=\boldsymbol{C}\boldsymbol{x}(k)+\boldsymbol{D}\boldsymbol{v}(k), & \text{概率为 } p(k) \text{ 时} \\ \boldsymbol{y}(k)=\boldsymbol{D}\boldsymbol{v}(k), & \text{概率为 } 1-p(k) \text{ 时} \end{cases} \tag{8.21}$$

$$\begin{cases} \boldsymbol{y}(k)=\boldsymbol{C}\boldsymbol{x}(k)+\boldsymbol{D}\boldsymbol{v}(k), & \text{概率为 } q \text{ 时} \\ \boldsymbol{y}(k)=\boldsymbol{D}\boldsymbol{v}(k), & \text{概率为 } 1-q \text{ 时} \end{cases} \tag{8.22}$$

其中，$\boldsymbol{C}$ 和 $\boldsymbol{D}$ 分别为 $s\times n$ 的输出矩阵和 $s\times q$ 的噪声矩阵；$\boldsymbol{v}(k)$ 为量测噪声，其均值均为 $\mathbf{0}$，协方差为 $E\left\{\boldsymbol{v}(k)\boldsymbol{v}^{\mathrm{T}}(j)\right\}=\boldsymbol{R}\delta_{k,j}$；$p(k)$ 表示 k 时刻量测到系统状态的概率，相应 k 时刻丢包的概率则为 $1-p(k)$；q 为整个量测序列中能够量测到系统状态的总概率，并不等价于 $k[p(k)=p]$。在需要用第一次量测判据限制后续采样的搜索区域时，可考虑采用式(8.22)的量测模型。上述量测可等价如下：

$$\boldsymbol{y}(k)=\gamma(k)\boldsymbol{C}\boldsymbol{x}(k)+\boldsymbol{D}\boldsymbol{v}(k) \tag{8.23}$$

$$\boldsymbol{y}(k)=\gamma\boldsymbol{C}\boldsymbol{x}(k)+\boldsymbol{D}\boldsymbol{v}(k) \tag{8.24}$$

其中，$\gamma(k)$ 为标量，取值 0 或 1，由式(8.25)定义。故 $\gamma(k)$ 的均值和方差分别为 $E\{\gamma(k)\}=p(k)$，$E\{\gamma(k)\gamma(j)\}=p(k)p(j),\ k\neq j$，$E\{\gamma^2(k)\}=p(k)$。

$$\begin{aligned} p(k)&=P\{\gamma(k)=1\} \\ 1-p(k)&=P\{\gamma(k)=0\} \end{aligned} \tag{8.25}$$

γ 为与时间无关的标量，取值 0 或 1，由式(8.26)定义。故 γ 的均值和方差为 $E\{\gamma\}=E\{\gamma^2\}=q$，且

$$\begin{aligned} q&=P\{\gamma=1\} \\ 1-q&=P\{\gamma=0\} \end{aligned} \tag{8.26}$$

估计器的目的是寻找 n 维向量 $\hat{\boldsymbol{x}}(k+1)$ 作为随机过程(8.20)的状态 $\boldsymbol{x}(k+1)$ 的估计。估计值是量测模型 $\boldsymbol{y}(k)$ 的线性函数，且使式(8.27)最小：

$$E\left\{[\boldsymbol{x}(k+1)-\hat{\boldsymbol{x}}(k+1)]^{\mathrm{T}}\boldsymbol{\varLambda}[\boldsymbol{x}(k+1)-\hat{\boldsymbol{x}}(k+1)]\right\} \tag{8.27}$$

其中，$\boldsymbol{\varLambda}$ 为对称正定矩阵，均值与 $\boldsymbol{w}$、$\boldsymbol{v}$ 和 $\gamma(k)$（或 γ）相关，用于估计的 $\boldsymbol{y}(k)$ 根据系统特点分别选取式(8.21)和式(8.22)。

当量测模型选择式(8.21)时，最优估计器如下：

$$\hat{\boldsymbol{x}}(k+1)=\boldsymbol{F}_1(k)\hat{\boldsymbol{x}}(k)+\boldsymbol{F}_2(k)\boldsymbol{y}(k) \tag{8.28}$$

其中，

$$\boldsymbol{F}_1(k)=\boldsymbol{A}-p(k)\boldsymbol{F}_2(k)\boldsymbol{C} \tag{8.29}$$

$$F_2(k)=p(k)\boldsymbol{A}\boldsymbol{P}(k)\boldsymbol{C}^{\mathrm{T}}[\boldsymbol{D}\boldsymbol{R}\boldsymbol{D}^{\mathrm{T}}+p^2(k)\boldsymbol{C}\boldsymbol{P}(k)\boldsymbol{C}^{\mathrm{T}}+p(k)(1-p(k))\boldsymbol{C}\boldsymbol{S}(k)\boldsymbol{C}^{\mathrm{T}}]^{-1} \tag{8.30}$$

$$\begin{gathered}\boldsymbol{S}(k+1)=\boldsymbol{A}\boldsymbol{S}(k+1)\boldsymbol{A}^{\mathrm{T}}+\boldsymbol{B}\boldsymbol{Q}\boldsymbol{B}^{\mathrm{T}}\\ \boldsymbol{S}(0)=\boldsymbol{P}(0)=E\left\{\boldsymbol{x}(0)\boldsymbol{x}^{\mathrm{T}}(0)\right\}\end{gathered} \tag{8.31}$$

协方差矩阵方程由式(8.32)给出：

$$\begin{gathered}\boldsymbol{P}(k+1)=\left[\boldsymbol{A}-p(k)\boldsymbol{F}_2(k)\boldsymbol{C}\right]\boldsymbol{P}(k)\boldsymbol{A}^{\mathrm{T}}+\boldsymbol{B}\boldsymbol{Q}\boldsymbol{B}^{\mathrm{T}}\\ \boldsymbol{P}(0)=E\left\{\boldsymbol{x}(0)\boldsymbol{x}^{\mathrm{T}}(0)\right\}\end{gathered} \tag{8.32}$$

当量测模型选择式(8.22)时，最优估计器形式和式(8.28)一样，但是其参数如下：

$$\boldsymbol{F}_1(k)=\boldsymbol{A}-\boldsymbol{F}_2(k)\boldsymbol{C} \tag{8.33}$$

$$\boldsymbol{F}_2(k)=q\boldsymbol{A}\boldsymbol{P}(k)\boldsymbol{C}^{\mathrm{T}}[\boldsymbol{D}\boldsymbol{R}\boldsymbol{D}^{\mathrm{T}}+q\boldsymbol{C}\boldsymbol{P}(k)\boldsymbol{C}^{\mathrm{T}}]^{-1} \tag{8.34}$$

协方差矩阵由式(8.35)给出：

$$\begin{gathered}\boldsymbol{P}(k+1)=[\boldsymbol{A}-\boldsymbol{F}_2(k)\boldsymbol{C}]\boldsymbol{P}(k)\boldsymbol{A}^{\mathrm{T}}+(1-q)\boldsymbol{F}_2(k)\boldsymbol{C}\boldsymbol{S}(k)\boldsymbol{A}^{\mathrm{T}}+\boldsymbol{B}\boldsymbol{Q}\boldsymbol{B}^{\mathrm{T}}\\ \boldsymbol{P}(0)=E\left\{\boldsymbol{x}(0)\boldsymbol{x}^{\mathrm{T}}(0)\right\}\end{gathered} \tag{8.35}$$

其中，$\boldsymbol{S}(k)$ 同样由式(8.31)给出。

2) 线性均方差估计器最优的充要条件

由于 $\hat{\boldsymbol{x}}(k+1)$ 被设定为 $\boldsymbol{y}(k)$ 的线性函数，故可写成

$$\hat{\boldsymbol{x}}(k+1)=\sum_{i=0}^{k}\boldsymbol{\alpha}(i)\boldsymbol{y}(i) \tag{8.36}$$

其中，$\boldsymbol{\alpha}(i)$ 为 $n\times s$ 矩阵。求取式(8.27)的最小值时，可将式(8.36)代入式(8.27)并对矩阵 $\boldsymbol{\alpha}(i)$ 各元素求导，共得到 $ns(k+1)$ 个方程。

$$E\left\{(\boldsymbol{\Lambda}+\boldsymbol{\Lambda}^{\mathrm{T}})\left[\boldsymbol{x}(k+1)-\hat{\boldsymbol{x}}(k+1)\right]\boldsymbol{y}^{\mathrm{T}}(j)\right\}=\boldsymbol{0},\quad j=0,1,\cdots,k \tag{8.37}$$

由于 $\boldsymbol{\Lambda}$ 是正定的，可得出

$$E\left\{\left[\boldsymbol{x}(k+1)-\hat{\boldsymbol{x}}(k+1)\right]\boldsymbol{y}^{\mathrm{T}}(j)\right\}=\boldsymbol{0},\quad j=0,1,\cdots,k \tag{8.38}$$

显然，如果 $\boldsymbol{y}(j)$ 不依赖 γ (或 $p(k)=1$)，式(8.38)就成为卡尔曼估计器的正交条件。$\hat{\boldsymbol{x}}(k+1)$ 最优估计的充要条件就是满足式(8.38)，其充分条件则是 $\boldsymbol{\Lambda}$ 正定。

3) 最优估计器的证明

估计器的形式是量测值 $\boldsymbol{y}(k)$ 的线性函数，假定估计器可以通过式(8.39)递推得到：

$$\begin{aligned}\hat{\boldsymbol{x}}(k+1)&=\boldsymbol{F}_1(k)\hat{\boldsymbol{x}}(k)+\boldsymbol{F}_2(k)\boldsymbol{y}(k)\\ \hat{\boldsymbol{x}}(0)&=\boldsymbol{0}\end{aligned} \tag{8.39}$$

如果估计器满足充要条件式(8.38)且 $\boldsymbol{F}_1(k)$ 和 $\boldsymbol{F}_2(k)$ 可以由此得出，则上述假定是成立的。

当量测模型选择式(8.21)时，式(8.38)所给出的充要条件可以分解为以下两部分：

$$E\left\{\left[\boldsymbol{x}(k+1)-\hat{\boldsymbol{x}}(k+1)\right]\boldsymbol{y}^{\mathrm{T}}(j)\right\}=\boldsymbol{0},\quad j=0,1,\cdots,k-1 \tag{8.40}$$

$$E\left\{\left[\boldsymbol{x}(k+1)-\hat{\boldsymbol{x}}(k+1)\right]\boldsymbol{y}^{\mathrm{T}}(k)\right\}=\boldsymbol{0} \tag{8.41}$$

将式(8.20)中的 $\boldsymbol{x}(k+1)$ 以及式(8.39)中的 $\hat{\boldsymbol{x}}(k+1)$ 代入式(8.40)中，可得

$$E\left\{\left[\boldsymbol{A}\boldsymbol{x}(k)+\boldsymbol{B}\boldsymbol{w}(k)-\boldsymbol{F}_1(k)\hat{\boldsymbol{x}}(k)-\boldsymbol{F}_2(k)\boldsymbol{y}(k)\right]\boldsymbol{y}^{\mathrm{T}}(j)\right\}=\boldsymbol{0},\quad j=0,1,\cdots,k-1 \tag{8.42}$$

代入 $\boldsymbol{y}(k)$ 和充要条件 $E\left\{\boldsymbol{w}(k)\boldsymbol{y}^{\mathrm{T}}(k)\right\}=E\left\{\boldsymbol{v}(k)\boldsymbol{v}^{\mathrm{T}}(k)\right\}=\boldsymbol{0}(j=0,1,\cdots,k-1)$，可得

$$E\left\{\left[\boldsymbol{A}\boldsymbol{x}(k)-\boldsymbol{F}_1(k)\hat{\boldsymbol{x}}(k)-\boldsymbol{F}_2(k)\gamma\boldsymbol{C}\boldsymbol{x}(k)\right]\boldsymbol{y}^{\mathrm{T}}(j)\right\}=\boldsymbol{0},\quad j=0,1,\cdots,k-1 \tag{8.43}$$

从式(8.38)可得 $E\left\{\boldsymbol{x}(k)\boldsymbol{y}^{\mathrm{T}}(j)\right\}=E\left\{\hat{\boldsymbol{x}}(k)\boldsymbol{y}^{\mathrm{T}}(j)\right\}=\boldsymbol{0}(j=0,1,\cdots,k)$，将之代入式(8.43)可得

$$E\left\{\left[\boldsymbol{A}-\boldsymbol{F}_1(k)-\boldsymbol{F}_2(k)\gamma(k)\boldsymbol{C}\right]\boldsymbol{x}(k)\boldsymbol{y}^{\mathrm{T}}(j)\right\}=\boldsymbol{0},\quad j=0,1,\cdots,k-1 \tag{8.44}$$

由于 $\gamma(k)$ 独立于 $\boldsymbol{y}(j)$，可将 $\gamma(k)$ 的均值代入，可得

$$\left[\boldsymbol{A}-\boldsymbol{F}_1(k)-p(k)\boldsymbol{F}_2(k)\boldsymbol{C}\right]E\left\{\boldsymbol{x}(k)\boldsymbol{y}^{\mathrm{T}}(j)\right\}=\boldsymbol{0},\quad j=0,1,\cdots,k-1 \tag{8.45}$$

显然，式(8.45)与式(8.40)是等价的，且只要选择合适的 $\boldsymbol{F}_1(k)$ 和 $\boldsymbol{F}_2(k)$ 使式(8.46)成立，则式(8.45)是成立的。

$$\boldsymbol{A}-\boldsymbol{F}_1(k)-p(k)\boldsymbol{F}_2(k)\boldsymbol{C}=\boldsymbol{0} \tag{8.46}$$

式(8.46)确立了 $\boldsymbol{F}_1(k)$ 和 $\boldsymbol{F}_2(k)$ 的关系，可以通过选择合适的值使式(8.41)和式(8.46)成立。

同样，将 $\boldsymbol{x}(k+1)$、$\hat{\boldsymbol{x}}(k+1)$ 和 $\boldsymbol{y}(k)$ 代入式(8.41)，可得

$$E\left\{\begin{array}{l}\left[\boldsymbol{A}\boldsymbol{x}(k)+\boldsymbol{B}\boldsymbol{w}(k)-\boldsymbol{F}_1(k)\boldsymbol{x}(k)-\gamma(k)\boldsymbol{F}_2(k)\boldsymbol{C}\boldsymbol{x}(k)-\boldsymbol{F}_2(k)\boldsymbol{D}\boldsymbol{v}(k)\right]\\ \cdot\left[\gamma(k)\boldsymbol{C}\boldsymbol{x}(k)+\boldsymbol{D}\boldsymbol{v}(k)\right]^{\mathrm{T}}\end{array}\right\}=\boldsymbol{0} \tag{8.47}$$

通过式(8.46)解算出 $\boldsymbol{F}_1(k)$ 的表达式，并将之与 $\gamma(k)$ 的均值和方差代入式(8.47)，

经化简可得

$$E\left\{\begin{array}{l}p(k)\left[\boldsymbol{A}\boldsymbol{x}(k)-\boldsymbol{A}E\{\hat{\boldsymbol{x}}(k)\}+p(k)\boldsymbol{F}_2(k)\boldsymbol{C}E\{\hat{\boldsymbol{x}}(k)\}-\boldsymbol{F}_2(k)\boldsymbol{C}\boldsymbol{x}(k)\right]\boldsymbol{x}^{\mathrm{T}}(k)\boldsymbol{C}^{\mathrm{T}}\\-\boldsymbol{F}_2(k)\boldsymbol{D}\boldsymbol{v}(k)\boldsymbol{v}^{\mathrm{T}}(k)\boldsymbol{D}^{\mathrm{T}}\end{array}\right\}=\mathbf{0} \tag{8.48}$$

需要注意的是，$\hat{\boldsymbol{x}}(k)$ 不是 $\gamma(k)$ 的函数，而是 $\gamma(0),\cdots,\gamma(k-1)$ 的函数。在式(8.48)中等量代换一个因子 $p(k)\boldsymbol{F}_2(k)\boldsymbol{C}\boldsymbol{x}(k)$，可得

$$E\left\{\begin{array}{l}p(k)\left[\boldsymbol{A}-p(k)\boldsymbol{F}_2(k)\boldsymbol{C}\right]\left[\boldsymbol{x}(k)-E\{\hat{\boldsymbol{x}}(k)\}\right]\boldsymbol{x}^{\mathrm{T}}(k)\boldsymbol{C}^{\mathrm{T}}\\-\boldsymbol{F}_2(k)\left[\boldsymbol{D}\boldsymbol{v}(k)\boldsymbol{v}^{\mathrm{T}}(k)\boldsymbol{D}^{\mathrm{T}}+\left(p(k)-1\right)p(k)\boldsymbol{C}\boldsymbol{x}(k)\boldsymbol{x}^{\mathrm{T}}(k)\boldsymbol{C}^{\mathrm{T}}\right]\end{array}\right\}=\mathbf{0} \tag{8.49}$$

定义矩阵 $\boldsymbol{P}(k)$ 和 $\boldsymbol{S}(k)$，两者均为 $n\times n$ 的矩阵：

$$\boldsymbol{P}(k)=E\left\{\left[\boldsymbol{x}(k)-\hat{\boldsymbol{x}}(k)\right]\left[\boldsymbol{x}(k)-\hat{\boldsymbol{x}}(k)\right]^{\mathrm{T}}\right\} \tag{8.50}$$

$$\boldsymbol{S}(k)=E\left\{\boldsymbol{x}(k)\boldsymbol{x}^{\mathrm{T}}(k)\right\} \tag{8.51}$$

由于 $\hat{\boldsymbol{x}}(k)$ 是量测值 $\boldsymbol{y}(j)(j=0,1,\cdots,k-1)$ 的线性函数，从式(8.38)可得

$$E\left\{\left[\boldsymbol{x}(k)-\hat{\boldsymbol{x}}(k)\right]\hat{\boldsymbol{x}}^{\mathrm{T}}(k)\right\}=\mathbf{0} \tag{8.52}$$

$\boldsymbol{P}(k)=E\left\{\left[\boldsymbol{x}(k)-\hat{\boldsymbol{x}}(k)\right]\boldsymbol{x}^{\mathrm{T}}(k)\right\}$，即估计误差的协方差矩阵。联立式(8.50)和式(8.51)，并代入式(8.49)求取均值，可得

$$p(k)\left[\boldsymbol{A}-p(k)\boldsymbol{F}_2(k)\boldsymbol{C}\right]\boldsymbol{P}(k)\boldsymbol{C}^{\mathrm{T}}-\boldsymbol{F}_2(k)\left[\boldsymbol{D}\boldsymbol{\Lambda}\boldsymbol{D}^{\mathrm{T}}+p(k)(1-p(k))\boldsymbol{C}\boldsymbol{S}(k)\boldsymbol{C}^{\mathrm{T}}\right]=\mathbf{0} \tag{8.53}$$

由此可求解 $\boldsymbol{F}_2(k)$，即

$$\boldsymbol{F}_2(k)=p(k)\boldsymbol{A}\boldsymbol{P}(k)\boldsymbol{C}^{\mathrm{T}}\left[\boldsymbol{D}\boldsymbol{\Lambda}\boldsymbol{D}^{\mathrm{T}}+p^2(k)\boldsymbol{C}\boldsymbol{P}(k)\boldsymbol{C}^{\mathrm{T}}+p(k)(1-p(k))\boldsymbol{C}\boldsymbol{S}(k)\boldsymbol{C}^{\mathrm{T}}\right]^{-1} \tag{8.54}$$

对于 $\boldsymbol{P}(k)$ 和 $\boldsymbol{S}(k)$ 的关系，从式(8.51)可得

$$\boldsymbol{S}(k+1)=E\left\{\boldsymbol{x}(k+1)\boldsymbol{x}^{\mathrm{T}}(k+1)\right\} \tag{8.55}$$

代入式(8.20)可得

$$\begin{aligned}&\boldsymbol{S}(k+1)=\boldsymbol{A}\boldsymbol{S}(k)\boldsymbol{A}^{\mathrm{T}}+\boldsymbol{B}\boldsymbol{Q}\boldsymbol{B}^{\mathrm{T}}\\&\boldsymbol{S}(0)=E\left\{\boldsymbol{x}(0)\boldsymbol{x}^{\mathrm{T}}(0)\right\}=\boldsymbol{P}(0)\end{aligned} \tag{8.56}$$

$\boldsymbol{P}(0)$ 是初始状态 $\boldsymbol{x}(0)$ 的协方差，反映其统计特性。从式(8.50)可得

$$\boldsymbol{P}(k+1)=E\left\{\left[\boldsymbol{x}(k+1)-\hat{\boldsymbol{x}}(k+1)\right]\boldsymbol{x}^{\mathrm{T}}(k+1)\right\} \tag{8.57}$$

将式(8.20)、式(8.39)、式(8.46)代入式(8.57)，可得

$$
\boldsymbol{P}(k+1)=E\left\{\begin{array}{l}\left[\boldsymbol{A}\boldsymbol{x}(k)+\boldsymbol{B}\boldsymbol{w}(k)-\boldsymbol{A}\hat{\boldsymbol{x}}(k)+p(k)\boldsymbol{F}_2(k)\boldsymbol{C}\hat{\boldsymbol{x}}(k)-\boldsymbol{F}_2(k)\gamma(k)\boldsymbol{C}\boldsymbol{x}(k)-\boldsymbol{F}_2(k)\boldsymbol{D}\boldsymbol{v}(k)\right] \\ \cdot\left[\boldsymbol{x}^{\mathrm{T}}(k)\boldsymbol{A}^{\mathrm{T}}+\boldsymbol{w}^{\mathrm{T}}(k)\boldsymbol{B}^{\mathrm{T}}\right]\end{array}\right\} \tag{8.58}
$$

因此，

$$
\boldsymbol{P}(k+1)=\left[\boldsymbol{A}-p(k)\boldsymbol{F}_2(k)\boldsymbol{C}\right]\boldsymbol{P}(k)\boldsymbol{A}^{\mathrm{T}}+\boldsymbol{B}\boldsymbol{Q}\boldsymbol{B}^{\mathrm{T}} \tag{8.59}
$$

由式(8.50)可得初始条件为 $\boldsymbol{P}(0)=E\left\{\boldsymbol{x}(0)\boldsymbol{x}^{\mathrm{T}}(0)\right\}$。对于量测模型(8.21)的估计器的证明完毕。

当量测模型为式(8.22)时，估计器的推导过程也是类似的。

在式(8.44)中，用 γ 代替 $\gamma(k)$，可得

$$
E\left\{\left[\boldsymbol{A}-\boldsymbol{F}_1(k)-\boldsymbol{F}_2(k)\gamma\boldsymbol{C}\right]\boldsymbol{x}(k)\boldsymbol{y}^{\mathrm{T}}(j)\right\}=\boldsymbol{0},\quad j=0,1,\cdots,k-1 \tag{8.60}
$$

此处，γ 与 $\boldsymbol{y}(j)(j=0,1,\cdots,k-1)$ 是相关的，利用定义式(8.26)，并用 $\gamma\boldsymbol{C}\boldsymbol{x}(j)+\boldsymbol{D}\boldsymbol{v}(j)$ 代替 $\boldsymbol{y}(j)$，可得

$$
E\left\{q\left[\boldsymbol{A}-\boldsymbol{F}_1(k)-\boldsymbol{F}_2(k)\boldsymbol{C}\right]\boldsymbol{x}(k)\boldsymbol{x}^{\mathrm{T}}(k)\boldsymbol{C}^{\mathrm{T}}\right\}=\boldsymbol{0} \tag{8.61}
$$

式(8.61)可通过式(8.62)成立：

$$
\boldsymbol{A}-\boldsymbol{F}_1(k)-\boldsymbol{F}_2(k)\boldsymbol{C}=\boldsymbol{0} \tag{8.62}
$$

遵循同样的步骤，式(8.48)改写为

$$
E\left\{\begin{array}{l}q\left[\boldsymbol{A}\boldsymbol{x}(k)-\boldsymbol{A}E\left\{\hat{\boldsymbol{x}}(k)\right\}+\boldsymbol{F}_2(k)\boldsymbol{C}E\left\{\hat{\boldsymbol{x}}(k)\right\}-\boldsymbol{F}_2(k)\boldsymbol{C}\boldsymbol{x}(k)\right]\boldsymbol{x}^{\mathrm{T}}(k)\boldsymbol{C}^{\mathrm{T}} \\ -\boldsymbol{F}_2(k)\boldsymbol{D}\boldsymbol{v}(k)\boldsymbol{v}^{\mathrm{T}}(k)\boldsymbol{D}^{\mathrm{T}}\end{array}\right\}=\boldsymbol{0} \tag{8.63}
$$

对 $\boldsymbol{P}(k)$ 的定义不变，则可求解 $\boldsymbol{F}_2(k)$ 为

$$
\boldsymbol{F}_2(k)=q\boldsymbol{A}\boldsymbol{P}(k)\boldsymbol{C}^{\mathrm{T}}\left[\boldsymbol{D}\boldsymbol{\Lambda}\boldsymbol{D}^{\mathrm{T}}+q\boldsymbol{C}\boldsymbol{P}(k)\boldsymbol{C}^{\mathrm{T}}\right]^{-1} \tag{8.64}
$$

同样，式(8.58)变为

$$
\boldsymbol{P}(k+1)=E\left\{\begin{array}{l}\left[\boldsymbol{A}\boldsymbol{x}(k)+\boldsymbol{B}\boldsymbol{w}(k)-\boldsymbol{A}\hat{\boldsymbol{x}}(k)+\boldsymbol{F}_2(k)\boldsymbol{C}\hat{\boldsymbol{x}}(k)-\gamma\boldsymbol{F}_2(k)\boldsymbol{C}\boldsymbol{x}(k)-\boldsymbol{F}_2(k)\boldsymbol{D}\boldsymbol{v}(k)\right] \\ \left[\boldsymbol{x}^{\mathrm{T}}(k)\boldsymbol{A}^{\mathrm{T}}+\boldsymbol{w}^{\mathrm{T}}(k)\boldsymbol{B}^{\mathrm{T}}\right]\end{array}\right\} \tag{8.65}
$$

在式(8.65)内部先加上再减去因子 $\boldsymbol{F}_2(k)\boldsymbol{C}\boldsymbol{x}(k)$，并代入式(8.51)和 $\boldsymbol{P}(k)=E\left\{\left[\boldsymbol{x}(k)-\hat{\boldsymbol{x}}(k)\right]\boldsymbol{x}^{\mathrm{T}}(k)\right\}$。

$$\boldsymbol{P}(k+1)=\left[\boldsymbol{A}-\boldsymbol{F}_2(k)\boldsymbol{C}\right]\boldsymbol{P}(k)\boldsymbol{A}^{\mathrm{T}}+(1-q)\boldsymbol{F}_2(k)\boldsymbol{C}\boldsymbol{S}(k)\boldsymbol{A}^{\mathrm{T}}+\boldsymbol{B}\boldsymbol{Q}\boldsymbol{B}^{\mathrm{T}} \tag{8.66}$$

其初始条件同样为 $\boldsymbol{P}(0)=E\left\{\boldsymbol{x}(0)\boldsymbol{x}^{\mathrm{T}}(0)\right\}$。

至此，量测模型为式(8.22)的估计器的推导完成。

2. 断续卡尔曼滤波估计[184]

对于离散系统，量测值的丢包问题可以看成一个 $0<\lambda<1$ 的伯努利过程：

$$\begin{aligned}\boldsymbol{x}_{t+1}&=\boldsymbol{A}\boldsymbol{x}_t+\boldsymbol{w}_t\\ \boldsymbol{y}_t&=\boldsymbol{C}\boldsymbol{x}_t+\boldsymbol{v}_t\end{aligned} \tag{8.67}$$

其中，$\boldsymbol{x}_t\in\mathbf{R}^n$ 为状态向量；$\boldsymbol{y}_t\in\mathbf{R}^n$ 为量测向量；$\boldsymbol{w}_t$ 和 $\boldsymbol{v}_t$ 分别为系统噪声和量测噪声，其均值均为 0，协方差分别为 $\boldsymbol{Q}\geqslant 0$ 、$\boldsymbol{R}\geqslant 0$。当 $j<k$ 时，$\boldsymbol{w}_k$ 与 $\boldsymbol{w}_j$ 无关。初始状态为 $\boldsymbol{x}_0$，是一个随机向量，均值为 $\boldsymbol{\mu}_0$，协方差为 $E\left\{(\boldsymbol{x}_0-\boldsymbol{\mu}_0)(\boldsymbol{x}_0-\boldsymbol{\mu}_0)^{\mathrm{T}}\right\}=\boldsymbol{P}_0$。若系统可观可控，则卡尔曼滤波估计的误差协方差将会收敛于某唯一值。当系统量测值丢包时，存在一个关键值 λ_c，若 t 时刻量测值的接收概率 $\lambda>\lambda_c$，则估计误差的协方差期望值有界(系统可观可控为前提)，若 $\lambda\leqslant\lambda_c$，则估计误差的协方差期望值发散。关键值 λ_c 取决于系统转移矩阵 $\boldsymbol{A}$ 的特征值和输出矩阵 $\boldsymbol{C}$ 的结构。

1) 断续卡尔曼滤波器的设计

对于系统不能被连续量测的状态估计，需要对卡尔曼滤波进行改进，即断续卡尔曼滤波。

定义一个有界随机变量 γ_t 描述 t 时刻系统对量测值的接收情况，其概率分布为 $p_\gamma(1)=\lambda_k$，且当 $k\neq j$ 时，γ_k 与 γ_j 无关。输出噪声 $\boldsymbol{v}_t$ 的定义如式(8.68)所示：

$$p\left(\boldsymbol{v}_t\middle|\lambda_t\right)=\begin{cases}N(0,\boldsymbol{R}), & \gamma_t=1\\ N(0,\sigma^2\boldsymbol{I}), & \gamma_t=0\end{cases} \tag{8.68}$$

由此可以看出，在 t 时刻若 $\gamma_t=1$，则量测值的协方差为 $\boldsymbol{R}$，否则协方差为 $\sigma^2\boldsymbol{I}$。实际上在量测值丢失时，极限情况相当于 $\sigma\to\infty$。在量测值丢包时，运用“伪”量测值进行卡尔曼滤波器的设计，“伪”量测值的方差取 σ 的极限，即 $\sigma\to\infty$。首先，定义如下估计过程：

$$\hat{\boldsymbol{x}}_{t|t}=E\left\{\boldsymbol{x}_t\mid\boldsymbol{Y}_t,\boldsymbol{\gamma}_t\right\} \tag{8.69}$$

$$\boldsymbol{P}_{t|t}=E\left\{\left(\boldsymbol{x}_t-\hat{\boldsymbol{x}}_t\right)\left(\boldsymbol{x}_t-\hat{\boldsymbol{x}}_t\right)^{\mathrm{T}}\mid\boldsymbol{Y}_t,\boldsymbol{\gamma}_t\right\} \tag{8.70}$$

$$\hat{\boldsymbol{x}}_{t+1|t}=E\left\{\boldsymbol{x}_{t+1}\mid\boldsymbol{Y}_t,\boldsymbol{\gamma}_t\right\} \tag{8.71}$$

$$\boldsymbol{P}_{t+1|t}=E\left\{\left(\boldsymbol{x}_{t+1}-\hat{\boldsymbol{x}}_{t+1}\right)\left(\boldsymbol{x}_{t+1}-\hat{\boldsymbol{x}}_{t+1}\right)^{\mathrm{T}}\mid\boldsymbol{Y}_t,\boldsymbol{\gamma}_t\right\} \tag{8.72}$$

$$\hat{\boldsymbol{y}}_{t+1|t} = E\{\boldsymbol{y}_{t+1} \mid \boldsymbol{Y}_t, \boldsymbol{\gamma}_t\} \tag{8.73}$$

其中，向量$\boldsymbol{Y}_t = [y_0, \cdots, y_t]^{\mathrm{T}}$，$\boldsymbol{\gamma}_t = [\gamma_0, \cdots, \gamma_t]^{\mathrm{T}}$。由此显然可得

$$E\left\{\left(\boldsymbol{y}_{t+1} - \hat{\boldsymbol{y}}_{t+1|t}\right)\left(\boldsymbol{x}_{t+1} - \hat{\boldsymbol{x}}_{t+1|t}\right)^{\mathrm{T}} \middle| \boldsymbol{Y}_t, \boldsymbol{\gamma}_{t+1}\right\} = \boldsymbol{C}\boldsymbol{P}_{t+1|t} \tag{8.74}$$

$$E\left\{\left(\boldsymbol{y}_{t+1} - \hat{\boldsymbol{y}}_{t+1|t}\right)\left(\boldsymbol{y}_{t+1} - \hat{\boldsymbol{y}}_{t+1|t}\right)^{\mathrm{T}} \middle| \boldsymbol{Y}_t, \boldsymbol{\gamma}_{t+1}\right\} = \boldsymbol{C}\boldsymbol{P}_{t+1|t}\boldsymbol{C}^{\mathrm{T}} + \gamma_{t+1}\boldsymbol{R} + (1-\gamma_{t+1})\sigma^2\boldsymbol{I} \tag{8.75}$$

其中，随机变量$\boldsymbol{x}_{t+1}$和$\boldsymbol{y}_{t+1}$由输出向量$\boldsymbol{Y}_t$和接收率$\boldsymbol{\gamma}_t$约束，两个变量符合联合高斯分布，其均值和协方差分别如下：

$$E\{\boldsymbol{x}_{t+1}, \boldsymbol{y}_{t+1} \mid \boldsymbol{Y}_{t+1}, \boldsymbol{\gamma}_{t+1}\} = \begin{bmatrix} \boldsymbol{x}_{t+1|t} \\ \boldsymbol{C}\hat{\boldsymbol{x}}_{t+1|t} \end{bmatrix} \tag{8.76}$$

$$\mathrm{COV}(\boldsymbol{x}_{t+1}, \boldsymbol{y}_{t+1} \mid \boldsymbol{Y}_{t+1}, \boldsymbol{\gamma}_{t+1}) = \begin{bmatrix} \boldsymbol{P}_{t+1|t} & \boldsymbol{P}_{t+1|t}\boldsymbol{C}^{\mathrm{T}} \\ \boldsymbol{C}\boldsymbol{P}_{t+1|t} & \boldsymbol{C}\boldsymbol{P}_{t+1|t}\boldsymbol{C}^{\mathrm{T}} + \gamma_{t+1}\boldsymbol{R} + (1-\gamma_{t+1})\sigma^2\boldsymbol{I} \end{bmatrix} \tag{8.77}$$

由此，卡尔曼滤波方程可以进行如下修改：

$$\hat{\boldsymbol{x}}_{t+1|t} = \boldsymbol{A}\hat{\boldsymbol{x}}_{t|t} \tag{8.78}$$

$$\boldsymbol{P}_{t+1|t} = \boldsymbol{A}\boldsymbol{P}_{t|t}\boldsymbol{A}^{\mathrm{T}} + \boldsymbol{Q} \tag{8.79}$$

$$\hat{\boldsymbol{x}}_{t+1|t+1} = \hat{\boldsymbol{x}}_{t+1|t} + \boldsymbol{P}_{t+1|t}\boldsymbol{C}^{\mathrm{T}}\left[\boldsymbol{C}\boldsymbol{P}_{t+1|t}\boldsymbol{C}^{\mathrm{T}} + \gamma_{t+1}\boldsymbol{R} + (1-\gamma_{t+1})\sigma^2\boldsymbol{I}\right]^{-1}\left(\boldsymbol{y}_{t+1} - \boldsymbol{C}\hat{\boldsymbol{x}}_{t+1|t}\right) \tag{8.80}$$

$$\boldsymbol{P}_{t+1|t+1} = \boldsymbol{P}_{t+1|t} - \boldsymbol{P}_{t+1|t}\boldsymbol{C}^{\mathrm{T}}\left[\boldsymbol{C}\boldsymbol{P}_{t+1|t}\boldsymbol{C}^{\mathrm{T}} + \gamma_{t+1}\boldsymbol{R} + (1-\gamma_{t+1})\sigma^2\boldsymbol{I}\right]^{-1}\boldsymbol{C}\boldsymbol{P}_{t+1|t} \tag{8.81}$$

若考虑$\sigma \to \infty$的情况，则式(8.80)和式(8.81)变为

$$\hat{\boldsymbol{x}}_{t+1|t+1} = \hat{\boldsymbol{x}}_{t+1|t} + \gamma_{t+1}\boldsymbol{K}_{t+1}\left(\boldsymbol{y}_{t+1} - \boldsymbol{C}\hat{\boldsymbol{x}}_{t+1|t}\right) \tag{8.82}$$

$$\boldsymbol{P}_{t+1|t+1} = \boldsymbol{P}_{t+1|t} - \gamma_{t+1}\boldsymbol{K}_{t+1}\boldsymbol{C}\boldsymbol{P}_{t+1|t} \tag{8.83}$$

其中，$\boldsymbol{K}_{t+1} = \boldsymbol{P}_{t+1|t}\boldsymbol{C}^{\mathrm{T}}\left(\boldsymbol{C}\boldsymbol{P}_{t+1|t}\boldsymbol{C}^{\mathrm{T}} + \boldsymbol{R}\right)^{-1}$即为卡尔曼滤波的增益矩阵。此情况下，$t$时刻没有量测值更新，此极限响应的是前一时刻的状态。同时，与标准卡尔曼滤波技术不同，$\hat{\boldsymbol{x}}_{t+1|t+1}$和$\boldsymbol{P}_{t+1|t+1}$都是随机变量，均为随机量$\gamma_{t+1}$的函数。

需要强调的是，式(8.82)和式(8.83)给出的状态误差最小方差滤波器是在量测值序列$\{y_t\}$和其接收率序列$\{\gamma_t\}$的基础上得到的，即$\hat{x}_t^{tm} = E\{x_t \mid y_t, \cdots, y_1, \gamma_t, \cdots, \gamma_1\}$。所以，该滤波器依赖于接收率序列，滤波器本身是时变和随机的。此外，由于该滤波器从接收率序列加入了额外的信息，其性能也得到提升。

从改进后的滤波方程出发，如果量测值的接收率λ_t为一个与时间无关的常值λ，则通过分析状态误差协方差矩阵的 Riccati 代数方程，可以找到协方差期望值的上下边界。此上下边界的收敛性是λ的函数。

2) 收敛条件和不稳定过程分析

对改进后的卡尔曼滤波方程(8.79)和方程(8.83)进行联立得出

$$\boldsymbol{P}_{t+1}=\boldsymbol{A}\boldsymbol{P}_t\boldsymbol{A}^{\mathrm{T}}+\boldsymbol{Q}-\gamma_t\boldsymbol{A}\boldsymbol{P}_t\boldsymbol{C}^{\mathrm{T}}\left(\boldsymbol{C}\boldsymbol{P}_t\boldsymbol{C}^{\mathrm{T}}+\boldsymbol{R}\right)^{-1}\boldsymbol{C}\boldsymbol{P}_t\boldsymbol{A}^{\mathrm{T}} \tag{8.84}$$

其中，$\boldsymbol{P}_t$ 为简写，即 $\boldsymbol{P}_t=\boldsymbol{P}_{t|t-1}$。由于序列 $\{\gamma_t\}_0^{\infty}$ 随机，改进后的卡尔曼滤波器的递推是随机的，不能离线确定。因此，只能通过推理得出其统计特性。下面针对 λ 和 λ_c 的取值及其影响展开讨论。

首先，给出改进的 Riccati 代数方程，这也是量测值不连续的卡尔曼滤波器所用到的方程，即

$$\boldsymbol{g}_{\lambda}(\boldsymbol{X})=\boldsymbol{A}\boldsymbol{X}\boldsymbol{A}^{\mathrm{T}}+\boldsymbol{Q}-\lambda\boldsymbol{A}\boldsymbol{X}\boldsymbol{C}^{\mathrm{T}}\left(\boldsymbol{C}\boldsymbol{X}\boldsymbol{C}^{\mathrm{T}}+\boldsymbol{R}\right)^{-1}\boldsymbol{C}\boldsymbol{X}\boldsymbol{A}^{\mathrm{T}} \tag{8.85}$$

推导从两个基本事实开始：改进的 Riccati 代数方程的凹度允许利用 Jensen 不等式确定状态协方差期望值的上边界；所有用于估计上下边界的算子都是单调增加的，因此如果存在一个固定值，此固定值是稳定的。

所有结论都以定理的形式给出，定理 8.1 表述了 Riccati 代数方程的收敛特性。

定理 8.1　对于算子 $\phi(\boldsymbol{K},\boldsymbol{X})=(1-\lambda)\left(\boldsymbol{A}\boldsymbol{X}\boldsymbol{A}^{\mathrm{T}}+\boldsymbol{Q}\right)+\lambda\left(\boldsymbol{F}\boldsymbol{X}\boldsymbol{F}^{\mathrm{T}}+\boldsymbol{V}\right)$，其中 $\boldsymbol{F}=\boldsymbol{A}+\boldsymbol{K}\boldsymbol{C}$，$\boldsymbol{V}=\boldsymbol{Q}+\boldsymbol{K}\boldsymbol{R}\boldsymbol{K}^{\mathrm{T}}$。若存在矩阵 $\tilde{\boldsymbol{K}}$ 和正定阵 $\tilde{\boldsymbol{P}}$，使得 $\tilde{\boldsymbol{P}}>0$ 且 $\tilde{\boldsymbol{P}}>\phi\left(\tilde{\boldsymbol{K}},\tilde{\boldsymbol{P}}\right)$，则：

(1) 对于任意的初始条件 $\boldsymbol{P}_0\geqslant\boldsymbol{0}$，Riccati 代数方程收敛，且其极限与初始条件无关，即

$$\lim_{t\to\infty}\boldsymbol{P}_t=\lim_{t\to\infty}\boldsymbol{g}_{\lambda}^{t}\left(\boldsymbol{P}_0\right)=\overline{\boldsymbol{P}}$$

(2) $\overline{\boldsymbol{P}}$ 是 Riccati 代数方程的唯一半正定固定点。

定理 8.2 表征了收敛性突变。

定理 8.2　如果 $\left(\boldsymbol{A},\boldsymbol{Q}^{1/2}\right)$ 可控，$(\boldsymbol{A},\boldsymbol{C})$ 可观，且 $\boldsymbol{A}$ 不稳定，则存在一个 $\lambda_c\in[0,1)$ 使得以下两点成立：

(1) 对于任意 $0\leqslant\lambda\leqslant\lambda_c$ 和 $\boldsymbol{P}_0\geqslant\boldsymbol{0}$，$\lim\limits_{t\to\infty}E\{\boldsymbol{P}_t\}=+\infty$；

(2) 对于任意 $\lambda_c<\lambda\leqslant 1$ 和 $\boldsymbol{P}_0\geqslant\boldsymbol{0}$，$E\{\boldsymbol{P}_t\}\leqslant\boldsymbol{M}_{\boldsymbol{P}_0}$，其中 $\boldsymbol{M}_{\boldsymbol{P}_0}>\boldsymbol{0}$ 且取决于初始条件 $\boldsymbol{P}_0\geqslant\boldsymbol{0}$。

定理 8.3 给出了关键概率 λ_c 的上下边界。

定理 8.3　取 $\underline{\lambda}=\arg\inf_{\lambda}\left[\exists\hat{\boldsymbol{S}}\mid\hat{\boldsymbol{S}}=(1-\lambda)\boldsymbol{A}\hat{\boldsymbol{S}}\boldsymbol{A}^{\mathrm{T}}+\boldsymbol{Q}\right]=1-\dfrac{1}{\alpha^2}$，$\overline{\lambda}=\arg\inf_{\lambda}\left[\exists\left(\hat{\boldsymbol{K}},\hat{\boldsymbol{X}}\right)\mid\hat{\boldsymbol{X}}>\phi\left(\hat{\boldsymbol{K}},\hat{\boldsymbol{X}}\right)\right]$，其中 $\alpha=\max|\sigma_i|$，σ_i 为矩阵 $\boldsymbol{A}$ 的特征值，则有 $\underline{\lambda}\leqslant\lambda_c\leqslant\overline{\lambda}$。

定理 8.4 对协方差矩阵期望值有界时的极限做出估计。

定理 8.4　假定$\left(\boldsymbol{A},\boldsymbol{Q}^{1/2}\right)$可控，$(\boldsymbol{A},\boldsymbol{C})$可观，$\lambda>\bar{\lambda}$，则对任意存在的$E\{\boldsymbol{P}_0\}\geqslant 0$有

$$\boldsymbol{0}<\boldsymbol{S}_t\leqslant E\{\boldsymbol{P}_t\}\leqslant \boldsymbol{V}_t \tag{8.86}$$

其中，$\lim\limits_{t\to\infty}\boldsymbol{S}_t=\bar{\boldsymbol{S}}$，$\lim\limits_{t\to\infty}\boldsymbol{V}_t=\bar{\boldsymbol{V}}$，$\bar{\boldsymbol{S}}$和$\bar{\boldsymbol{V}}$分别是代数方程$\bar{\boldsymbol{S}}=(1-\lambda)\boldsymbol{A}\bar{\boldsymbol{S}}\boldsymbol{A}^{\mathrm{T}}+\boldsymbol{Q}$和$\bar{\boldsymbol{V}}=g_\lambda\left(\bar{\boldsymbol{V}}\right)$的解。

以上 4 个定理给出了关键概率λ_c的上下边界和误差协方差期望值的上下边界，下边界$\underline{\lambda}$用等式给出。下面给出计算$\bar{\lambda}$、$\bar{\boldsymbol{S}}$和$\bar{\boldsymbol{V}}$的数值算法。

上边界$\bar{\lambda}$的算法可转换为线性矩阵不等式的迭代可行性问题，通过定理 8.5 实现解算。

定理 8.5　如果$\left(\boldsymbol{A},\boldsymbol{Q}^{1/2}\right)$可控，$(\boldsymbol{A},\boldsymbol{C})$可观，下述三个命题是等价的：

(1) 存在$\bar{\boldsymbol{X}}$，使得$\bar{\boldsymbol{X}}>g_\lambda\left(\bar{\boldsymbol{X}}\right)$；

(2) 存在$\bar{\boldsymbol{K}},\bar{\boldsymbol{X}}>\boldsymbol{0}$，使得$\bar{\boldsymbol{X}}>\phi\left(\bar{\boldsymbol{K}},\bar{\boldsymbol{X}}\right)$；

(3) 存在$\bar{\boldsymbol{Z}}$和$\boldsymbol{0}<\bar{\boldsymbol{Y}}\leqslant\boldsymbol{I}$，使得

$$\psi_\lambda(\boldsymbol{Y},\boldsymbol{Z})=\begin{bmatrix}\boldsymbol{Y} & \sqrt{\lambda}(\boldsymbol{YA}+\boldsymbol{ZC}) & \sqrt{1-\lambda}\boldsymbol{YA}\\ \sqrt{\lambda}\left(\boldsymbol{A}^{\mathrm{T}}\boldsymbol{Y}^{\mathrm{T}}+\boldsymbol{C}^{\mathrm{T}}\boldsymbol{Z}^{\mathrm{T}}\right) & \boldsymbol{Y} & \boldsymbol{0}\\ \sqrt{1-\lambda}\boldsymbol{A}^{\mathrm{T}}\boldsymbol{Y}^{\mathrm{T}} & \boldsymbol{0} & \boldsymbol{Y}\end{bmatrix}>\boldsymbol{0}$$

综合定理 8.3～定理 8.5，就可以得到计算上边界$\bar{\lambda}$的公式，即不等式(8.87)的解：

$$\bar{\lambda}=\arg\min\nolimits_\lambda\psi_\lambda(\boldsymbol{Y},\boldsymbol{Z})>0,\quad \boldsymbol{0}\leqslant\boldsymbol{Y}\leqslant\boldsymbol{I} \tag{8.87}$$

这是一个关于变量$(\lambda,\boldsymbol{Y},\boldsymbol{Z})$准凸优化问题，对$\lambda$二分后，可通过迭代求取线性矩阵不等式的可行问题的方式求解。

协方差矩阵期望值的下边界$\bar{\boldsymbol{S}}$可通过求解 Lyapunov 标准方程得出。$\bar{\boldsymbol{V}}$的上边界通过改进的 Riccati 代数方程迭代求解，或通过定理 8.6 所示的求解半正定矩阵编排问题的方式得出。

定理 8.6　若$\lambda>\bar{\lambda}$，则矩阵$\boldsymbol{V}=g_\lambda(\boldsymbol{V})$满足：

(1) $\bar{\boldsymbol{V}}=\lim\limits_{t\to\infty}\boldsymbol{V}_t$，$\boldsymbol{V}_{t+1}=g_\lambda(\boldsymbol{V}_t)$，其中$\boldsymbol{V}_0\geqslant\boldsymbol{0}$；

(2) $\arg\max_V \mathrm{Trace}(\boldsymbol{V})$使$\begin{bmatrix}\boldsymbol{AVA}^{\mathrm{T}}-\boldsymbol{V} & \sqrt{\lambda}\boldsymbol{AVC}^{\mathrm{T}}\\ \sqrt{\lambda}\boldsymbol{CVA}^{\mathrm{T}} & \boldsymbol{CVC}^{\mathrm{T}}+\boldsymbol{R}\end{bmatrix}\geqslant\boldsymbol{0}$，$\boldsymbol{V}\geqslant\boldsymbol{0}$成立。

证明：(1) 可以从定理 8.1 推导出。

(2) 可通过方程$\boldsymbol{V}\leqslant g_\lambda\left(\bar{\boldsymbol{V}}\right)$的求解得到，方程$\boldsymbol{V}\leqslant g_\lambda\left(\bar{\boldsymbol{V}}\right)$的求解属于最优化问

题的可行性分析问题，最优化问题的解就是改进 Riccati 代数方程的固定值点。假定命题不成立，$\hat{\boldsymbol{V}}$ 是最优解，但是 $\hat{\boldsymbol{V}} \neq g_{\lambda}(\bar{\boldsymbol{V}})$。由于 $\hat{\boldsymbol{V}}$ 是最优问题的可行点，则 $\hat{\boldsymbol{V}} < g_{\lambda}(\bar{\boldsymbol{V}}) = \hat{\hat{\boldsymbol{V}}}$。但由此得出 $\mathrm{Trace}(\hat{\boldsymbol{V}}) < \mathrm{Trace}(\hat{\hat{\boldsymbol{V}}})$，与矩阵 $\hat{\boldsymbol{V}}$ 最优的假设矛盾，因此 $\hat{\boldsymbol{V}} = g_{\lambda}(\bar{\boldsymbol{V}})$，命题得证。

3. 次优估计器

对于存有丢包问题的系统，可描述如下：

$$\boldsymbol{x}(k+1) = \boldsymbol{A}\boldsymbol{x}(k) + \boldsymbol{w}(k) \tag{8.88}$$

$$\boldsymbol{y}(k) = \gamma(k)\boldsymbol{H}\boldsymbol{x}(k) + \boldsymbol{v}(k) \tag{8.89}$$

其中，$\boldsymbol{x}(k) \in \mathbf{R}^n$ 和 $\boldsymbol{y}(k) \in \mathbf{R}^m$ 分别为系统状态向量和量测向量；$\boldsymbol{w}(k)$ 和 $\boldsymbol{v}(k)$ 分别为系统噪声和量测噪声，其均值均为 $\mathbf{0}$，协方差分别为 $E\left\{\boldsymbol{w}(k)\boldsymbol{w}^{\mathrm{T}}(j)\right\} = \boldsymbol{Q}\delta_{k,j}$，$E\left\{\boldsymbol{v}(k)\boldsymbol{v}^{\mathrm{T}}(j)\right\} = \boldsymbol{R}\delta_{k,j}$，$\delta_{k,j}$ 为 Kronecker 函数。初始状态 $\boldsymbol{x}(0)$ 是一个随机向量，均值为 $\boldsymbol{\mu}_0$，协方差为 $E\left\{\left[\boldsymbol{x}(0) - \boldsymbol{\mu}_0\right]\left[\boldsymbol{x}(0) - \boldsymbol{\mu}_0\right]^{\mathrm{T}}\right\} = \boldsymbol{P}_0$。$\gamma(k)$ 为数据接收指数，取值为 0 或 1，其定义由式(8.19)确定。定义与量测向量 $\boldsymbol{y}(k)$ 相关的序列 $\boldsymbol{e}(k)$ 如下：

$$\boldsymbol{e}(k) = \boldsymbol{y}(k) - \gamma(k)\boldsymbol{H}\hat{\boldsymbol{x}}(k|k-1) \tag{8.90}$$

其中，

$$\hat{\boldsymbol{x}}(k+1|k) = \boldsymbol{A}\hat{\boldsymbol{x}}(k|k-1) + \boldsymbol{K}_p(k)\boldsymbol{e}(k), \hat{\boldsymbol{x}}(0|-1) = \boldsymbol{\mu}_0 \tag{8.91}$$

$\boldsymbol{K}_p(k)$ 的取值通过使式(8.92)最小得到：

$$E\left\{\left[\boldsymbol{x}(k+1|k) - \hat{\boldsymbol{x}}(k+1|k)\right]\left[\boldsymbol{x}(k+1|k) - \hat{\boldsymbol{x}}(k+1|k)\right]^{\mathrm{T}}\right\} \tag{8.92}$$

该期望值取决于 $\boldsymbol{w}$、$\boldsymbol{v}$ 和 γ。

可以验证，虽然与用于加性噪声系统的标准卡尔曼滤波的新息不同，序列 $\boldsymbol{e}(k)$ 也是互不相关的零均值噪声，所以可以用 $\boldsymbol{e}(k)$ 作为新息构建次优估计器。即按照式(8.91)对状态 $\boldsymbol{x}(k+1)$ 进行估计，其估计状态为 $\hat{\boldsymbol{x}}(k+1|k)$，其中增益 $\boldsymbol{K}_p(k)$ 通过使式(8.92)最小得到。

1) 次优估计器的计算

对于式(8.88)和式(8.89)所定义的系统，次优估计器可用式(8.91)实现，其增益矩阵 $\boldsymbol{K}_p(k)$ 通过式(8.93)计算：

$$\boldsymbol{K}_p(k) = q\boldsymbol{A}\boldsymbol{P}(k)\boldsymbol{H}^{\mathrm{T}}\boldsymbol{M}^{-1}(k) \tag{8.93}$$

$$\boldsymbol{M}(k) = q\boldsymbol{H}\boldsymbol{P}(k)\boldsymbol{H}^{\mathrm{T}} + \boldsymbol{R} \tag{8.94}$$

估计误差的协方差矩阵 $\boldsymbol{P}(k)$ 可通过 Riccati 方程的递推形式得出，如下：

$$\begin{aligned}&\boldsymbol{P}(k+1)=\boldsymbol{A}\boldsymbol{P}(k)\boldsymbol{A}^{\mathrm{T}}+\boldsymbol{Q}-\boldsymbol{K}_p(k)\boldsymbol{M}(k)\boldsymbol{K}_p^{\mathrm{T}}(k)\\&\boldsymbol{P}(0)=\boldsymbol{P}_0\end{aligned}\tag{8.95}$$

对于上述计算的证明如下：

取 $\tilde{\boldsymbol{x}}(k|k-1)=\boldsymbol{x}(k)-\hat{\boldsymbol{x}}(k|k-1)$，代入式(8.91)可得

$$\tilde{\boldsymbol{x}}(k+1|k)=\boldsymbol{A}\tilde{\boldsymbol{x}}(k|k-1)-\boldsymbol{K}_p(k)\gamma(k)\boldsymbol{H}\tilde{\boldsymbol{x}}(k|k-1)+\boldsymbol{w}(k)-\boldsymbol{K}_p(k)\boldsymbol{v}(k)\tag{8.96}$$

通过式(8.97)对 $\tilde{\boldsymbol{x}}(k+1|k)$ 的各元素求平方：

$$\begin{aligned}\tilde{\boldsymbol{x}}(k+1|k)\tilde{\boldsymbol{x}}^{\mathrm{T}}(k+1|k)=&\left[\boldsymbol{A}-\boldsymbol{K}_p(k)\gamma(k)\boldsymbol{H}\right]\tilde{\boldsymbol{x}}(k|k-1)\tilde{\boldsymbol{x}}^{\mathrm{T}}(k|k-1)\left[\boldsymbol{A}-\boldsymbol{K}_p(k)\gamma(k)\boldsymbol{H}\right]^{\mathrm{T}}\\&-\left[\boldsymbol{A}-\boldsymbol{K}_p(k)\gamma(k)\boldsymbol{H}\right]\tilde{\boldsymbol{x}}(k|k-1)\boldsymbol{v}^{\mathrm{T}}(k)\boldsymbol{K}_p^{\mathrm{T}}(k)\\&+\left[\boldsymbol{A}-\boldsymbol{K}_p(k)\gamma(k)\boldsymbol{H}\right]\tilde{\boldsymbol{x}}(k|k-1)\boldsymbol{w}^{\mathrm{T}}(k)\\&-\boldsymbol{K}_p(k)\boldsymbol{v}(k)\tilde{\boldsymbol{x}}^{\mathrm{T}}(k|k-1)\left[\boldsymbol{A}-\boldsymbol{K}_p(k)\gamma(k)\boldsymbol{H}\right]^{\mathrm{T}}\\&+\boldsymbol{K}_p(k)\boldsymbol{v}(k)\boldsymbol{v}^{\mathrm{T}}(k)\boldsymbol{K}_p^{\mathrm{T}}(k)\\&-\boldsymbol{K}_p(k)\boldsymbol{v}(k)\boldsymbol{w}^{\mathrm{T}}(k)-\boldsymbol{w}(k)\boldsymbol{v}^{\mathrm{T}}(k)\boldsymbol{K}_p^{\mathrm{T}}(k)+\boldsymbol{w}(k)\boldsymbol{w}^{\mathrm{T}}(k)\\&+\boldsymbol{w}(k)\tilde{\boldsymbol{x}}^{\mathrm{T}}(k|k-1)\left[\boldsymbol{A}-\boldsymbol{K}_p(k)\gamma(k)\boldsymbol{H}\right]^{\mathrm{T}}\end{aligned}\tag{8.97}$$

对式(8.97)两边求均值，并代入 $\gamma(k)$、$\boldsymbol{v}(k)$、$\boldsymbol{w}(k)$ 的均值可得

$$\begin{aligned}E\left\{\tilde{\boldsymbol{x}}(k+1|k)\tilde{\boldsymbol{x}}^{\mathrm{T}}(k+1|k)\right\}=&\boldsymbol{A}\boldsymbol{P}(k)\boldsymbol{A}^{\mathrm{T}}+\boldsymbol{Q}-q^2\boldsymbol{A}\boldsymbol{P}(k)\boldsymbol{H}^{\mathrm{T}}\boldsymbol{M}^{-1}(k)\left[\boldsymbol{A}\boldsymbol{P}(k)\boldsymbol{H}^{\mathrm{T}}\right]^{\mathrm{T}}\\&+\left[\boldsymbol{K}_p(k)-\boldsymbol{K}_p^*(k)\right]\boldsymbol{M}(k)\left[\boldsymbol{K}_p(k)-\boldsymbol{K}_p^*(k)\right]^{\mathrm{T}}\end{aligned}\tag{8.98}$$

其中，$\boldsymbol{P}(k)=E\left\{\tilde{\boldsymbol{x}}(k|k-1)\tilde{\boldsymbol{x}}^{\mathrm{T}}(k|k-1)\right\}$；$\boldsymbol{K}_p^*=q\boldsymbol{A}\boldsymbol{P}(k)\boldsymbol{H}^{\mathrm{T}}\boldsymbol{M}^{-1}(k)$；$\boldsymbol{M}(k)=q\boldsymbol{H}\boldsymbol{P}(k)\boldsymbol{H}^{\mathrm{T}}+\boldsymbol{R}$。

显然，在 $\boldsymbol{K}_p(k)=\boldsymbol{K}_p^*(k)$ 时，$E\left\{\tilde{\boldsymbol{x}}(k+1|k)\tilde{\boldsymbol{x}}^{\mathrm{T}}(k+1|k)\right\}$ 最小。

2) 次优估计器的收敛性与稳定性

为分析次优估计器的收敛性与稳定性，做出以下假设[195]。

假设 1：$\left(\boldsymbol{A}^{\mathrm{T}},q\boldsymbol{H}^{\mathrm{T}},\boldsymbol{0},\boldsymbol{H}^{\mathrm{T}}\right)$ $(0<q<1)$ 是稳定的；

假设 2：$(\boldsymbol{A}^{\mathrm{T}},\boldsymbol{0},\boldsymbol{Q}^{1/2})$ 完全可观测。

若存在一个反馈控制输入 $\boldsymbol{u}(k)=\boldsymbol{K}\boldsymbol{x}(k)$，$\boldsymbol{K}$ 为常值矩阵，使得对于任何 $\boldsymbol{x}_0\in\mathbf{R}^n$，式(8.99)所示的闭环系统是渐近均方稳定的，则称 $\left(\boldsymbol{A}^{\mathrm{T}},\boldsymbol{H}^{\mathrm{T}},\boldsymbol{A}_0^{\mathrm{T}},\boldsymbol{H}_0^{\mathrm{T}}\right)$ 是

均方稳定的。

$$\begin{aligned} &\boldsymbol{x}(k+1)=(\boldsymbol{A}^{\mathrm{T}}+\boldsymbol{H}^{\mathrm{T}}\boldsymbol{K})\boldsymbol{x}(k)+(\boldsymbol{A}_0^{\mathrm{T}}+\boldsymbol{H}_0^{\mathrm{T}}\boldsymbol{K})\boldsymbol{x}(k)\boldsymbol{w}(k) \\ &\boldsymbol{x}(0)=\boldsymbol{x}_0 \end{aligned} \tag{8.99}$$

其中，$\boldsymbol{w}(k)$是一个宽平稳二阶过程，其均值$E\{\boldsymbol{w}(k)\}=\boldsymbol{0}$，$E\{\boldsymbol{w}(k)\boldsymbol{w}(j)\}=\sigma\delta_{kj}$。

对于随机系统

$$\begin{aligned} &\boldsymbol{x}(k+1)=\boldsymbol{A}^{\mathrm{T}}\boldsymbol{x}(k)+\boldsymbol{A}_0^{\mathrm{T}}\boldsymbol{x}(k)\boldsymbol{w}(k) \\ &\boldsymbol{y}(k)=\boldsymbol{C}^{\mathrm{T}}\boldsymbol{x}(k) \end{aligned} \tag{8.100}$$

若满足

$$\boldsymbol{y}(k)\equiv 0,\quad \text{a.s.}\forall k\in\{0,1,\cdots\}\Rightarrow \boldsymbol{x}_0=\boldsymbol{0} \tag{8.101}$$

则$(\boldsymbol{A}^{\mathrm{T}},\boldsymbol{A}_0^{\mathrm{T}},\boldsymbol{C}^{\mathrm{T}})$是完全可观的。

基于此，可得出定理 8.7[181]。

定理 8.7　在假设 1 和假设 2 的条件下，对于确定的任意非负对称初始矩阵$\boldsymbol{P}(0)$，式(8.95)所定义的矩阵$\boldsymbol{P}(k)$收敛于唯一确定的正定矩阵$\boldsymbol{P}$，即有$\lim\limits_{k\to\infty}\boldsymbol{P}(k)=\boldsymbol{P}>\boldsymbol{0}$，$\lim\limits_{k\to\infty}\boldsymbol{K}_p(k)=\boldsymbol{K}_p\equiv q\boldsymbol{APH}^{\mathrm{T}}(q\boldsymbol{HPH}^{\mathrm{T}}+\boldsymbol{R})^{-1}$。

根据上述定理，当$k\to\infty$时，次优估计器可写为

$$\hat{\boldsymbol{x}}(k+1|k)=[\boldsymbol{A}-\gamma(k)\boldsymbol{K}_p\boldsymbol{H}]\hat{\boldsymbol{x}}(k|k-1)+\boldsymbol{K}_p\boldsymbol{y}(k) \tag{8.102}$$

在假设 1 和假设 2 的条件下，次优估计器(8.102)是均方稳定的。证明如下。

式(8.102)可进一步改写为

$$\hat{\boldsymbol{x}}(k+1|k)=(\boldsymbol{A}-q\boldsymbol{K}_p\boldsymbol{H})\hat{\boldsymbol{x}}(k|k-1)+\boldsymbol{K}_p\boldsymbol{y}(k)+\bar{\gamma}(k)(-\boldsymbol{K}_p\boldsymbol{H})\hat{\boldsymbol{x}}(k|k-1) \tag{8.103}$$

其中，$\bar{\gamma}(k)=\gamma(k)-q$是一个随机标量变量，均值为 0，协方差为$q(1-q)$。由定理 8.7 可知

$$(\boldsymbol{A}-q\boldsymbol{K}_p\boldsymbol{H})\boldsymbol{P}(\boldsymbol{A}-q\boldsymbol{K}_p\boldsymbol{H})^{\mathrm{T}}+q(1-q)\boldsymbol{K}_p\boldsymbol{HPH}^{\mathrm{T}}\boldsymbol{K}_p^{\mathrm{T}}-\boldsymbol{P}<\boldsymbol{0} \tag{8.104}$$

由此可得，系统(8.105)是均方稳定的：

$$\hat{\boldsymbol{x}}(k+1|k)=(\boldsymbol{A}-q\boldsymbol{K}_p\boldsymbol{H})\hat{\boldsymbol{x}}(k|k-1)+\bar{\gamma}(k)(-\boldsymbol{K}_p\boldsymbol{H})\hat{\boldsymbol{x}}(k|k-1) \tag{8.105}$$

从而得出估计器(8.102)是均方稳定的。

8.2.3　次优传递对准估计器

对于式(8.9)和式(8.10)所示的估计问题，标准卡尔曼滤波器可完全解决，在常规条件下，卡尔曼滤波器包括两个步骤：预估和校正[192]。

(1) 预估：根据系统方程和初始条件，递推一步状态和协方差。

$$\hat{\boldsymbol{X}}_{k+1/k}=\boldsymbol{A}_k\hat{\boldsymbol{X}}_k \tag{8.106}$$

$$\boldsymbol{P}_{k+1/k}=\boldsymbol{A}_k\boldsymbol{P}_k\boldsymbol{A}_k^{\mathrm{T}}+\boldsymbol{Q}_k \tag{8.107}$$

(2) 校正：在校正阶段，首先计算卡尔曼滤波器的增益，然后用增益加权更新后的量测误差与前一时刻的状态一步估计相加，对其进行校正。下一步的协方差可递归更新。

$$\boldsymbol{K}_k=\boldsymbol{P}_{k+1/k}\boldsymbol{H}_k^{\mathrm{T}}\left(\boldsymbol{H}_k\boldsymbol{P}_{k+1/k}\boldsymbol{H}_k^{\mathrm{T}}+\boldsymbol{R}_k\right)^{-1} \tag{8.108}$$

$$\hat{\boldsymbol{X}}_{k+1}=\hat{\boldsymbol{X}}_{k+1/k}+\boldsymbol{K}_k\left(\boldsymbol{Y}_k-\boldsymbol{H}_k\hat{\boldsymbol{X}}_{k+1/k}\right) \tag{8.109}$$

$$\boldsymbol{P}_{k+1}=\left(\boldsymbol{I}-\boldsymbol{K}_k\boldsymbol{H}_k\right)\boldsymbol{P}_{k+1/k}\left(\boldsymbol{I}-\boldsymbol{K}_k\boldsymbol{H}_k\right)^{-1}+\boldsymbol{K}_k\boldsymbol{R}_k\boldsymbol{K}_k^{-1} \tag{8.110}$$

显然，标准卡尔曼滤波要求必须准时按序接收到量测信息。

1. 最小均方差估计器

量测参数数据的随机丢包如式(8.18)所示，其不确定性可视为一个独立同分布序列。此有界的随机变量可以描述量测参数的接收情况，根据最小均方差估计原理可以推导出一种卡尔曼滤波器，等效于递归估计器，该估计器利用了接收到的量测参数序列的统计特性[180]。其计算过程如下：

$$\hat{\boldsymbol{X}}_k=\boldsymbol{F}_{1(k-1)}\hat{\boldsymbol{X}}_{k-1}+\boldsymbol{F}_{2(k-1)}\boldsymbol{Y}_{k-1} \tag{8.111}$$

其中，

$$\boldsymbol{F}_{1(k-1)}=\boldsymbol{A}_k-p\boldsymbol{F}_{2(k-1)}\boldsymbol{H}_k \tag{8.112}$$

$$\begin{aligned}\boldsymbol{F}_{2(k-1)}=p\boldsymbol{A}_k\boldsymbol{P}_{(k-1)}\boldsymbol{H}_k^{\mathrm{T}}[&\boldsymbol{R}_k+p^2\boldsymbol{H}_k\boldsymbol{P}_{k-1}\boldsymbol{H}_k^{\mathrm{T}}\\&+p(1-p)\boldsymbol{H}_k\boldsymbol{S}_{k-1}\boldsymbol{H}_k^{\mathrm{T}}]^{-1}\end{aligned} \tag{8.113}$$

$$\boldsymbol{S}_k=\boldsymbol{A}_k\boldsymbol{S}_{k-1}\boldsymbol{A}_k^{\mathrm{T}}+\boldsymbol{Q}_k \tag{8.114}$$

协方差方程为

$$\boldsymbol{P}_k=(\boldsymbol{A}_k-p\boldsymbol{F}_{2(k-1)}\boldsymbol{H}_k)\boldsymbol{P}_{k-1}\boldsymbol{A}_k^{\mathrm{T}}+\boldsymbol{Q}_k \tag{8.115}$$

其中，p 为量测参数的接收概率，由式(8.19)定义。这个最优估计器被称为最小均方差估计器。$\boldsymbol{S}_0=\boldsymbol{P}_0=E\left\{\boldsymbol{X}_0\boldsymbol{X}_0^{\mathrm{T}}\right\}$ 是初始条件。

2. 次优估计器

在丢包的情况下，通过最小化估计的均方差可推导出次优估计器，用以求解确定性的 Riccati 方程[181]。与最小均方差估计器相比，次优估计器具有较小的误差协方差：

$$\hat{\boldsymbol{X}}_k=(\boldsymbol{A}_k-\gamma_{k-1}\boldsymbol{K}_{p(k-1)}\boldsymbol{H}_k)\hat{\boldsymbol{X}}_{k-1}+\boldsymbol{K}_{p(k-1)}\boldsymbol{Y}_{k-1} \tag{8.116}$$

其中，

$$\begin{aligned} \boldsymbol{K}_{p(k-1)} &= p\boldsymbol{A}_k \boldsymbol{P}_{k-1} \boldsymbol{H}_k^{\mathrm{T}} \boldsymbol{M}_{k-1}^{-1} \\ \boldsymbol{M}_{k-1} &= p\boldsymbol{H}_k \boldsymbol{P}_{k-1} \boldsymbol{H}_k^{\mathrm{T}} + \boldsymbol{R}_k \end{aligned} \tag{8.117}$$

协方差由式(8.118)计算：

$$\boldsymbol{P}_k = \boldsymbol{A}_k \boldsymbol{P}_{k-1} \boldsymbol{A}_k^{\mathrm{T}} + \boldsymbol{Q}_k - \boldsymbol{K}_{p(k-1)} \boldsymbol{M}_{k-1} \boldsymbol{K}_{p(k-1)}^{\mathrm{T}} \tag{8.118}$$

p 是量测参数的接收概率，同样由式(8.19)定义。该算法即是传递对准的次优估计器实现。

8.2.4 仿真分析

1. 仿真设计

传递对准仿真系统方框图如图 8.8 所示[34]。该仿真系统包括载体运动仿真模块，用于设定载体的运动参数。载体的运动分别由主惯导和子惯导的惯性测量单元(inertial measurement unit，IMU)测量，IMU 由三个轴的陀螺仪和加速度计组成，其中只有子惯导 IMU 的输入包含载体的变形和杆臂效应。然后依据捷联惯导的编排方程解算载体的速度、姿态和位置，初始化惯导系统，并设定主惯导精度高于子惯导。将主惯导解算的导航参数传递给子惯导，匹配主惯导和子惯导的导航参数，得到传递对准的量测参数。导航参数传递过程中，量测数据包会随机丢失，然后利用估计器估计主惯导与子惯导之间的失准角。

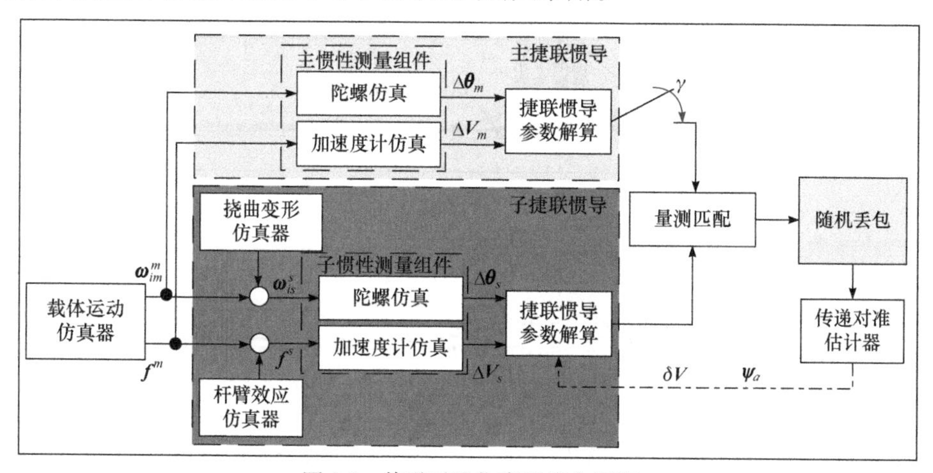

图 8.8　传递对准仿真系统方框图

仿真中，选取典型的惯导初始条件。初始位置的经纬度为 $\varphi_0 = 37.9°$、$\lambda_0 = 121.7°$，初始速度为 $V_x = V_y = 25\text{m/s}$，载体设定为海洋上的大型舰船，其初始姿态为 $[5,-5,30]°$，捷联惯导的数据更新周期为 10ms，对准滤波器的周期设定为 50ms，X 轴、Y 轴和 Z 轴的初始失准角设定为 $[1,1,2]°$。

2. 仿真结果分析

由文献[36]可知，快速传递对准的精度要求是在 10s 内达到 1mrad。仿真中设定量测参数的接收概率 p 分别为 0.9、0.7 和 0.5。不同概率下传递对准的性能如图 8.9～图 8.11 所示，测量到的参数也一同给出。传递对准结束时的数值精度如表 8.2 所示。

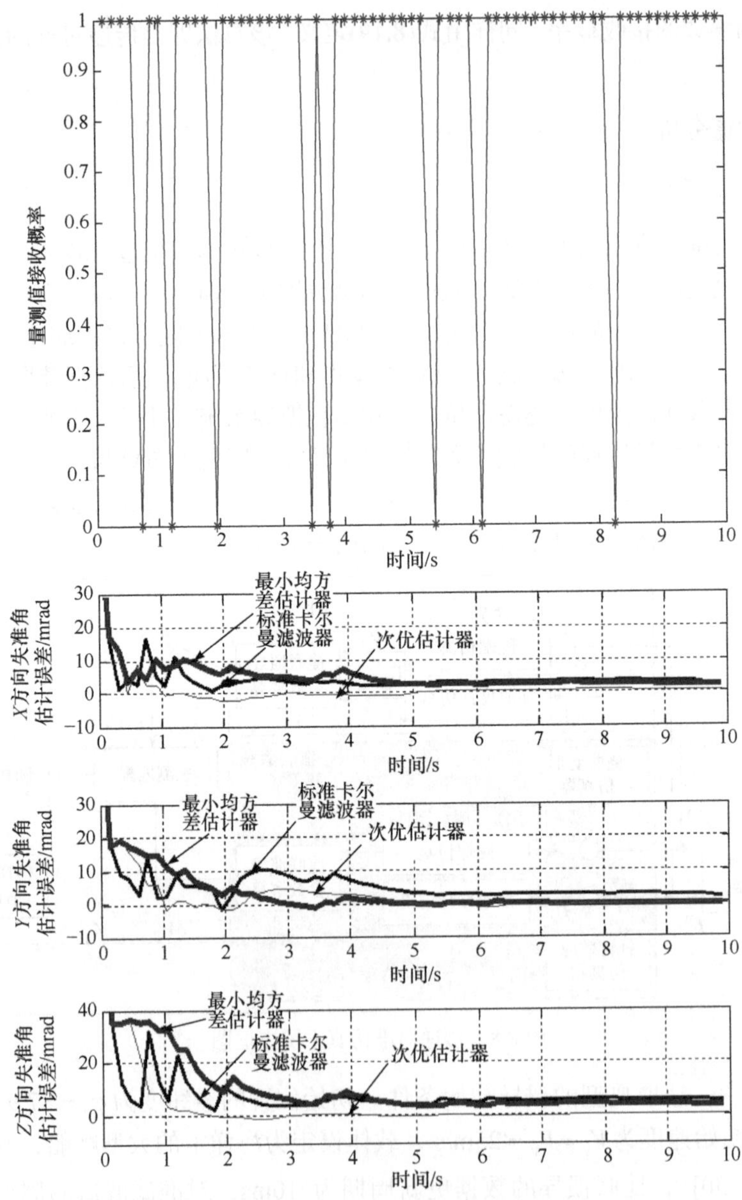

图 8.9　p 为 0.9 时的量测参数丢包指示器和传递对准失准角的估计

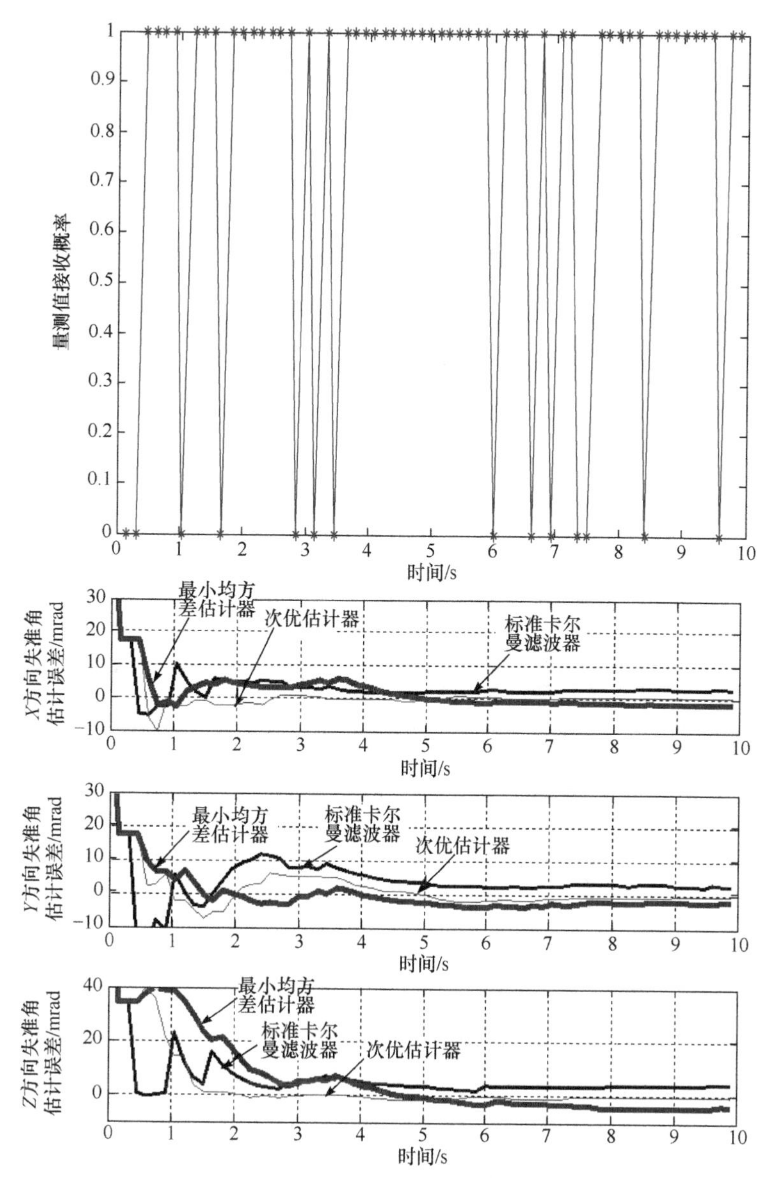

图 8.10　p 为 0.7 时的量测参数丢包指示器和传递对准失准角的估计

从仿真结果可以看出，随着量测数据的丢失，传递对准的失准角估计精度随之下降。即使量测参数接收概率高达 0.9，标准卡尔曼滤波器的精度也不能达到 10ms 内小于 1mrad 的标准，随着量测参数接收概率的降低，其精度会进一步退化。与之相比，最小均方差估计器的精度稍好，但是也不能达到 10ms 内小于 1mrad 的标准。次优估计器的性能最好，在量测参数接收概率为 0.5 时，精度仍旧可以达到 10ms 内小于 1mrad 的标准，证实了快速传递对准中次优估计器对准效率的提高。

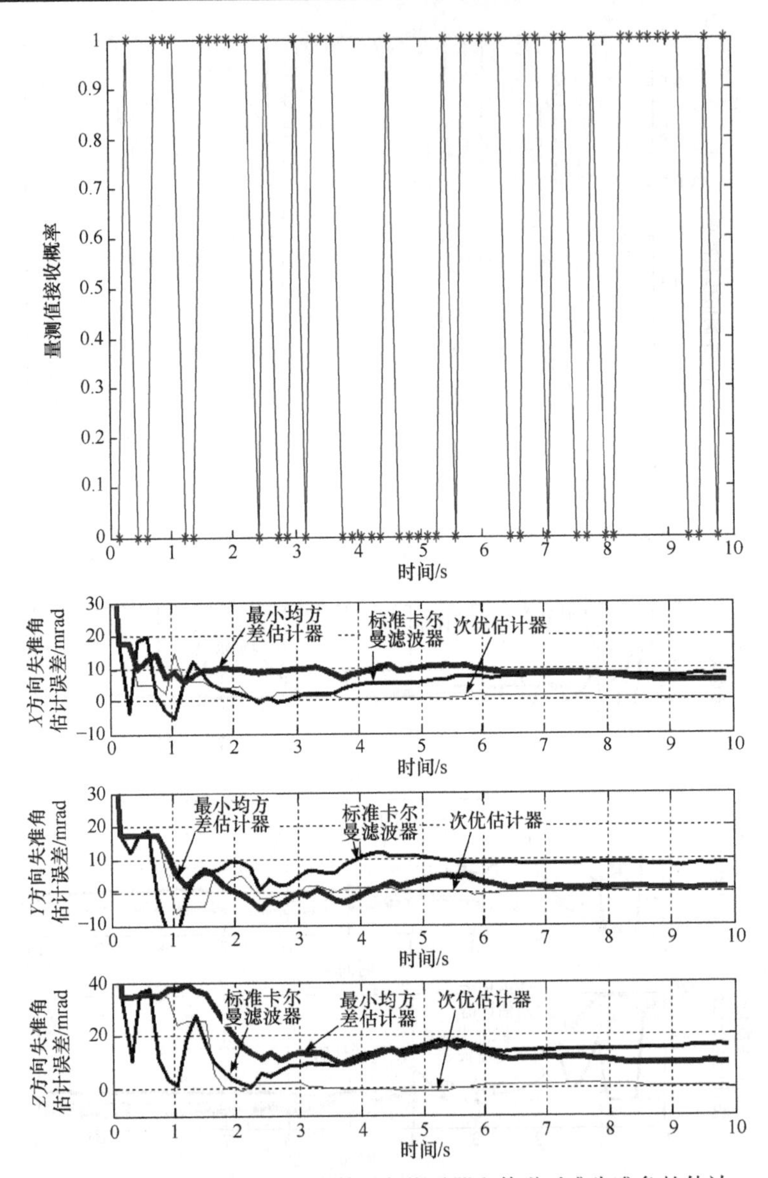

图 8.11　p 为 0.5 时的量测参数丢包指示器和传递对准失准角的估计

表 8.2　不同量测概率下传递对准的精度　　　(单位：mrad)

方法	p=0.9			p=0.7			p=0.5		
	ψ_{ax}	ψ_{ay}	ψ_{az}	ψ_{ax}	ψ_{ay}	ψ_{az}	ψ_{ax}	ψ_{ay}	ψ_{az}
标准卡尔曼滤波器	2.592	2.247	5.215	2.876	2.577	4.320	7.851	8.523	15.644
最小均方差估计器	2.110	0.025	3.511	−1.643	−2.419	−4.057	5.616	1.411	9.728
次优估计器	0.609	0.158	0.314	0.363	−0.619	−0.522	0.398	0.920	0.732

8.3 小 结

惯导系统传递对准时间延迟误差对传递对准精度有着不可忽视的影响，本章利用微积分及方向余弦矩阵微分方程等理论知识，推导出一种基于主惯导姿态矩阵预测的时间延迟误差补偿方法，仿真结果表明，该方法能够有效地补偿传递对准中的时间延迟误差，提高传递对准的精度。

在考虑量测参数丢包时，本章讨论了捷联惯导系统的快速传递对准的过程和模型。对量测参数丢包问题建模，将之等效于独立同分布伯努利过程。然后分别介绍了标准卡尔曼滤波器、最小均方差估计器、次优估计器在快速传递对准中的应用。仿真结果表明，在考虑量测参数丢包问题时，次优估计器的估计效果最好，可以在 10s 内将失准角估计误差减小到 1mrad 以内。

第 9 章　基于快速传递对准模型的舰船甲板变形实时估计

大型舰船的甲板会因各种情况发生形变，如装载量的改变、舰体受热不均、舰体运动时的扰动、海浪和直升机起降等。形变误差可以分为角度形变和线性形变。随着两点距离的增长，角度形变的幅度则会变大[104]。

舰船变形时，甲板不同部位的角度形变和加速度是不同的。Wang 等[196]引入无迹粒子滤波用于估计舰船的形变，首先建立非线性形变模型，利用主惯导和子惯导陀螺的输出和解算的姿态角度估计形变。但是该方法需要将惯导安装在甲板的关键点上，且只能测量该关键点处的形变。如果需测量多个位置的形变，则该方法的技术和成本将成倍上升。此外，为了提高测量精度，需要增加粒子数，而无迹粒子滤波的计算量也随之增加。MEMS 成本低、体积小[197,198]，随着其技术的发展，MEMS 组成的惯性测量单元可以用于测量甲板的形变。对比惯性测量单元和舰船主惯导系统输出的角速度和速度增量，可以利用惯性测量单元的输出计算甲板形变，进而消除形变引起的姿态误差。

基于美国学者 Kain 推导的快速传递模型[36]，可以建立线性形变估计模型。本章提出的舰船甲板变形实时估计方法的系统模型引用 Kain 的推导，量测模型通过对比 MEMS 惯性测量单元和主惯导系统的输出进行设计。由于系统模型和量测模型都是线性的，可以采用经典卡尔曼滤波器对形变进行估计[199]。在滤波之前，需要对形变估计模型进行可观测性分析，分析时采用改进的奇异值分解的可观测性分析方法。

9.1　舰船甲板变形估计的卡尔曼滤波器设计

下面基于 Kain 的快速传递对准模型推导系统模型和量测模型。

9.1.1　系统模型

Kain 建立的系统模型为

$$\delta\dot{\boldsymbol{V}} = \boldsymbol{C}_{Ic}^{n}(\boldsymbol{\psi}_m - \boldsymbol{\psi}_a)\times\hat{\boldsymbol{f}}^{Ir} + \boldsymbol{C}_{Ic}^{n}(\boldsymbol{f}_{fb}^{Ir} + \nabla^{Ir}) \tag{9.1}$$

$$\dot{\boldsymbol{\psi}}_m = (\boldsymbol{\psi}_m - \boldsymbol{\psi}_a)\times\hat{\boldsymbol{\omega}}_{nIr}^{Ir} + \boldsymbol{\omega}_{fb}^{Ir} + \boldsymbol{\varepsilon}^{Ir} \tag{9.2}$$

$$\dot{\boldsymbol{\psi}}_a = \boldsymbol{\eta} \tag{9.3}$$

其中，上下标为不同的坐标系；n 为导航系，以当地真实的地平坐标系定义；Ic 为固定于惯性测量单元的计算坐标系；m 为固定于主惯导系统的坐标系；Ir 为固定于惯性测量单元的真实坐标系；$\delta\boldsymbol{V}$ 为主惯导与惯性测量单元的速度差；$\boldsymbol{\psi}_m$ 为主惯导与惯性测量单元间计算的姿态差值；$\boldsymbol{\psi}_a$ 为主惯导与惯性测量单元真实的姿态差值；$\boldsymbol{C}_{Ic}^n$ 为 Ic 坐标系到 n 坐标系的方向余弦矩阵。各坐标系之间的关系如图 9.1 所示。

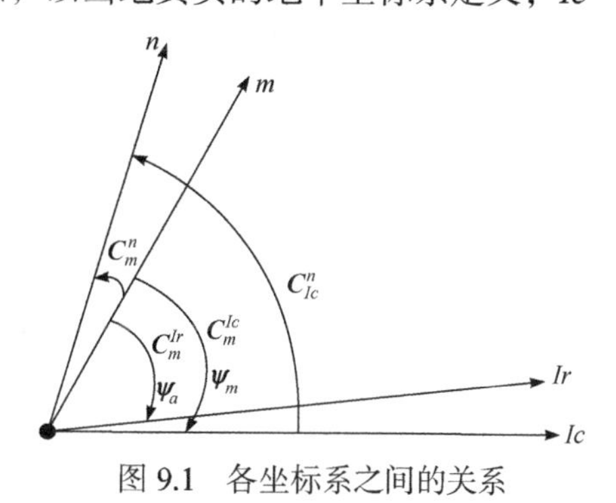

图 9.1　各坐标系之间的关系

9.1.2　量测模型

惯性测量单元的加速度计不能直接输出速度信息，只能得到速度增量，陀螺只能给出角速度信息，所以量测模型中采用主惯导和惯性测量单元的速度增量和角速度作为量测值。

1. 速度增量量测模型

式(9.1)中，速度偏差 $\delta\boldsymbol{V}$ 是主惯导与惯性测量单元输出的速度差值，实际上是惯性测量单元安装位置处的速度，即

$$\delta\boldsymbol{V} = \boldsymbol{V}_{Ic}^n - \boldsymbol{V}_m^n - \boldsymbol{V}_l^n \tag{9.4}$$

其中，$\boldsymbol{V}_l^n$ 是杆臂速度[36,200]，k 时刻的速度偏差可以由 k–1 时刻的速度偏差推算出来，即

$$\begin{aligned}\delta\boldsymbol{V}_k &= \boldsymbol{V}_{Ick}^n - \boldsymbol{V}_{mk}^n - \boldsymbol{V}_{lk}^n \\ &= (\boldsymbol{V}_{Ic(k-1)}^n + \Delta\boldsymbol{V}_{Ick}^n) - (\boldsymbol{V}_{m(k-1)}^n + \Delta\boldsymbol{V}_{mk}^n) - (\boldsymbol{V}_{l(k-1)}^n + \Delta\boldsymbol{V}_{lk}^n) \\ &= (\boldsymbol{V}_{Ic(k-1)}^n - \boldsymbol{V}_{m(k-1)}^n - \boldsymbol{V}_{l(k-1)}^n) + (\Delta\boldsymbol{V}_{sck}^n - \Delta\boldsymbol{V}_{mk}^n - \Delta\boldsymbol{V}_{lk}^n) \\ &= \delta\boldsymbol{V}_{k-1} + (\Delta\boldsymbol{V}_{Ick}^n - \Delta\boldsymbol{V}_{mk}^n - \Delta\boldsymbol{V}_{lk}^n)\end{aligned} \tag{9.5}$$

其中，$\Delta\boldsymbol{V}_{Ick}^n$ 是 k 时刻加速度计的输出在导航系的投影，可由式(9.6)得出

$$\begin{aligned}\Delta\boldsymbol{V}_{Ick}^n &= \boldsymbol{C}_m^n\boldsymbol{C}_{Ir}^m\Delta\boldsymbol{V}_{Ick}^{Ir} \\ &= \boldsymbol{C}_m^n(1+(\psi_a\times))\Delta\boldsymbol{V}_{Ick}^{Ir}\end{aligned} \tag{9.6}$$

最后可得

$$\begin{aligned}\delta\boldsymbol{V}_k &= \delta\boldsymbol{V}_{k-1} + \boldsymbol{C}_m^n(1+(\boldsymbol{\psi}_a\times))\Delta\boldsymbol{V}_{Ick}^{Ir} - \Delta\boldsymbol{V}_{mk}^n - \Delta\boldsymbol{V}_{lk}^n \\ &= \delta\boldsymbol{V}_{k-1} + \boldsymbol{C}_m^n\Delta\boldsymbol{V}_{Ick}^{Ir} + \boldsymbol{C}_m^n(\boldsymbol{\psi}_a\times)\Delta\boldsymbol{V}_{Ick}^{Ir} - \Delta\boldsymbol{V}_{mk}^n - \Delta\boldsymbol{V}_{lk}^n\end{aligned} \tag{9.7}$$

将状态变量与已知参数分离，可得

$$\delta\boldsymbol{V}_{k-1} + \boldsymbol{C}_m^n\Delta\boldsymbol{V}_{Ick}^{Ir} - \Delta\boldsymbol{V}_{mk}^n - \Delta\boldsymbol{V}_{lk}^n = \delta\boldsymbol{V}_k - \boldsymbol{C}_m^n(\boldsymbol{\psi}_a\times)\Delta\boldsymbol{V}_{Ick}^{Ir} \tag{9.8}$$

将速度增量的量测值定义为

$$\begin{aligned}\delta\boldsymbol{Z}_{dv} &= \delta\boldsymbol{V}_{k-1} + \boldsymbol{C}_m^n\Delta\boldsymbol{V}_{Ick}^{Ir} - \Delta\boldsymbol{V}_{mk}^n - \Delta\boldsymbol{V}_{lk}^n \\ &= \delta\boldsymbol{V}_k - \boldsymbol{C}_m^n(\boldsymbol{\psi}_a\times)\Delta\boldsymbol{V}_{Ick}^{Ir} \\ &= \delta\boldsymbol{V}_k + \boldsymbol{C}_m^n(\Delta\boldsymbol{V}_{Ick}^{Ir}\times)\boldsymbol{\psi}_a\end{aligned} \tag{9.9}$$

其中，$(\boldsymbol{\beta}\times)$ 为叉乘反对称矩阵，如式(9.10)所示，其中 $\boldsymbol{\beta} = \boldsymbol{\psi}_a, \Delta\boldsymbol{V}_{Ick}^{Ir}, \cdots$。

$$(\boldsymbol{\beta}\times) = \begin{bmatrix} 0 & -\beta_z & \beta_y \\ \beta_z & 0 & -\beta_x \\ -\beta_y & \beta_x & 0 \end{bmatrix} \tag{9.10}$$

2. 角速度量测模型

基于“速度+角速度”匹配的快速传递对准方法，推导卡尔曼滤波器的角速度量测模型[201]。假定主惯导输出的角速度为

$$\boldsymbol{Z}_\omega^m = \boldsymbol{\omega}_{im}^m \tag{9.11}$$

惯性测量单元测量的角速度为

$$\boldsymbol{Z}_\omega^I = \hat{\boldsymbol{\omega}}_{iI}^I \tag{9.12}$$

惯性测量单元输出的角速度可以分解为真实角速度、形变角速度和惯性测量单元误差角速度。若主惯导的精度足够高，惯性测量单元测量的角速度可以表示为

$$\begin{aligned}\boldsymbol{Z}_\omega^I &= \hat{\boldsymbol{\omega}}_{iI}^I \\ &= \boldsymbol{\omega}_{im}^I + \boldsymbol{\omega}_f^I + \boldsymbol{\varepsilon}^I \\ &= \boldsymbol{C}_m^{Ir}\boldsymbol{\omega}_{im}^m + \boldsymbol{\omega}_f^I + \boldsymbol{\varepsilon}^I\end{aligned} \tag{9.13}$$

其中，$\boldsymbol{C}_m^{Ir}$ 是 m 坐标系到 Ir 坐标系的方向余弦矩阵，当形变角度较小时，可取

$$\boldsymbol{C}_m^{Ir} = \boldsymbol{I} - (\boldsymbol{\psi}_a\times) \tag{9.14}$$

角速度的量测值为

$$\begin{aligned}\delta \boldsymbol{Z}_{\omega} &= \boldsymbol{Z}_{\omega}^{I} - \boldsymbol{Z}_{\omega}^{m} \\ &= [\boldsymbol{I} - (\boldsymbol{\psi}_{a}\times)]\boldsymbol{\omega}_{im}^{m} + \boldsymbol{\omega}_{f}^{s} + \boldsymbol{\varepsilon}^{s} - \boldsymbol{\omega}_{im}^{m} \\ &= -\boldsymbol{\psi}_{a} \times \boldsymbol{\omega}_{im}^{m} + \boldsymbol{\omega}_{f}^{s} + \boldsymbol{\varepsilon}^{s} \\ &= \boldsymbol{\omega}_{im}^{m} \times \boldsymbol{\psi}_{a} + \boldsymbol{\omega}_{f}^{s} + \boldsymbol{\varepsilon}^{s}\end{aligned} \tag{9.15}$$

9.1.3　卡尔曼滤波器

根据系统模型，选取以下变量为卡尔曼滤波器的状态变量：

$$\boldsymbol{X} = \begin{bmatrix} \delta V_x & \delta V_y & \delta V_z & \psi_{mx} & \psi_{my} & \psi_{mz} & \psi_{ax} & \psi_{ay} & \psi_{az} \end{bmatrix}$$

结合系统模型和量测模型，用于形变估计的卡尔曼滤波器模型为

$$\boldsymbol{X}_k = \boldsymbol{\Phi}_{k,k-1}\boldsymbol{X}_{k-1} + \boldsymbol{w}_{k-1} \tag{9.16}$$

$$\boldsymbol{Z}_k = \boldsymbol{H}_k \boldsymbol{X}_k + \boldsymbol{v}_k \tag{9.17}$$

其中，$\boldsymbol{\Phi}_{k,k-1}$是状态转移矩阵[36]，可由式(9.1)～式(9.3)推出；$\boldsymbol{Z}_k$是 k 时刻卡尔曼滤波器的量测值；$\boldsymbol{H}_k$是量测矩阵，可由式(9.9)和式(9.15)推出：

$$\boldsymbol{H}_k = \begin{bmatrix} \boldsymbol{I}_{3\times 3} & \boldsymbol{0}_{3\times 3} & \boldsymbol{C}_m^n(\Delta \boldsymbol{V}_{lck}^{lr}\times) \\ \boldsymbol{0}_{3\times 3} & \boldsymbol{0}_{3\times 3} & \boldsymbol{\omega}_{im}^{m}\times \end{bmatrix} \tag{9.18}$$

9.2　舰船甲板变形估计算法的可观测性分析

9.2.1　可观测性分析

用于形变估计的卡尔曼滤波器是一个线性时变系统，所以需要采用 PWCS 的分析方法[168]。在各个分段的时间段较短，系统近似为线性定常系统，因而可以采用线性系统的可观测性分析方法。式(9.16)、式(9.17)的 PWCS 模型为

$$\begin{cases} \boldsymbol{X}_k = \boldsymbol{\Phi}_j \boldsymbol{X}_{k-1} + \boldsymbol{w}_{k-1} \\ \boldsymbol{Z}_k = \boldsymbol{H}_j \boldsymbol{X}_k + \boldsymbol{v}_k \end{cases} \tag{9.19}$$

其中，$j = 1,2,\cdots,r$ 是时间段，对于每一个时间段，系统转移矩阵$\boldsymbol{\Phi}_j$和量测矩阵$\boldsymbol{H}_j$都是常值矩阵，但是会随着时间段不同而变化。在每个时间段，可以获得 n 个量测值，所以总可观测性矩阵为

$$
\boldsymbol{Q}(r)=\begin{bmatrix} \boldsymbol{H}_1 \\ \boldsymbol{H}_1\boldsymbol{\Phi}_1 \\ \vdots \\ \boldsymbol{H}_1\boldsymbol{\Phi}_1^{n-1} \\ \boldsymbol{H}_2\boldsymbol{\Phi}_1^{n-1} \\ \boldsymbol{H}_2\boldsymbol{\Phi}_2\boldsymbol{\Phi}_1^{n-1} \\ \vdots \\ \boldsymbol{H}_2\boldsymbol{\Phi}_2^{n-1}\boldsymbol{\Phi}_1^{n-1} \\ \vdots \\ \boldsymbol{H}_r\boldsymbol{\Phi}_{r-1}^{n-1}\boldsymbol{\Phi}_{r-2}^{n-1}\cdots\boldsymbol{\Phi}_1^{n-1} \\ \boldsymbol{H}_r\boldsymbol{\Phi}_r\boldsymbol{\Phi}_{r-1}^{n-1}\boldsymbol{\Phi}_{r-2}^{n-1}\cdots\boldsymbol{\Phi}_1^{n-1} \\ \vdots \\ \boldsymbol{H}_r\boldsymbol{\Phi}_r^{n-1}\boldsymbol{\Phi}_{r-1}^{n-1}\boldsymbol{\Phi}_{r-2}^{n-1}\cdots\boldsymbol{\Phi}_1^{n-1} \end{bmatrix}=\begin{bmatrix} \boldsymbol{H}_1 \\ \boldsymbol{H}_1\boldsymbol{\Phi}_1 \\ \vdots \\ \boldsymbol{H}_1\boldsymbol{\Phi}_1^{n-1} \\ \begin{bmatrix} \boldsymbol{H}_2 \\ \boldsymbol{H}_2\boldsymbol{\Phi}_2 \\ \vdots \\ \boldsymbol{H}_2\boldsymbol{\Phi}_2^{n-1} \end{bmatrix}\boldsymbol{\Phi}_1^{n-1} \\ \vdots \\ \begin{bmatrix} \boldsymbol{H}_r \\ \boldsymbol{H}_r\boldsymbol{\Phi}_r \\ \vdots \\ \boldsymbol{H}_r\boldsymbol{\Phi}_r^{n-1} \end{bmatrix}\boldsymbol{\Phi}_{r-1}^{n-1}\boldsymbol{\Phi}_{r-2}^{n-1}\cdots\boldsymbol{\Phi}_1^{n-1} \end{bmatrix} \tag{9.20}
$$

定义每个时间分段的可观测性矩阵为

$$
\boldsymbol{Q}_j^{\mathrm{T}}=\left[(\boldsymbol{H}_j)^{\mathrm{T}} \quad (\boldsymbol{H}_j\boldsymbol{F}_j)^{\mathrm{T}} \quad \cdots \quad (\boldsymbol{H}_j\boldsymbol{F}_j^{n-1})^{\mathrm{T}}\right] \tag{9.21}
$$

$\boldsymbol{Q}(r)$ 可改写为

$$
\boldsymbol{Q}(r)=\begin{bmatrix} \boldsymbol{Q}_1 \\ \boldsymbol{Q}_2\boldsymbol{\Phi}_1^{n-1} \\ \vdots \\ \boldsymbol{Q}_r^{n-1}\boldsymbol{\Phi}_{r-1}^{n-1}\boldsymbol{\Phi}_{r-2}^{n-1}\cdots\boldsymbol{\Phi}_1^{n-1} \end{bmatrix} \tag{9.22}
$$

如果总可观测性矩阵的秩是 n，则系统的状态是可观测的，否则系统的状态是不可观测的。

9.2.2 基于可观测度的奇异值分解

虽然可通过上述方法判断系统是否可观测，但是具体到系统中的某一个状态是否可观测则不能判断。因此，引入可观测度的计算方法，通过总可观测性矩阵的奇异值来描述 PWCS 的可观测度[202]。

取矩阵 $\boldsymbol{A}\in\mathbf{C}_r^{m\times n}$，满足

$$
\boldsymbol{U}^{\mathrm{H}}\boldsymbol{A}\boldsymbol{V}=\begin{bmatrix} \boldsymbol{S} & \boldsymbol{0} \\ \boldsymbol{0} & \boldsymbol{0} \end{bmatrix}
$$

其中，$\boldsymbol{S}=\mathrm{diag}(\sigma_1,\sigma_2,\cdots,\sigma_r)$，$\sigma_1 \geqslant \sigma_2 \geqslant \cdots \geqslant \sigma_r \geqslant 0$；矩阵$\boldsymbol{U}$和矩阵$\boldsymbol{V}$的列是规范化的奇异向量，满足$\boldsymbol{U}^{\mathrm{H}}\boldsymbol{U}=\boldsymbol{I}$和$\boldsymbol{V}^{\mathrm{H}}\boldsymbol{V}=\boldsymbol{I}$，即若$\boldsymbol{U}$和$\boldsymbol{V}$是实矩阵，则它们是正交阵，若$\boldsymbol{U}$和$\boldsymbol{V}$是复矩阵，则它们是归一阵。$\boldsymbol{U}$和$\boldsymbol{V}$可以通过对矩阵$\boldsymbol{A}$进行奇异值分解得到，取$\sigma_i$为$\boldsymbol{A}$的奇异值。

在时间分段j处，对 PWCS 的总可观测性矩阵进行奇异值分解，即

$$\boldsymbol{Q}(j)=\boldsymbol{U}\boldsymbol{\Lambda}\boldsymbol{V}^{\mathrm{T}} \tag{9.23}$$

其中，$\boldsymbol{\Lambda}=\begin{bmatrix} \boldsymbol{S}_{r\times r} & \boldsymbol{0}_{r\times(n-r)} \\ \boldsymbol{0}_{(mnj-r)\times r} & \boldsymbol{0}_{(mnj-r)\times(n-r)} \end{bmatrix}$，$\boldsymbol{S}_{r\times r}=\mathrm{diag}(\sigma_1,\sigma_2,\cdots,\sigma_r)$；$r$是总可观测性矩阵的秩；$\sigma_j$是总可观测性矩阵的奇异值，如果系统是可观测的，则初始状态可以通过式(9.24)计算得到，即

$$\begin{aligned} \boldsymbol{X}(0) &= (\boldsymbol{U}\boldsymbol{\Lambda}\boldsymbol{V}^{\mathrm{T}})^{-1}\boldsymbol{Z} \\ &= \left(\sum_{i=1}^{r}\sigma_i \boldsymbol{u}_i \boldsymbol{v}_i^{\mathrm{T}}\right)^{-1}\boldsymbol{Z} \\ &= \sum_{i=1}^{r}\left(\frac{\boldsymbol{u}_i^{\mathrm{T}}\boldsymbol{Z}}{\sigma_i}\right)\boldsymbol{v}_i \end{aligned} \tag{9.24}$$

通过上述方程，初始状态中与特定奇异值相对应的每一个分量都可以计算出来。显然，若奇异值大，则可得到较好的状态估计；若奇异值小，则造成状态奇异，甚至不可观测。

本节可观测度的定义如式(3.79)所示，即该状态对应的奇异值σ_i与整个过程中具有最大奇异值的状态所对应的奇异值σ_m之比，即

$$\eta_k=\frac{\sigma_i}{\sigma_m} \tag{9.25}$$

该可观测度的特点分析见 3.6 节。

9.2.3　舰船甲板变形估计算法的可观测度

对用于形变估计的卡尔曼滤波器的可观测度进行计算，结果如图 9.2 和图 9.3 所示。

图 9.2 是某时间段状态的可观测度，全时段所有状态的可观测度如图 9.3 所示。从图中可以看出，最后的三个状态全部是可观测的，这三个状态就是真实的形变状态ψ_{ax}、ψ_{ay}、ψ_{az}。

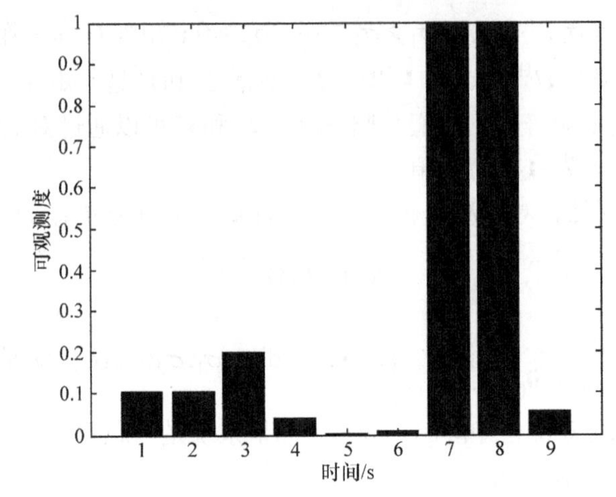

图 9.2 某时间段状态的可观测度

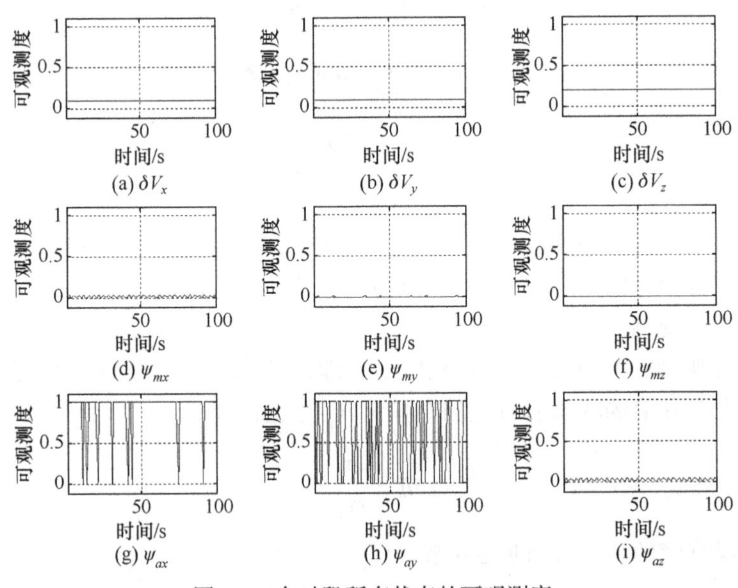

图 9.3 全时段所有状态的可观测度

9.3 仿真分析

仿真系统的结构如图 9.4 所示，主要针对形变估计方法的估计精度和收敛速度进行仿真。

仿真设定如下：总仿真时长为 100s，仿真步长为 0.01s，陀螺漂移为 0.2(°)/h，陀螺随机漂移为 0.01(°)/h，标度因数为 2×10^{-4}，初始失准角为 200μrad，加速度计零偏为 200μg，加速度计的随机零偏为 50μg。仿真中，静态形变角度为$\boldsymbol{\varphi}=[1,2,1]°$，在浪高分别为 1m、3m、6m 时，动态形变角度的均方根分别为[0.5,6,2]′、[1.5,20,8]′和[3,40,15]′，总形变角度是静态形变角度与动态形变角度之和。仿真结果如图 9.5～图 9.8 所示。

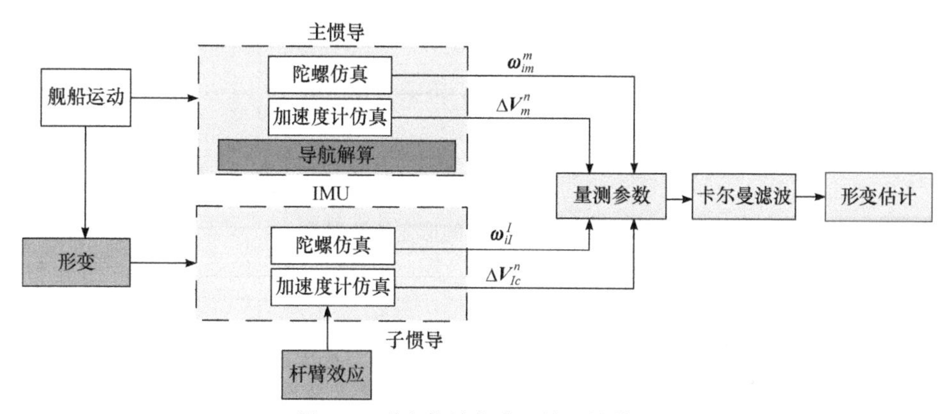

图 9.4　形变估计仿真系统的结构图

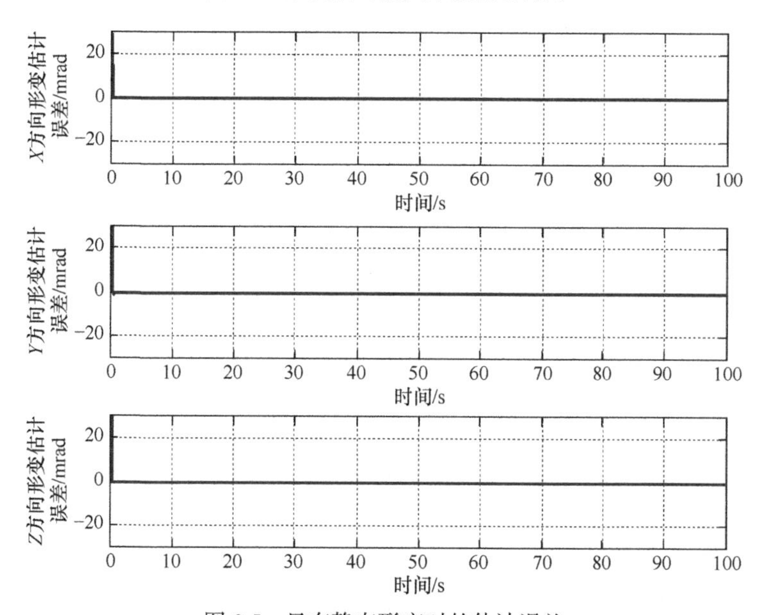

图 9.5　只有静态形变时的估计误差

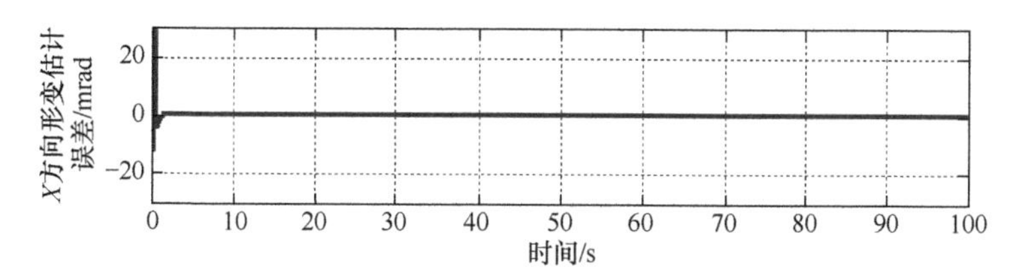

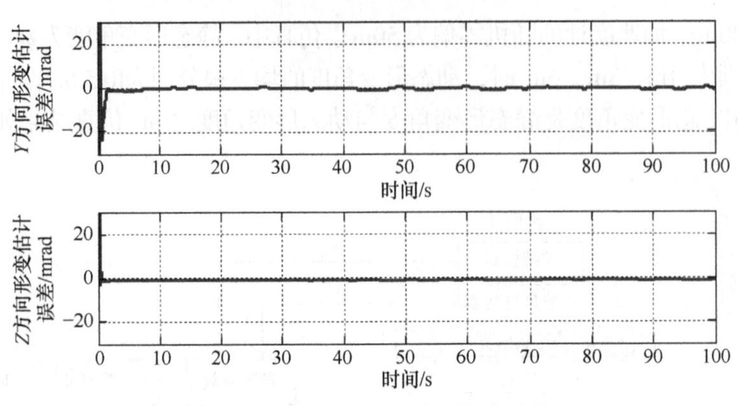

图 9.6　浪高 1m 时的形变估计误差

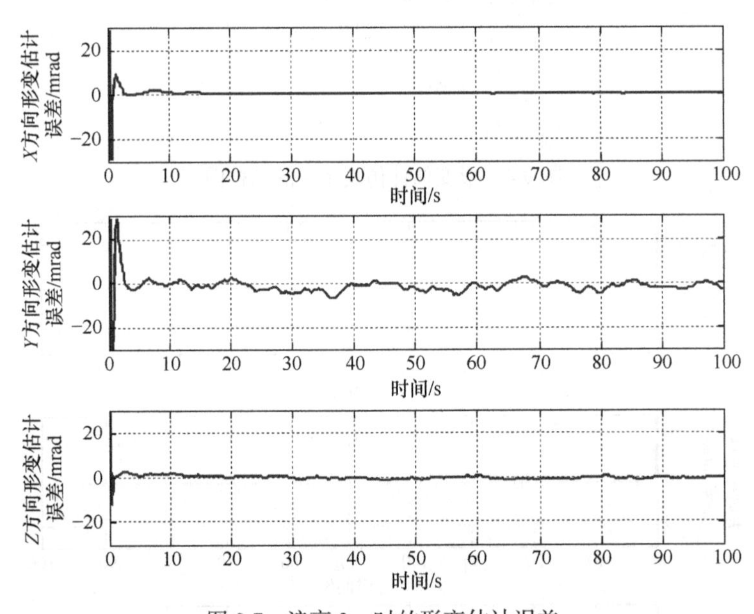

图 9.7　浪高 3m 时的形变估计误差

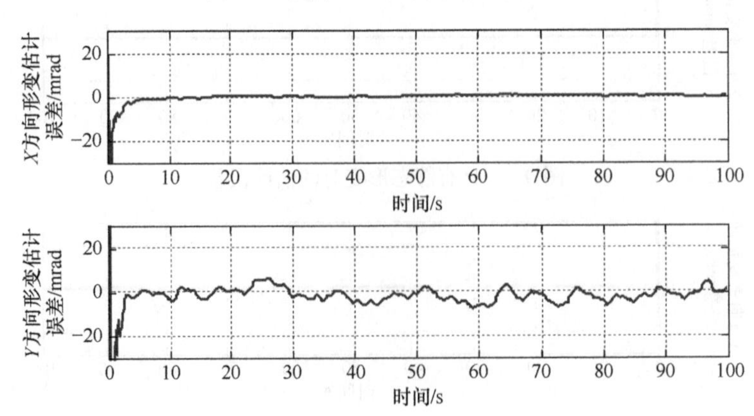

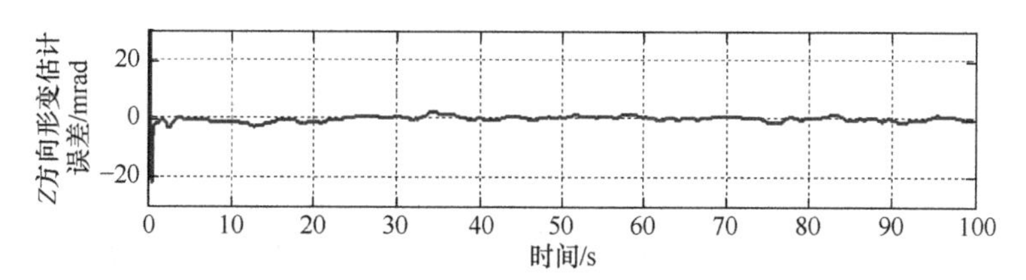

图 9.8　浪高 6m 时的形变估计误差

不同条件下，20s 与 30s 之间的形变估计均方差如表 9.1 所示。

表 9.1　形变估计均方差

形变量		估计误差/mrad		
静态形变	动态形变(浪高)	$\delta\psi_{ax}$	$\delta\psi_{ay}$	$\delta\psi_{az}$
$\boldsymbol{\varphi}$	0m	0.0754	0.0471	0.0851
	1m	0.1442	0.6012	0.6573
	3m	0.5190	0.9623	0.8253
	6m	1.1378	2.7464	1.8009

从图 9.5～图 9.8 以及表 9.1 可以看出，该方法可以快速估计出静态形变和动态形变，估计精度在可接受范围内，卡尔曼滤波器可以在 10s 内收敛，与可观测性分析的结果一致。

9.4　小　　结

为估计大型舰船甲板的形变量，本章设计了估计舰船甲板形变状态的卡尔曼滤波器，系统模型由快速传递对准模型推导而来，量测模型根据主惯导和惯性测量单元的输出推导而来。基于可观测度的奇异值分解的分析方法对滤波器的可观测性进行分析，结果表明，滤波器所有状态均可观测。仿真结果验证了该方法可以在 10s 内估计出甲板的静态和动态形变量，精度在可接受范围内。

附录　关于四元数表示旋转的说明

关于四元数的理论专著有1977年国防工业出版社出版发行的梁振和翻译的苏联学者B. H. 勃拉涅茨和什梅格列夫斯基的《四元数在刚体定位问题中的应用》[154]，在关于捷联惯性导航的专著中也有关于四元数的介绍[102-104,203,204]，文献[102]的附录部分还对四元数的相关结论进行了详细证明，但是，几乎没有像方向余弦矩阵表示坐标变换那样明确表示出所确定的坐标变换关系。在这里，参照秦永元教授的专著《惯性导航》第296页的文字说明，用上下标明确表示出四元数所表示的旋转关系，并对四元数的相关运算也做了简单说明。

1. 四元数的表示形式

设$\boldsymbol{Q}_R^b=[q_0,q_1,q_2,q_3]$表示从$R$系至$b$系的旋转四元数，可以用三角函数的形式表示为

$$\boldsymbol{Q}_R^b=\cos\frac{\theta}{2}+(l\boldsymbol{i}_0+m\boldsymbol{j}_0+n\boldsymbol{k}_0)\sin\frac{\theta}{2}=\cos\frac{\theta}{2}+\boldsymbol{u}^R\sin\frac{\theta}{2} \tag{B.1}$$

其中，b系是由R系绕瞬轴$\boldsymbol{u}^R=[l,m,n]$经过无中间过程的一次性等效旋转形成的，转过的角度为θ。

2. 四元数表示的坐标变换关系

$\boldsymbol{r}^R$、$\boldsymbol{r}^b$分别表示向量$\boldsymbol{r}$在R系和b系的投影，把它们看成零标量的四元数，则用四元数表示的坐标变换关系为

$$\boldsymbol{r}^R=\boldsymbol{Q}_R^b\otimes\boldsymbol{r}^b\otimes(\boldsymbol{Q}_R^b)^*=\boldsymbol{Q}_R^b\otimes\boldsymbol{r}^b\otimes\boldsymbol{Q}_b^R \tag{B.2}$$

相应的方向余弦矩阵表示为

$$\boldsymbol{r}^R=\boldsymbol{C}_b^R\boldsymbol{r}^b \tag{B.3}$$

其中，

$$\boldsymbol{C}_b^R=\begin{bmatrix} q_0^2+q_1^2-q_2^2-q_3^2 & 2(q_1q_2-q_0q_3) & 2(q_1q_3+q_0q_2) \\ 2(q_1q_2+q_0q_3) & q_0^2-q_1^2+q_2^2-q_3^2 & 2(q_2q_3-q_0q_1) \\ 2(q_1q_3-q_0q_2) & 2(q_2q_3+q_0q_1) & q_0^2-q_1^2-q_2^2+q_3^2 \end{bmatrix} \tag{B.4}$$

3. 四元数表示的连续转动

$\boldsymbol{r}^m$、$\boldsymbol{r}^R$、$\boldsymbol{r}^b$ 分别表示向量 $\boldsymbol{r}$ 在 m 系、R 系和 b 系的投影，则它们之间的变换关系可以表示为

$$\boldsymbol{r}^R=\boldsymbol{Q}_R^b\otimes\boldsymbol{r}^b\otimes(\boldsymbol{Q}_R^b)^*=\boldsymbol{Q}_R^b\otimes\boldsymbol{r}^b\otimes\boldsymbol{Q}_b^R \tag{B.5}$$

$$\boldsymbol{r}^m=\boldsymbol{Q}_m^R\otimes\boldsymbol{r}^R\otimes(\boldsymbol{Q}_m^R)^*=\boldsymbol{Q}_m^R\otimes\boldsymbol{r}^R\otimes\boldsymbol{Q}_R^m \tag{B.6}$$

$$\boldsymbol{r}^m=\boldsymbol{Q}_m^b\otimes\boldsymbol{r}^b\otimes(\boldsymbol{Q}_m^b)^*=\boldsymbol{Q}_m^b\otimes\boldsymbol{r}^b\otimes\boldsymbol{Q}_b^m \tag{B.7}$$

将式(B.5)代入式(B.6)得

$$\begin{aligned}\boldsymbol{r}^m&=\boldsymbol{Q}_m^R\otimes\boldsymbol{r}^R\otimes\boldsymbol{Q}_R^m\\&=\boldsymbol{Q}_m^R\otimes(\boldsymbol{Q}_R^b\otimes\boldsymbol{r}^b\otimes\boldsymbol{Q}_b^R)\otimes\boldsymbol{Q}_R^m\\&=\boldsymbol{Q}_m^R\otimes\boldsymbol{Q}_R^b\otimes\boldsymbol{r}^b\otimes\boldsymbol{Q}_b^R\otimes\boldsymbol{Q}_R^m\end{aligned} \tag{B.8}$$

对比式(B.7)和式(B.8)可以得到

$$\begin{aligned}\boldsymbol{Q}_m^b&=\boldsymbol{Q}_m^R\otimes\boldsymbol{Q}_R^b\\\boldsymbol{Q}_b^m&=\boldsymbol{Q}_b^R\otimes\boldsymbol{Q}_R^m\end{aligned} \tag{B.9}$$

式(B.9)说明从 b 系经 R 系变换到 m 系的两次转动可以等效为从 b 系到 m 系的一次转动。多次转动也有同样的结论。

参考文献

[1] 万德钧, 房建成. 惯性导航初始对准[M]. 南京: 东南大学出版社, 1998.
[2] Kayton M, Fried W R. Avionics Navigation Systems[M]. New York: John Wiley & Sons, 1997.
[3] 俞济祥. 惯性导航系统各种传递对准方法讨论[J]. 航空学报, 1988, 9(5): 211-217.
[4] 王司, 邓正隆. 惯导系统动基座传递对准技术综述[J]. 中国惯性技术学报, 2003, 11(2): 61-67.
[5] 刘毅, 刘志俭. 捷联惯性导航系统传递对准技术研究现状及发展趋势[J]. 航天控制, 2004, 22(5): 50-55.
[6] 李东明. 捷联式惯导系统初始对准方法研究[D]. 哈尔滨: 哈尔滨工程大学, 2006.
[7] 贺娟, 崔平远, 陈阳舟, 等. 基于 RBF 网络的捷联惯导初始对准优化研究[J]. 计算机仿真, 2006, 23(4): 30-32.
[8] 全勇, 杨杰, 邓志鹏. 基于增量余弦 RBF 网络的惯性导航初始对准[J]. 上海交通大学学报, 2002, 41(10): 1821-1824.
[9] 王丹力, 张洪钺. 基于 RBF 网络的惯导系统初始对准[J]. 航天控制, 1999, 7(2): 45-51.
[10] 陈兵舫, 张育林, 杨乐平. 基于小波神经网络的惯导初始对准系统[J]. 系统工程与电子技术, 2001, 23(8): 55-57.
[11] 任明荣, 陈家斌, 谢玲. 采用小波神经网络的惯导系统初始对准[J]. 计算机工程与应用, 2004, 40(30): 215-217, 229.
[12] 赵玉新, 刘伟, 高伟. BP 神经网络在捷联惯导初始对准中的应用研究[J]. 哈尔滨工程大学学报, 2003, 24(5): 513-517.
[13] 杨莉, 汪叔华. 采用 BP 神经网络的惯导初始对准系统[J]. 南京航空航天大学学报, 1996, 28(4): 43-47.
[14] Hecht-Nielsen R. Theory of the back propagation neural networks proceeding[C]. IEEE International Conference on Neural Networks, Washington, 1989: 1-13.
[15] 田晓东, 韦锡华. 基于小波神经网络的惯性导航系统误差模型中的仿真研究[J]. 导航, 2003, 39(1): 57-62.
[16] 匡启和, 刘建业, 姜长生. 基于支持向量机的惯导初始对准系统[J]. 航天控制, 2001, 19(3): 42-47.
[17] 戴洪德, 陈明, 周绍磊. 惯性导航系统非线性初始对准的 LS-SVM 方法研究[J]. 传感技术学报, 2007, 20(7): 1573-1576.
[18] 丁杨斌, 王新龙, 王缜, 等. Unscented 卡尔曼滤波在 SINS 静基座大方位失准角初始对准中的应用研究[J]. 宇航学报, 2006, 27(6): 1201-1204.
[19] 丁杨斌, 申功勋. Unscented 粒子滤波在静基座捷联惯导系统大方位失准角初始对准中的应用研究[J]. 航空学报, 2007, 28(2): 397-401.
[20] 周战馨, 陈家斌. 提高惯导系统 Unscented 卡尔曼滤波实时性技术[J]. 火力与指挥控制,

2007, 32(6): 37-39.
[21] 熊凯, 张洪钺. 粒子滤波在惯导系统非线性对准中的应用[J]. 中国惯性技术学报, 2003, 11(6): 20-26.
[22] 徐剑, 毕笃彦, 王洪迅, 等. 基于卡尔曼滤波和粒子滤波器级联模型的静基座惯导初始对准算法及仿真[J]. 电光与控制, 2006, 13(1): 27-32.
[23] 顾冬晴, 秦永元. 姿态匹配传递对准的 H_∞滤波器设计[J]. 空军工程大学学报(自然科学版), 2005, 6(2): 32-35.
[24] 方红, 刘国燕. H_∞滤波在两位置对准技术中的应用[J]. 传感技术学报, 2005, 18(4): 876-879, 889.
[25] 聂莉娟, 吴俊伟, 田炜. H_∞滤波及其在惯导初始对准中的应用[J]. 中国惯性技术学报, 2003, 11(6): 39-43.
[26] 魏凤娟, 赵国良, 张仁彦, 等. H_∞控制理论在捷联惯导系统初始对准中的应用[J]. 哈尔滨工程大学学报, 2002, 23(6): 77-81.
[27] 刘立恒, 邓正隆. 惯导系统初始对准的 H_∞滤波器设计[J]. 中国惯性技术学报, 2003, 11(1): 15-18.
[28] 程加斌, 张炎华, 铁锦程. 捷联系统初始对准的 H_∞优化设计[J]. 系统工程与电子技术, 1997, 9(9): 2-4.
[29] 朱利锋, 鲍其莲, 张炎华. 捷联惯导系统初始对准的 H_∞滤波及卡尔曼滤波比较研究[J]. 中国惯性技术学报, 2005, 13(3): 4-9.
[30] Dai H D, Ming C, Zhou S L. Support vector machine based adaptive Kalman filtering for target tracking[C]. Proceedings of the Second International Conference on Intelligent Information Management Systems and Technology, Yantai, 2007: 1-4.
[31] Lim Y C, Lyou J. An error compensation method for transfer alignment[C]. Proceedings of IEEE Region 10, International Conference on Electrical & Electronic Technology (TENCON 2001) , Singapore, 2001: 850-855.
[32] Lim Y C, Lyou J. Transfer alignment error compensator design using H_∞ filter[C]. Proceedings of the American Control Conference, Anchorage, 2002: 1460-1465.
[33] Rogers R M. Weapon IMU transfer alignment using aircraft position from actual flight tests[C]. Proceedings of the IEEE Position, Location & Navigation Symposium, Atlanta, 1996: 328-335.
[34] Jones D, Roberts C, Tarrant D, et al. Transfer alignment design and evaluation environment[C]. Proceedings of the IEEE Regional Conference on Aerospace Control Systems, Westlake Village, 1993: 753-757 .
[35] Ross C C, Elbert T F. A transfer alignment algorithm study based on actual flight test data from a tactical air-to-ground weapon launch[C]. Proceedings of the IEEE Position, Location and Navigation Symposium, Las Vegas, 1994: 431-438 .
[36] Kain J E. Rapid transfer alignment for tactical weapon applications[C]. Proceedings of the AIAA Guidance, Navigation, and Control Conference, Stowe, 1989: 1290-1300.
[37] Klotz Jr H A, Derbak C B. GPS-aided navigation and unaided navigation on the joint direct attack munition[C]. Proceedings of the IEEE Position Location & Navigation Symposium, Palm Springs, 1998: 412-419.

[38] Shortelle K J, Graham W R, Rabourn C. F-16 flight tests of a rapid transfer alignment procedure[C]. Proceedings of the Position Location and Navigation Symposium, Palm Springs, 1998: 379-386.

[39] Rogers R M. Velocity-plus-rate matching for improved tactical weapon rapid transfer alignment[C]. AIAA Guidance, Navigation and Control Conference, Grapevine, 2013: 233-245.

[40] Jeon B, Song K W, Kain H B. The Design Method and Observability Analysis of Transfer Alignment of the Missiles[R]. Washington: American Department of Defense, 1996.

[41] Tarrant D, Roberts C, Jones D, et al. Rapid and robust transfer alignment[C]. The First IEEE Regional Conference on Aerospace Control Systems, Westlake Village, 1993: 758-762.

[42] 陈凯, 孟中杰, 鲁浩, 等. 空间平台下传递对准方案[J]. 宇航学报, 2008, 29(5): 1551-1555, 1582.

[43] 陈凯, 鲁浩, 闫杰. 传递对准中一种新的姿态匹配算法[J]. 西北工业大学学报, 2007, 25(5): 691-694.

[44] Cheng J H, Wang T D, Wang L, et al. A new polar transfer alignment algorithm with the aid of a star sensor and based on an adaptive unscented Kalman filter[J]. Sensors, 2017, 17(2417): 1-20.

[45] 叶文, 翟风光, 蔡晨光. 基于状态量扩维的旋转式捷联惯导系统精对准方法[J]. 北京航空航天大学学报, 2019, 45(5): 912-918.

[46] 高亢. 里程计辅助的车载捷联惯导系统动基座初始对准方法研究[D]. 哈尔滨: 哈尔滨工业大学, 2019.

[47] 高亢, 任顺清, 陈希军, 等. 车载激光捷联惯导系统初始对准可观测性分析[J]. 中国激光, 2018, 45(12): 47-53.

[48] 管冬雪. 船用捷联惯导系统动基座初始对准方法研究[D]. 哈尔滨: 哈尔滨工程大学, 2017.

[49] 王立兵, 赵圆, 温习. 行进间对准参数误差灵敏度分析[J]. 中国惯性技术学报, 2018, 26(6): 805-811.

[50] 奔粤阳, 孙炎, 王翔宇, 等. 卫导辅助下的舰船捷联惯导航行间粗对准方法[J]. 系统工程与电子技术, 2018, 40(12): 2797-2803.

[51] Krishna G M, Reddy G S, Kannan M, et al. In-situ bias estimation of low grade gyroscopes for ship launched flight vehicles[J]. IFAC Proceedings Volumes, 2014, 47(1): 340-347.

[52] Yin H L, Xu B, Liu D Z. A comprehensive method for evaluating precision of transfer alignment on a moving base[J]. Journal of Marine Science & Application, 2017, 16(3): 344-351.

[53] Zhu L H, Wang Y, Wang L, et al. Stability analysis of transfer alignment filter based on the μ theory[J]. Computers Materials & Continua, 2019, 59(3): 1015-1026.

[54] Ju H, Cho S Y, Park C G. The effectiveness of acceleration matching according to the sensor performance in shipboard rapid transfer alignment[J]. Journal of Navigation, 2019, 73(1): 1-15.

[55] 陈岱岱. 基于贝叶斯平滑的惯导系统校准性能评估方法研究[D]. 哈尔滨: 哈尔滨工程大学, 2017.

[56] 陈河, 张志利, 周召发, 等. 两种 SINS 惯性系四元数粗对准算法等价性分析[J]. 系统工程与电子技术, 2018, 40(5): 1098-1103.

[57] 鲍其莲, 孙朔冬, 刘英. 动基座传递对准非线性滤波器的设计及应用[J]. 中国惯性技术学报, 2010, 18(1): 33-37.

[58] 胡健, 马大为, 程向红, 等. 基于 Elman 网络的传递对准容错联合滤波器设计与仿真[J]. 兵工学报, 2010, 31(11): 1502-1507.
[59] 陈雨, 赵剡, 李群生. 基于 QCKF 的大失准角快速传递对准[J]. 北京航空航天大学学报, 2013, 39(12): 1624-1628.
[60] 梁浩, 穆荣军, 王丹丹, 等. 基于稀疏高斯积分的舰机传递对准滤波方法[J]. 中国惯性技术学报, 2014, 22(5): 587-592.
[61] 崔潇, 秦永元, 严恭敏, 等. SINS 任意失准角无奇异快速传递对准[J]. 宇航学报, 2018, 39(10): 1127-1133.
[62] 高亢, 陈希军, 任顺清, 等. SINS 大失准角传递对准模型的可观测性分析[J]. 哈尔滨工业大学学报, 2019, 51(4): 6-11.
[63] 汪湛清, 李丽华, 刘昕, 等. 基于旋转矢量误差模型的舰载机大失准角传递对准技术(英文)[J]. 中国惯性技术学报, 2016, 24(6): 723-729.
[64] Chen W N, Zeng Q H, Liu J Y, et al. Research on shipborne transfer alignment under the influence of the uncertain disturbance based on the extended state observer[J]. Optik, 2017, 130: 777-785.
[65] Zhou D P, Guo L. Stochastic integration H_∞ filter for rapid transfer alignment of INS[J]. Sensors, 2017, 17(11): 2670.
[66] Lu J Z, Xie L L, Li B G. Applied quaternion optimization method in transfer alignment for airborne AHRS under large misalignment angle[J]. IEEE Transactions on Instrumentation & Measurement, 2016, 65(2): 346-354.
[67] Lyu W W, Cheng X H, Wang J L. Adaptive UT-H_∞ filter for SINS' transfer alignment under uncertain disturbances[J]. IEEE Access, 2019, 8: 69774-69787.
[68] Gao Z H, Mu D J, Gao S S, et al. Robust adaptive filter allowing systematic model errors for transfer alignment[J]. Aerospace Science & Technology, 2016, 59: 32-40.
[69] 李四海, 王珏, 刘镇波, 等. 快速传递对准中机翼弹性变形估计方法比较[J]. 中国惯性技术学报, 2014, 22(1): 38-44.
[70] 鲁浩, 王进达, 李群生, 等. 一种消除杆臂挠曲运动影响的传递对准方法[J]. 弹箭与制导学报, 2017, 37(2): 44-48.
[71] 夏家和, 张金亮, 雷宏杰. 一种改进的速度加姿态匹配快速传递对准算法[J]. 中国惯性技术学报, 2017, 25(1): 17-21.
[72] 宋丽君, 段中兴, 何波. H_∞次优滤波在角速度匹配传递对准中的应用[J]. 传感技术学报, 2017, 30(8): 1199-1203.
[73] 谷雨, 司帆, 赵剡, 等. 一种改进的机载武器传递对准中杆臂效应动态补偿方法[J]. 弹箭与制导学报, 2018, 38(1): 41-44, 48.
[74] 卢航, 郝顺义, 彭志颖, 等. 基于边缘采样的简化高阶 CKF 在非线性快速传递对准中的应用[J]. 航空学报, 2019, 40(3): 189-202.
[75] 张力宁, 徐旭, 何昆鹏. 一种应变片估计挠曲变形的快速传递对准方法[J]. 哈尔滨工程大学学报, 2019, 40(6): 1142-1148.
[76] Shi F, Zhao Y, Lin Y H, et al. A new transfer alignment of airborne weapons based on relative navigation[J]. Measurement, 2018, 12(2):27-39.

[77] Wang Q, Yang C S, Wu S E, et al. Lever arm compensation of autonomous underwater vehicle for fast transfer alignment[J]. Computers, Materials & Continua, 2019, 59(1): 105-118.
[78] 王清哲, 付梦印, 肖烜, 等. 基于惯性参考系基准的快速传递对准方法[J]. 中国惯性技术学报, 2012, 20(2): 168-172.
[79] 孙进, 徐晓苏, 刘义亭, 等. 基于逆向导航解算和数据融合的 SINS 传递对准方法[J]. 中国惯性技术学报, 2015, 23(6): 727-732.
[80] 刘为任, 宋高玲, 孙伟强. 双主惯导对子惯导的高精度传递对准方法[J]. 中国惯性技术学报, 2016, 24(5): 561-564, 570.
[81] 米长伟, 赵宏宇, 吴旭. 基于弱可观状态分离估计的机载灵巧弹药快速传递对准方法[J]. 兵工学报, 2018, 39(6): 1109-1116.
[82] 杨管金子, 李建辰, 黄海, 等. 基于主惯导参数特性的传递对准调平方法[J]. 水下无人系统学报, 2018, 26(6): 537-542.
[83] Lu J Z, Xie L L, Li B G. Analytic coarse transfer alignment based on inertial measurement vector matching and real-time precision evaluation[J]. IEEE Transactions on Instrumentation & Measurement, 2016, 65(2): 355-364.
[84] Chen W N, Yang Z, Gu S S. The transfer alignment method based on the inertial network[J]. Optik International Journal for Light & Electron Optics, 2020, 164912(217): 1-12.
[85] Cho S Y, Chan G P. Simplified cubature Kalman filter for reducing the computational burden and its application to the shipboard INS transfer alignment[J]. Journal of Positioning, Navigation, and Timing, 2017, 6(4): 1-13.
[86] Lyu W W, Cheng X H, Wang J L. An improved adaptive compensation H_∞ filtering method for the SINS' transfer alignment under a complex dynamic environment[J]. Sensors, 2019, 19(2): 1-23.
[87] 程向红, 韩旭, 陈红梅, 等. 星敏感器辅助的临近空间飞行器姿态匹配传递对准方法[J]. 中国惯性技术学报, 2015, 23(3): 311-314.
[88] 戴晨曦, 程向红, 陈红梅, 等. 天文观测角辅助的高超声速飞行器传递对准方法[J]. 中国惯性技术学报, 2015, 23(4): 446-450.
[89] 张鹭, 吴文启, 王林, 等. 初始方位信息辅助下潜航器快速传递对准算法[J]. 导航与控制, 2016, 15(3): 13-17.
[90] Lyu W W, Cheng X H. A novel adaptive H_∞ filtering method with delay compensation for the transfer alignment of strapdown inertial navigation systems[J]. Sensors, 2017, 17(12): 2753.
[91] Morimoto T, Kumagai H, Yashiro T, et al. Initial rapid alignment/calibration of a marine inertial navigation system[C]. Proceedings of the Position Location & Navigation Symposium, Las Vegas, 1994: 348-354.
[92] 郑梓祯, 刘德耀, 等. 船用惯导系统海上试验[M]. 北京: 国防工业出版社, 2006.
[93] 戴遗山. 舰船在波浪中运动的频域与时域势流理论[M]. 北京: 国防工业出版社, 1998.
[94] 杨代盛. 船体强度与结构设计[M]. 北京: 国防工业出版社, 1981.
[95] 蒋维清. 船舶原理[M]. 北京: 人民交通出版社, 1986.
[96] 白式竹. 船舶原理[M]. 北京: 人民交通出版社, 1980.
[97] 刘应中, 缪国平. 船舶在波浪上的运动理论[M]. 上海: 上海交通大学出版社, 1986.

[98] 中国人民解放军海军标准化办公室. 舰船航行性能试验[M]. 北京: 国防工业出版社, 1988.
[99] 黄昆, 杨功流, 刘玉峰. 舰载姿态加角速度匹配传递对准方法研究[J]. 中国惯性技术学报, 2006, 14(1): 17-20.
[100] Gates P J, Lynn N M. Ships, Submarines, and the Sea[M]. McLean: Brassey's, 1990.
[101] Schneider A M. Kalman filter formulations for transfer alignment of strapdown inertial units[J]. Navigation, 1983, 30(1): 72-89.
[102] 袁信, 郑谔. 捷联式惯性导航原理[M]. 南京: 南京航空航天大学出版社, 1985.
[103] 秦永元. 惯性导航[M]. 北京: 科学出版社, 2006.
[104] Titterton D, Weston J. Strapdown Inertial Navigation Technology[M]. 2nd ed. Reston: The Institution of Electrical Engineers, 2004.
[105] Milller R B. A new strapdown attitude algorithm[J]. Journal of Guidance, Control and Dynamics, 1983, 6(4): 287-291.
[106] Lee J G, Yoon Y J, Mark J G, et al. Extension of strapdown attitude algorithm for high-frequency base motion[J]. Journal of Guidance, Control and Dynamics, 1990, 13(4): 738-743.
[107] Jiang Y F, Lin Y P. Improved strapdown coning algorithms[J]. IEEE Transactions on Aerospace & Electronic Systems, 1992, 28(2): 484-490.
[108] Savage P G. Strapdown inertial navigation integration algorithm design part 1: Attitude algorithms[J]. Journal of Guidance, Control and Dynamics, 1998, 21(1): 19-28.
[109] Savage P G. Strapdown inertial navigation integration algorithm design part 2: Velocity and position algorithms[J]. Journal of Guidance, Control and Dynamics, 1998, 21(2): 208-221.
[110] Litmanovich Y A, Lesyuchevsky V M, Gusinsky V Z. Two new classes of strapdown navigation algorithms[J]. Journal of Guidance, Control and Dynamics, 2000, 23(1): 34-44.
[111] Bortz J E. A new mathematical formulation for strapdown inertial navigation[J]. IEEE Transactions on Aerospace and Electronic Systems, 1971, 7(1): 61-66.
[112] 秦永元, 张士邈. 捷联惯导姿态更新的四子样旋转矢量优化算法研究[J]. 中国惯性技术学报, 2001, 9(4): 1-7.
[113] 任思聪, 雷宝权. 一种在摇摆基座上补偿平台干扰加速度的有效方案[J]. 西北工业大学学报, 1990, 8(4): 446-452.
[114] Liu J Y, He X F. Analysis of lever arm effects in GPS/IMU integration system[J]. Transactions of Nanjing University of Aeronautics & Astronautics, 2002, 19(1): 59-64.
[115] 朱绍箕. 惯导系统动基座对准技术评述[J]. 战术导弹控制技术, 2004, 3(3): 46-49.
[116] Kalman R E. A new approach to linear filtering and prediction problems[J]. Journal of Basic Engineering, 1960, 82(1): 35-45.
[117] 俞济祥. 卡尔曼滤波及其在惯性导航中的应用[M]. 西安: 西北工业大学出版社, 1984.
[118] 陆凯, 田蔚风. 最优估计理论及其在导航中的应用[M]. 上海: 上海交通大学出版社, 1990.
[119] 秦永元, 张洪钺, 王叔华. 卡尔曼滤波与组合导航原理[M]. 西安: 西北工业大学出版社, 2012.
[120] Zarchan P, Musoff F H. Fundamentals of Kalman Filtering: A Practical Approach[M]. 2nd ed. Reston: American Institute of Aeronautics and Astronautics, 2005.
[121] 付梦印, 邓志红, 张继伟. Kalman滤波理论及其在导航系统中的应用[M]. 北京: 科学出版

社, 2003.

[122] Goshen-Meskin D, Bar-Itzhack I Y. Observability analysis of piece-wise constant systems with application to inertial navigation[C]. The 29th IEEE Conference on Decision and Control, Honolulu, 1990: 821-826.

[123] Julier S, Uhlmann J K, Durrant-Whyte H F. A new method for the nonlinear transformation of means and covariances in filters and estimators[J]. IEEE Transactions on Automatic Control, 2000, 45(3): 477-482.

[124] Julier S J, Uhlmann J K. A general method for approximating nonlinear transformations of probability distributions[EB/OL]. http://citeseerx.ist.psu.edu/viewdoc/download; jsessionid=55D9092549A6A15EAF89EB754DE14E8D?doi=10.1.1.46.6718&rep=rep1&type=pdf. [2021-12-19].

125] Julier S J, Uhlmann J K. Unscented filtering and nonlinear estimation[J]. Proceedings of the IEEE, 2004, 92(3): 401-422.

[126] Wan E A, Merwe R V D. The unscented Kalman filter for nonlinear estimation[C]. Proceedings of the IEEE Adaptive Systems for Signal Processing, Communications, and Control Symposium, Lake Louise, 2002: 1-6.

[127] Arasaratnam I, Haykin S. Cubature Kalman filters[J]. IEEE Transactions on Automatic Control, 2009, 54(6): 1254-1269.

[128] 吴大正. 信号与线性系统分析[M]. 3 版. 北京: 高等教育出版社, 1998.

[129] Fang J C, Wan D J. A fast initial alignment method for strapdown inertial navigation system on stationary base[J]. IEEE Transactions on Aerospace Electronic Systems, 1996, 32(4): 1501-1504.

[130] 房建成, 周锐, 祝世平. 捷联惯导系统动基座对准的可观测性分析[J]. 北京航空航天大学学报, 1999, 25(6): 714-719.

[131] 戴洪德, 陈明, 周绍磊, 等. 一种新的快速传递对准方法及其可观测度分析[J]. 宇航学报, 2009, 30(4): 1449-1454.

[132] Yoo Y M, Park J G, Lee D H, et al. A theoretical approach to observability analysis of the SDINS/GPS in maneuvering with horizontal constant velocity[J]. International Journal of Control, Automation and Systems, 2012, 10: 298-307.

[133] 帅平, 陈定昌, 江涌. GPS/SINS 组合导航系统状态的可观测度分析方法[J]. 宇航学报, 2004, 25(2): 219-224, 246.

[134] 程向红, 万德钧, 仲巡. 捷联惯导系统的可观测性和可观测度研究[J]. 东南大学学报, 1997, 27(6): 8-13.

[135] Ham F M, Brown R G. Observability, eigenvalues, and Kalman filtering[J]. IEEE Transactions on Aerospace & Electronic Systems, 1983, AES-19(2): 269-273.

[136] 房建成, 宁晓琳, 田玉龙. 航天器自主天文导航原理与方法[M]. 北京: 国防工业出版社, 2006.

[137] 房建成, 宁晓琳. 天文导航原理及应用[M]. 北京: 北京航空航天大学出版社, 2006.

[138] 罗家洪, 方卫东. 矩阵分析引论[M]. 4 版. 广州: 华南理工大学出版社, 2006.

[139] Kong X Y, Nebot E M, Durrant-Whyte H. Development of a non-linear psi-angle model for large misalignment errors and its application in INS alignment and calibration[C]. Proceedings of IEEE International Conference on Robotics and Automation, Washington, 2002: 1430-1435.

[140] Dmitriyev S P, Stepanov O A, Shepel S V. Nonlinear filtering methods application in INS

alignment[J]. IEEE Transactions on Aerospace and Electronic Systems, 1997, 33(1): 260-272.
[141] 夏家和. 舰载机惯导系统的动基座对准技术研究[D]. 西安: 西北工业大学, 2007.
[142] 陈凯, 鲁浩, 闫杰. 快速传递对准方程与传统传递对准方程的一致性研究[J]. 西北工业大学学报, 2008, 26(3): 326-330.
[143] 戴邵武, 李娟, 戴洪德, 等. 一种快速传递对准方法的误差模型研究[J]. 宇航学报, 2009, 30(3): 942-946.
[144] 陈凯, 鲁浩, 赵刚, 等. 传递对准姿态匹配算法的统一性[J]. 中国惯性技术学报, 2008, 16(2): 127-131.
[145] 陈凯, 鲁浩, 闫杰. 传递对准姿态匹配的优化算法[J]. 航空学报, 2008, 29(4): 981-987.
[146] 王勇军. 舰载机惯导对准技术研究[D]. 西安: 西北工业大学, 2007.
[147] 戴洪德, 周绍磊, 陈明. 基于四元数非线性误差模型的快速传递对准[J]. 宇航学报, 2010, 31(10): 2328-2334.
[148] Hao Y L, Xiong Z L, Wang W, et al. Rapid transfer alignment based on unscented Kalman filter[C]. Proceedings of the American Control Conference, Boston, 2006: 1-6.
[149] 熊芝兰, 郝燕玲, 孙枫. 基于四元数的惯导系统快速匹配对准算法[J]. 哈尔滨工程大学学报, 2008, 29(1): 28-34.
[150] 魏春岭, 张洪钺. 基于四元数误差模型的捷联惯导系统对准方法(英文)[J]. Chinese Journal of Aeronautics, 2001, 14(3): 166-170.
[151] Dai H D, Dai S W, Cong Y, et al. Rapid transfer alignment of laser SINS using quaternion based angular measurement[J]. Optik International Journal for Light & Electron Optics, 2013, 124(20): 4364-4368.
[152] 邓正隆. 惯性技术[M]. 哈尔滨: 哈尔滨工业大学出版社, 2006.
[153] 董绪荣, 张守信, 华仲春. GPS/INS 组合导航定位及其应用[M]. 长沙: 国防科技大学出版社, 1998.
[154] 勃拉涅茨, 什梅格列夫斯基. 四元数在刚体定位问题中的应用[M]. 梁振和, 译. 北京: 国防工业出版社, 1977.
[155] Rogers R M. Applied Mathematics in Integrated Navigation Systems[M]. Reston: American Institute of Aeronautics & Astronautics., 2007.
[156] Mirzaei F M, Roumeliotis S I. A Kalman filter-based algorithm for IMU-camera calibration: Observability analysis and performance evaluation[J]. IEEE Transactions on Robotics, 2008, 24(5): 1143-1156.
[157] Scherzinger B M. Inertial navigator error models for large heading uncertainty[C]. Proceedings of Position, Location and Navigation Symposium—PLANS' 96, Atlanta, 2002: 477-484.
[158] Goshen-Meskin D, Bar-Itzhack I Y. Unified approach to inertial navigation system error modeling[J]. Journal of Guidance, Control, and Dynamics, 1992, 15(3): 648-653.
[159] Scherzinger B M R. Modified strapdown inertial navigator error models[C]. Proceedings of the Position Location & Navigation Symposium, Palm Springs, 1994: 426-430.
[160] Park C G, Kim K, Kang W Y. UKF based in-flight alignment using low cost IMU[C]. Proceedings of the AIAA Guidance, Navigation, and Control Conference and Exhibit, Keystone, 2006: 1-12.

[161] Wendel J, Metzger J, Trommer G. Rapid transfer alignment in the presence of time correlated measurement and system noise[C]. Proceedings of the AIAA Guidance, Navigation, and Control Conference and Exhibit, Rhode Island, 2004: 1-12.

[162] Groves P D. Optimising the transfer alignment of weapon INS[J]. Journal of Navigation, 2003, 56(2): 323-335.

[163] Hong S, Lee M H, Chun H H, et al. Experimental study on the estimation of lever arm in GPS/INS[J]. IEEE Transactions on Vehicular Technology, 2006, 55(2): 431-448.

[164] Choukroun D, Bar-Itzhack I Y, Oshman Y. A novel quaternion Kalman filter[C]. AIAA Guidance, Navigation, and Control Conference and Exhibit, Monterey, 2002: 1-16.

[165] Choukroun D, Bar-Itzhack I Y, Oshman Y. Novel quaternion Kalman filter[J]. IEEE Transactions on Aerospace & Electronic Systems, 2006, 42(1): 174-190.

[166] Choukroun D. Quaternion estimation using Kalman filtering of the vectorized K-matrix[C]. Proceedings of the AIAA Guidance, Navigation, & Control Conference, Chicago, 2009: 1-21.

[167] Choukroun D. Novel quaternion stochastic modelling and filtering[C]. AIAA Guidance, Navigation and Control Conference and Exhibit, Honolulu, 2008: 1-13.

[168] Goshen-Meskin D, Bar-Itzhack I Y. Observability analysis of piece-wise constant systems I: Theory[J]. IEEE Transactions on Aerospace & Electronic Systems, 1992, 28(4): 1056-1067.

[169] Goshen-Meskin D, Bar-Itzhack I Y. Observability analysis of piece-wise constant systems II: Application to inertial navigation in-flight alignment (military applications)[J]. IEEE Transactions on Aerospace & Electronic Systems, 1992, 28(4): 1068-1075.

[170] Feng G H, Wu W Q, Wang J L. Observability analysis of a matrix Kalman filter-based navigation system using visual/inertial/magnetic sensors[J]. Sensors, 2012, 12(7): 8877-8894.

[171] 扈光锋, 王艳东, 范跃祖. 传递对准中测量延迟的补偿方法[J]. 中国惯性技术学报, 2005, 13(1): 10-14, 20.

[172] 杨尧, 王民钢, 崔伟成, 等. 传递对准中时间延迟的补偿方法[J]. 计算机仿真, 2008, 25(2): 26-28.

[173] 黄国刚, 戴洪德, 陈明. 快速传递对准中时间延迟误差补偿方法[J]. 测控技术, 2009, 28(8): 55-57.

[174] Liu H G, Chen Z G, Gang C. Time-delay's effect on velocity matching transfer alignment[J]. Journal of Chinese Inertial Technology, 2012, 20(5): 544-551.

[175] Huang G, Dai H, Chen M. Measurement time delay error compensation in rapid transfer alignment[J]. Measurement and Control Technology, 2009, 28(8): 55-57.

[176] Xie C M, Yan Z, Yang C C. Influence and compensation of time-mark discrepancy in transfer alignment[J]. Journal of Chinese Inertial Technology, 2010, 18(4): 414-420.

[177] Gang C, Chao Z, Liu H G. Influence of time delay for attitude angle matching transfer alignment[J]. Journal of Chinese Inertial Technology, 2014, 22(2): 172-176.

[178] Gao R, Xu J J, Zhang H. Receding horizon control for multiplicative noise stochastic systems with input delay[J]. Automatica, 2017, 81: 390-396.

[179] Sinopoli B, Schenato L, Franceschetti M, et al. Kalman filtering with intermittent observations[J]. IEEE Transactions on Automatic Control, 2004, 49(9): 1453-1464.

[180] Nahi N E. Optimal recursive estimation with uncertain observation[J]. IEEE Transactions on Information Theory, 1969, 15(4): 457-462.

[181] Zhang H S, Song X M, Shi L. Convergence and mean square stability of suboptimal estimator for systems with measurement packet dropping distributed[J]. IEEE Transactions on Automatic Control, 2012, 57(5): 1248-1253.

[182] Dai H D, Li J, Tang L, et al. Rapid transfer alignment of SINS with measurement packet dropping-based on a novel suboptimal estimator[J]. Defence Science Journal, 2019, 69(4): 320-327.

[183] Lu Z X, Fang J C, Liu H J, et al. Dual-filter transfer alignment for airborne distributed POS based on PVAM[J]. Aerospace Science and Technology, 2017, 71: 136-146.

[184] Chen H M, Cheng X H, Dai C X, et al. Robust stability analysis of H_∞-SGQKF and its application to transfer alignment[J]. Signal Processing, 2015, 117: 310-321.

[185] Gong X L, Fan W, Fang J C. An innovational transfer alignment method based on parameter identification UKF for airborne distributed POS[J]. Measurement, 2014, 58: 103-114.

[186] Gong X L, Liu H J, Fang J C, et al. Multi-node transfer alignment based on mechanics modeling for airborne DPOS[J]. IEEE Sensors Journal, 2018, 18(2): 669-679.

[187] Gong X L, Zhang J X. An innovative transfer alignment method based on federated filter for airborne distributed POS[J]. Measurement, 2016, 86: 165-181.

[188] Cao Q, Zhong M Y, Guo J. Non-linear estimation of the flexural lever arm for transfer alignment of airborne distributed position and orientation system[J]. IET Radar, Sonar and Navigation, 2017, 11(1): 41-51.

[189] Liu X X, Xu X S, Liu Y T, et al. A fast and high-accuracy transfer alignment method between M/S INS for ship based on iterative calculation[J]. Measurement, 2014, 51(2): 297-309.

[190] Lu Y, Cheng X. Random misalignment and lever arm vector online estimation in shipborne aircraft transfer alignment[J]. Measurement, 2014, 47(7): 56-64.

[191] Yang G L, Wang Y Y, Yang S J. Assessment approach for calculating transfer alignment accuracy of SINS on moving base[J]. Measurement, 2014, 52(3): 55-63.

[192] Dan S. Optimal state Estimation: Kalman, H_∞, and Nonlinear Approaches[M]. Hobokend: Wiley-Interscience, 2006.

[193] Liu X H, Goldsmith A. Kalman filtering with partial observation losses[C]. Proceedings of the IEEE Conference on Decision and Control, Bahamas, 2004: 4180-4186.

[194] Huang M Y, Dey S. Stability of Kalman filtering with markovian packet losses[J]. Automatica, 2007, 43(4): 598-607.

[195] Huang Y L, Zhang W H, Zhang H S. Infinite horizon LQ optimal control for discrete-time stochastic systems[C]. Proceedings of the 6th World Congress Intelligent Control and Automation, Dalian, 2006: 608-615.

[196] Wang B, Xiao X, Xia Y Q, et al. Unscented particle filtering for estimation of shipboard deformation based on inertial measurement units[J]. Sensors, 2013, 13(11): 15656-15672.

[197] Aggarwal P. MEMS-Based Integrated Navigation[M]. Boston: Artech House, 2010.

[198] Wang W, Lv X, Sun F. Design of a novel MEMS gyroscope array[J]. Sensors, 2013, 13(2):

1651-1663.

[199] Dai H D, Lu J H, Guo W, et al. IMU based deformation estimation about the deck of large ship[J]. Optik International Journal for Light & Electron Optics, 2016, 127(7): 3535-3540.

[200] Hong S, Lee M H, Chun H H, et al. Observability of error states in GPS/INS integration[J]. IEEE Transactions on Vehicular Technology, 2005, 54(2): 731-743.

[201] Dai H D, Chen M, Zhou S L, et al. A new rapid transfer alignment method and the analysis of observable degree[J]. Yuhang Xuebao/Journal of Astronautics, 2009, 30(4): 1449-1454.

[202] Cheng X H, Wan D J. Study on observability and its degree of strapdown inertial navigation system[J]. Journal of Southeast University, 1997, 27(6): 6-11.

[203] 袁信, 俞济祥, 陈哲. 导航系统[M]. 北京: 航空工业出版社, 1993.

[204] 以光衢. 惯性导航原理[M]. 北京: 航空工业出版社, 1987.